NAPOLEON HILL

Denke nach und werde reich – Das Fundament

NAPOLEON HILL

DENKE NACH UND WERDE R€ICH

DAS FUNDAMENT

Drei Lektionen für
ein erfolgreiches, erfülltes
und glückliches Leben

Herausgegeben von James Whittaker
Aus dem Amerikanischen von Mareike Weber

Sollte diese Publikation Links auf Webseiten Dritter enthalten, so übernehmen wir für deren Inhalte keine Haftung, da wir uns diese nicht zu eigen machen, sondern lediglich auf deren Stand zum Zeitpunkt der Erstveröffentlichung verweisen.

Der Verlag hat sich bemüht, alle Rechteinhaber*innen ausfindig zu machen, verlagsüblich zu nennen und zu honorieren. Sollte uns dies im Einzelfall aufgrund des Zeitablaufs und der schlechten Quellenlage bedauerlicherweise einmal nicht möglich gewesen sein, werden wir begründete Ansprüche selbstverständlich erfüllen.

Bibliografische Information der Deutschen Bibliothek

Die Deutsche Bibliothek verzeichnet diese Publikation in der Deutschen Nationalbibliografie; detaillierte bibliografische Daten sind im Internet unter www.dnb.de abrufbar.

Penguin Random House Verlagsgruppe FSC® N001967

1. Auflage

in der Penguin Random House Verlagsgruppe GmbH,
Neumarkter Straße 28, 81673 München

Redaktion: Evelyn Boos-Körner
Umschlaggestaltung: Hauptmann & Kompanie Werbeagentur, Zürich
Satz: Satzwerk Huber, Germering
Druck und Bindung: CPI books GmbH, Leck
Printed in Germany

ISBN: 978-3-424-20262-5

Die beste Art von Sicherheit ist die persönliche Sicherheit,
die sich von innen heraus entwickelt.
– Andrew Carnegie

Inhalt

Hinweis an die Leser

Von James Whittaker

Es ist ein seltsames Gefühl, ein Manuskript zu lesen, das erst so wenige Menschen zu Gesicht bekommen haben. Und noch seltsamer ist es, ein Manuskript vor sich zu haben, das auf Gesprächen beruht, die bereits vor über 100 Jahren geführt wurden und dennoch haargenau den Kern fast aller Probleme treffen, mit denen wir uns auch heute noch befassen müssen. Beziehungen, Bildung, Politik, Karriere, Obdachlosigkeit, Unternehmensführung, finanzielle Unabhängigkeit, ja selbst Demokratie.

Viele Jahre lang durfte ich Napoleon Hill meinen Lehrer nennen, aber das Buch, das Sie in Händen halten, ist etwas ganz Besonderes. Ich erinnere mich nicht daran, dass mir die pure Energie bei der Lektüre dessen, was als ein nationales Kulturgut betrachtet werden sollte, auf derartige Art und Weise durch meine Adern schoss. Dieses Buch vereint ein hoffnungsvolles Versprechen und einen Erfolgsplan, dargeboten von einer der weltweit erfolgreichsten Persönlichkeiten und aufbereitet von einem der meistgelesenen Bestsellerautoren aller Zeiten.

Um die Kraft dieses Buches wirklich deutlich zu machen, wollen wir uns kurz mit den bescheidenen Lebensanfängen seines Verfassers Andrew Carnegie vertraut machen. Nachdem er die ersten 13 Jahre seines Lebens in Schottland verbracht hatte, zog Andrew mit seiner Familie im Jahre 1848 auf der Suche nach fester Arbeit, einem besseren Leben und einem Neubeginn in die Vereinigten Staaten. Jedoch machte das Glück nach der langen Reise weiterhin einen großen Bogen um die Familie. Und so musste der junge Andrew, um seinen Beitrag zum täglichen Brot der Familie zu leisten, eine Stelle in einer Textilfabrik annehmen, wo er sechs Tage pro Woche zwölf Stunden lang schuftete. Er war arm, trug jedoch jede Menge intellektuelle Neugier in sich, die sich Bahn brach, als ein ortsansässiger

Geschäftsmann ihm den regelmäßigen Zugang zu einer Bibliothek ermöglichte.

Carnegie war so dankbar angesichts der ihm widerfahrenen Freundlichkeit, dass er sich schwor, auch selbst anderen mittellosen Kindern diese Freundlichkeit angedeihen zu lassen, sollte er es selbst jemals zu Wohlstand bringen. Bereits in seinen bescheidenen Jugendjahren zündete also der Funke seines Potenzials.

Viele Jahre später hatte er, der zeit seines Lebens ein unerschütterlicher Philanthrop blieb, die Stahlindustrie auf eine Art und Weise revolutioniert, die gewöhnliche Arbeiter zu Millionären gemacht und Chancen für zahllose andere Industriezweige geschaffen hatte.

Doch dann ereignete sich etwas Seltsames. Nachdem Carnegie sein ganzes Leben darauf verwendet hatte, eines der größten Privatvermögen aller Zeiten anzuhäufen, verbrachte er seinen Lebensabend damit, eben dieses Vermögen zu verschenken. Allerdings ließ er sein Geld keineswegs »auf die Straßen der Stadt regnen« oder verschenkte es an Bedürftige – nein. Die Business-Legende erkannte nämlich, dass es etwas viel Wertvolleres als Geld gab, einen Schatz, tief versteckt in jedem von uns und ein wahrer Segen für die Erde: das Potenzial.

Würde es unserer Gesellschaft nur gelingen, das Potenzial eines und einer jeden Einzelnen auf diesem Planeten zu erkennen und zu entfesseln, wäre endlich allumfassende Harmonie erreichbar. Denn das war schlussendlich Carnegies wahres Ziel – *Harmonie*. Menschen, die ein Leben in Harmonie führen, bieten anderen bereitwillig ihre Dienste an, lernen stets so viel wie möglich dazu und arbeiten fleißig auf ihre Art, damit die Welt ein besserer Ort werden kann.

Würde die gesamte Weltbevölkerung im Geiste der Harmonie – dem ultimativen Mastermind – arbeiten, würden sich Lebensstandards, Investitionen ins Gesundheitssystem und eine generelle Zielstrebigkeit signifikant erhöhen.

Als Carnegie starb, wurde sein Vermögen inflationsbereinigt auf über 400 Milliarden US-Dollar geschätzt. Der Stahlmagnat verlangte aber niemals nach Bewunderung für seinen finanziellen Reichtum. Er glaubte, dass der wahre Maßstab des Erfolgs einer Person daran anzulegen sei, wie vielen Menschen diese Person während ihrer kurzen Verweildauer auf Erden zu Hilfe kam.

Carnegie war der Meinung, dass wohlhabende Menschen eine Verpflichtung hätten, etwas zurückzugeben. Er hatte nämlich durch die alles bestimmenden Naturgesetze erkannt, dass wir alle – die Weltbevölkerung, der Planet und die Wirtschaft – auf komplizierte Art und Weise miteinander verbunden sind. Was du einem tust, tust du allen und andersherum.

Auch heute noch gilt Andrew Carnegie als einer der größten Philanthropen der Geschichte. Sein geschäftlicher Scharfsinn erlaubte es ihm, ein gewaltiges Vermögen aufzubauen, seine Großzügigkeit aber bot Hilfestellung für alle, vom bescheidenen Arbeiter mit dem Wunsch nach Bildung bis hin zu Ländern im Kriegszustand, die sich den Frieden ersehnten.

Denke nach und werde reich sorgt für Verwirrung bei denjenigen, die lediglich den Buchtitel lesen und eifrig darauf bedacht sind, finanziellen Gewinn um jeden Preis zu machen. Wie sagt Hill doch so treffend in seinem Buch über Carnegie: »Seine eigene Haltung dem Gelde gegenüber wurde durch die Tatsache enthüllt, dass er den Großteil seines riesigen Vermögens vor seinem Tode verschenkte.« Während der Schotte fleißig damit beschäftigt war, Wege zu finden, um über 90 Prozent des materiellen Vermögens, das er sein Leben lang angehäuft hatte, zu verteilen, war er ebenso darauf bedacht, eine praktische Philosophie zu entwickeln und diese so großflächig wie nur möglich unter die Menschen zu bringen. Eine Philosophie, die gewöhnlichen Menschen vor Augen führen würde, wie sie ihre eigene Großartigkeit entfesseln könnten, eine Philosophie, die alle Elemente und Widrigkeiten des Lebens umfassen würde.

Liebe Leserinnen und Leser, ich bitte Sie nun, die Kraft dieses Buches in Ihren Händen nicht zu unterschätzen; es ist möglicherweise das Buch, das mehr als jedes andere Buch, das Sie je gelesen haben, das Potenzial hat, Ihr Leben zu verändern. Noch wichtiger ist, dass Sie sich der Kraft Ihres Herzens und Ihres Gehirns bewusst werden, die Ihnen dabei helfen, alles, was Sie sich wünschen, zu schaffen. Dieses Buch bietet Ihnen einen umfassenden Plan, wie Sie sich allen Herausforderungen des täglichen Lebens stellen und sich alle Möglichkeiten erschließen können, ein erfolgreicheres Leben zu führen, als Sie es jemals für möglich gehalten hätten. Dieser Ansatz wird durch drei grundlegende Prinzipien veranschaulicht: Selbstdisziplin, Lernen aus Niederlagen und die Goldene Regel. In diesem Buch geht es um Führung, erstens dadurch, dass Sie die Zügel über Ihr eigenes Leben übernehmen, und zweitens dadurch, dass Sie andere dabei unterstützen, dasselbe zu erreichen. Dieses Buch bietet allen, die gerade schwere Zeiten durchmachen, sei es durch ein Trauma, ein gebrochenes Herz oder ein Unglück anderer Art, eine praktikable Methode, ein Comeback zu erleben, das gewaltiger ist, als man es sich vorstellen kann.

Nach jedem Gespräch finden Sie eine detaillierte Analyse von Hill. Dabei führt er Beispiele aus dem realen Leben an und erklärt, was er für sich gelernt hat und wie man dies anwenden kann. Auch wenn das Material zweifellos zeitlos ist, habe ich Anmerkungen hinzugefügt, um die Schlüsselthemen nochmals zu verdeutlichen und noch mehr zeitgemäße Beispiele darüber zu liefern, wie diese Prinzipien in die Tat umgesetzt aussehen können. Diese Beispiele werden weitere Beweise dafür liefern, dass Carnegies Lehren nach wie vor jede Innovation auf den Weg bringen, jeden Wirtschaftsbereich verändern und all die Champions, die wir heute verehren, hervorbringen.

Obwohl die Gespräche zwischen Hill und Carnegie im Jahre 1908 stattfanden, verfasste Hill seine Anmerkungen, die Sie in diesem Buch finden, erst im Jahre 1941. Ich bin sicher, Sie werden genauso erstaunt sein wie ich, dass etwas, das bereits vor so langer Zeit geschrieben wurde, genau ins Mark der Probleme, mit denen wir uns heute befassen, trifft; in ganz besonderem Maße im digitalen Zeitalter.

Ich persönlich möchte meinen tiefsten Dank an Don Green, den Geschäftsführer der Napoleon-Hill-Stiftung, für sein Vertrauen in mich bei diesem wichtigen Projekt ausdrücken. Mein vorhergehendes Buch *Think and Grow Rich: The Legacy* wurde zusammen mit der Stiftung verfasst, um die kraftvollen Prinzipien von *Denke nach und werde reich* an die heutige Generation heranzutragen, mit dem Ziel, sie durch die Geschichten der weltberühmtesten Unternehmer, Vordenker und Kulturikonen zum Glauben an sich selbst zu inspirieren.

Ich habe zahllose Menschen interviewt, die Hill als den Grund für ihren Erfolg angaben. Und es gibt Hunderttausende mehr auf dem gesamten Erdball, die diesbezüglich ähnlich große Dankbarkeit bezeugen. Natürlich rechnete es Hill seinem Mentor, dem großen Stahlmagnaten Andrew Carnegie, hoch an, dass er ihm voll darin vertraute, diese Philosophie zusammenzufassen und mit der Welt zu teilen.

Es ist mir eine große Ehre, mich wieder in den Dienst der Stiftung und der Leserschaft stellen zu dürfen. Auch wenn es mir nicht möglich war, mein Leben ganz nach den extrem hohen Standards dieser beiden Ikonen auszurichten, als ich dieses Buch vorbereitete, hoffe ich, meine Ausführungen werden noch mehr Klarheit in die kraftvollen Lektionen bringen und Ihnen klar den Weg weisen, wie Sie diese auf Ihre Weise in Ihr Leben integrieren können.

Allerdings muss ich Sie darauf hinweisen, dass man dieses Buch nicht als Schauspiel von der Seitenlinie aus miterleben kann; ganz im Gegenteil. Es ist eine Einladung an Sie, sich mit dem Leben auseinanderzusetzen – darüber nachzudenken, welche Lebensverhältnisse Sie am meisten begehren, die Umsetzung derselben anzupacken und dann in die Welt hinauszuziehen, um anderen zu helfen, Selbiges zu tun.

»Unsere Taten sind der wahre Maßstab unserer Intelligenz«, sagte Napoleon Hill. Abschließend freuen wir uns sehr darüber, Ihnen *The Napoleon Hill Success Journal* als den ultimativen Begleiter zu diesem Buch an die Hand geben zu können, um Sie darin zu unterstützen, Ihre Bemühungen zum Erfolg zu führen. Die Handlungen, die Sie mit diesem Ziel im Hinterkopf ausführen, werden Ihr Leben, Ihr Einfluss und Ihr Vermächtnis werden.

Es spielt keine Rolle, was in Ihrem bisherigen Leben passiert ist – welche Ergebnisse Sie bei irgendwelchen Tests erzielt, welche beruflichen Positionen Sie nicht erreicht, welche Beziehungen gescheitert oder welche unvorhergesehenen Traumata Sie auf Ihrem Weg ausgebremst haben mögen. Alles, was zählt, ist, was Sie *jetzt* und in Zukunft tun.

Liebe Leser, ich hoffe, Sie sind gespannt! Wenn Sie das nachfolgende Vorwort von meinem lieben Freund Don Green gelesen haben, lade ich Sie ein, mir zu den faszinierenden Gesprächen dieser beiden Größen zu folgen. Mögen ihre Lehren auch weiterhin das Potenzial in uns allen leuchten lassen.

Immer vorwärts und aufwärts,
James Whittaker

Vorwort

Von Don Green

1908 wurde der junge Journalist Napoleon Hill in die Studien des Stahlmagnaten und Philanthropen Andrew Carnegie eingeweiht. Eigentlich hatte er nur vor, ein kurzes Interview als Grundlage für einen Artikel seiner Zeitschrift zu führen. Stattdessen verbrachte er aber viele Stunden damit, den Erklärungen von Andrew Carnegie zu lauschen, welche Prinzipien seiner Meinung nach zu seinem und anderer Leute Erfolg geführt hatten. Carnegie lud Napoleon dazu ein, ohne Bezahlung in den nächsten 20 Jahren seines Lebens Amerikas Größen zu interviewen, die Erfolgsphilosophie zu entwickeln und zu veranschaulichen.

Hill nahm die Herausforderung an und schrieb 20 Jahre, nachdem er Carnegies Bekanntschaft gemacht hatte, sein 1928 veröffentlichtes Buch *The Law of Success*. Das Buch erläutert seine Erkenntnisse aus 20 Jahren Interview-Erfahrung mit Hunderten erfolgreicher Geschäftsleute. 1937 veröffentlichte Hill mit *Denke nach und werde reich* die eingedampfte Version davon, die in so gut wie jeder Sprache der Welt verkauft wurde und bis heute ein überaus erfolgreicher Bestseller ist.

1941 schrieb Dr. Hill eine ganze Bücherserie mit dem Titel *Mental Dynamite*. Jedes Buch befasste sich mit einem der 17 Prinzipien, die er mit Carnegie diskutiert hatte. Innerhalb weniger Wochen nach der Veröffentlichung wurden die USA in den Zweiten Weltkrieg hineingezogen, die Bücher verschwanden in der Versenkung und gerieten weitestgehend in Vergessenheit. Die Napoleon-Hill-Stiftung, die Dr. Hill im Jahre 1962 gründete, damit die Lehren der Erfolgsphilosophie nicht in Vergessenheit gerieten, holte die Bücher aus den Archiven und wählte drei Prinzipien aus, die Sie in diesem Buch zusammengefasst finden.

Teil I, der sich dem Thema Selbstdisziplin widmet, beginnt Napoleon Hill mit seinem Interview mit Carnegie. Andrew Carnegie erklärt die Wichtigkeit der Selbstdisziplin, um die sieben positiven und sieben negativen Emotionen, die unser Handeln motivieren, unter Kontrolle zu bringen. Er legt die Wichtigkeit der Selbstdisziplin und der stärksten Emotionen, Liebe und Sex, dar. Selbstdisziplin erlaube es uns zudem, Schwierigkeiten aus der Vergangenheit und negativen Emotionen »die Türen zu verschließen«.

Carnegie berichtet dem jungen Napoleon, wie Selbstdisziplin, durch die Anwendung einer 13 Punkte umfassenden psychologischen Formel – wie ein tägliches Mantra – verstärkt werden kann. Er beschreibt dies als eine Grundlage zur Erreichung eines bestimmten Hauptziels. Dann erklärt er den Zusammenhang zwischen Selbstdisziplin und Willenskraft, indem er beschreibt, wie essenziell beide sind, um das Erfolgsziel zu erreichen. Andrew Carnegie führt hier an, dass Selbstdisziplin nicht nur hilfreich, sondern grundlegend für die erfolgreiche Anwendung seiner Erfolgsformel ist. Nachdem er über sein Interview mit Carnegie berichtet hat, geht Dr. Hill ins Detail über die Leistungen zahlreicher Personen, die durch den Einsatz von Selbstdisziplin erfolgreich wurden. Als Beispiel sind hier Charles Dickens, Robert Louis Stevenson, Benjamin Disraeli, Gene Tunney und Marshall Field aufgelistet, des Weiteren zahlreiche Personen, die ernsthafte körperliche Schwierigkeiten auf dem Weg zum Erfolg überwunden haben, hier zum Beispiel Helen Keller, Theodore Roosevelt, Thomas Edison und Glenn Cunningham. Er berichtet von der erstaunlichen Geschichte Alice Marbles, der es gelang, sich durch Selbstdisziplin über die Meinung ihrer Ärzte hinwegzusetzen und Weltmeisterin im Tennis zu werden. Er erstellt ein Glaubensbekenntnis, wie Selbstdisziplin tagtäglich genutzt werden kann, um die sechs Geistessektionen zu kontrollieren.

Dr. Hill erklärt dann detailliert, wie Schwierigkeiten und Niederlagen aus der Vergangenheit durch Selbstdisziplin und Umwandlung überwunden werden können; dies ist besonders für all diejenigen wichtig, die Enttäuschungen in der Liebe hinnehmen mussten. Er schließt mit einer Analyse darüber, warum viele Menschen in den Vereinigen Staaten zum Zeitpunkt dieser Niederschrift kurz nach Ende der Großen Depression und dem Beginn des Zweiten Weltkrieges ihre Selbstdisziplin verloren und von Zuwendungen der Regierung abhängig wurden.

Teil II, der sich auf das Prinzip Lernen durch Niederlage fokussiert, startet ebenfalls mit dem Interview zwischen Napoleon und Carnegie aus dem Jahre 1908. Mr. Carnegie vertritt die Meinung, dass sein Geschenk an die Welt das Wissen sei, das die Menschen dazu befähigt, selbstverantwortlich zu handeln und zu lernen, ihr Glück in ihren Beziehungen mit anderen zu finden. Seine Erfolgsphilosophie wird es den Menschen, von denen viele nach Niederlagen in ihren Denkweisen gefangen sind, erlauben, sich selbst zu befreien. Er führt 45 Hauptgründe für das Scheitern auf, wobei die wichtigsten Gründe hierfür das Fehlen eines konkreten Hauptziels sowie der Mangel an Willensstärke seien. Ein Fehlschlag muss als etwas Vorübergehendes und als Herausforderung zu größeren Bemühungen verstanden werden. Mr. Carnegie ist der Meinung, dass Menschen Stolpersteine in Sprungbretter verwandeln müssen.

Er liefert Beispiele von Personen, die physische Beeinträchtigungen überwinden und zum Erfolg finden konnten, wie zum Beispiel Helen Keller, Thomas Edison oder Beethoven. Obwohl sie sich mit Schwierigkeiten konfrontiert sahen, entwickelten sie Willensstärke und Selbstdisziplin.

Mr. Carnegie erklärt, wie verbale und sogar physische Angriffe statt durch Gewalt durch mentale und spirituelle Kräfte besiegt werden können. Hier können Niederlagen, genau wie Schmerz, von Nutzen sein. Sie sind ein Indikator dafür, dass irgendetwas in Ordnung gebracht werden muss. Auch Kummer kann eine Einstellung vom Negativen zum Positiven wandeln, wenn er durch erfolgreiche

Bemühungen, Niederlagen und Unglück zu überwinden, zu einer Manifestation der Willensstärke führt.

Dr. Hill schließt hier den Auszügen aus seinem Gespräch seine eigene Analyse darüber an, was Mr. Carnegie ihm erzählte und was er in der Zwischenzeit über das Lernen aus Niederlagen erfahren hatte. Er führt die Gewohnheiten auf, die zu Niederlage und Scheitern führen, und empfiehlt den Lesern dringend, eine Bestandsaufnahme davon zu machen, wie sie selbst mit der Überwindung dieser Gewohnheiten umgehen. Ein bestimmtes Hauptziel zu haben, kann 18 von den 45 durch Mr. Carnegie identifizierten Gründen zu scheitern eliminieren. Dr. Hill erklärt eloquent anhand der Poesie von Walter Malone und den Essays von Ralph Waldo Emerson, wie man durch tiefsten Kummer und die heftigsten Tragödien Stärke und Charakter entwickeln kann, groß genug, um diese zu überwinden und erfolgreich zu werden.

Der abschließende Teil III erklärt das Anwendungsprinzip der Goldenen Regel. Auch dieses Kapitel beginnt mit dem Interview zwischen dem jungen Napoleon und Andrew Carnegie. Mr. Carnegie erklärt die vielen Nutzen, die die Anwendung der Goldenen Regel mit sich bringt. Der möglicherweise kleinste Nutzen ist der, den der Begünstigte erfährt. Die gebende Person profitiert auf vielerlei Weise. Diese Person erreicht durch das Befolgen der Goldenen Regel geistige Harmonie, welche zur Entwicklung eines starken Charakters führt. Die Anwendung der Goldenen Regel verdrängt Habgier und Selbstsucht und bringt ihre Anhänger dazu, selbstlos nützliche Dienste zu leisten.

Mr. Carnegie führt noch viele weitere Nutzen durch die Befolgung der Goldenen Regel an, einschließlich der Elimination von Widerständen und der Förderung von Kooperationen, die zweifellos zum Erfolg führt. Er folgert, dass heutzutage nicht genügend Menschen der Goldenen Regel folgen und dass dieser Missstand zum Ruin des Landes führen könnte. Nachdem er das Interview nochmals wiedergegeben hat, schließt Napoleon Hill seine eigene Analyse der Goldenen Regel an. Er vertritt dabei ganz klar die Meinung, dass diese zu den wichtigsten Prinzipien der Erfolgsphilosophie zählt. (Er benannte die erste Publikation seiner Zeitschrift, die er zehn Jahre nach seinem Gespräch mit Mr. Carnegie zu schreiben begann, *Hills Golden Rule Magazine.*) Das Befolgen der Goldenen Regel beschreibt er dabei als das Führen eines »unpersönlichen«, eines selbstlosen oder wenig selbstbezogenen Lebens.

Die Anwendung der Goldenen Regel prägt einen starken Charakter, so Dr. Hill. Dieser produziere einen in Notzeiten erforderlichen Mehrwert an Zuversicht, wenn Willenskraft und Denkvermögen für menschliche Bedürfnisse unzureichend sind, so Hill. Er erklärt, wie fünf der neun Basismotive, die die Menschheit antreiben, durch die Goldene Regel gefördert werden.

Im Anschluss präsentiert Dr. Hill Beispiele für viele Menschen, die für sich selbst oder für andere einen Nutzen aus der Goldenen Regel zogen: John D. Rockefeller Jr., William Penn, Benjamin Franklin, Simón Bolívar, Florence Nightingale, Johnny Appleseed und Fanny Crosby. Er berichtet von amerikanischen Unternehmen, die durch die Anwendung der Goldenen Regel aufblühten, Coca-Cola und McCormick & Company eingeschlossen.

Mr. Carnegie beauftragte Napoleon Hill damit, 20 Jahre seines Lebens mit der Entwicklung der Erfolgsphilosophie zu verbringen, um es Menschen zu ermöglichen, persönlichen Erfolg zu erreichen und auch, was viel bedeutender ist, sich dahingehend zu bilden, im Einklang mit anderen leben zu können. Mr. Carnegie war ein großzügiger Mann, und so verschenkte er den größten Teil seines Vermögens zum Wohle der Menschheit und spendete diesen für den Bau von über 3000 öffentlichen Bibliotheken in der englischsprachigen Welt. Sein größtes Geschenk aber war seine Erfolgsphilosophie, die er bereits im Jahre 1908, zum Zeitpunkt seiner Interviews mit Napoleon Hill, entdeckt hatte und die Hill von diesem Tage an bis zu seinem Tod im Jahre 1970 präzisierte, weiterentwickelte und bewarb. Durch dieses Buch werden Sie erfahren, wie Ihnen diese drei Lektionen bei sorgfältiger Umsetzung ein frohes, friedvolles und einträgliches Leben ermöglichen werden.

Auf Ihren Erfolg,
Don Green
Geschäftsführer
Napoleon-Hill-Stiftung (2000–dato)

TEIL I

SELBSTDISZIPLIN: WIE MAN VOM EIGENEN GEIST BESITZ ERGREIFT

Denken, Bildung, Wissen, Begabung – nur leere Worte,
bis man sie in Taten umsetzt.
– Andrew Carnegie

Einführung Selbstdisziplin

Von Napoleon Hill

Dieses Kapitel lässt sich nicht durch ein- oder zweimaliges Lesen erfassen. Es deckt ein Thema ab, das sich mit den anderen Prinzipien, die in diesem Buch beschrieben werden, überschneidet. Die Zusammenfassung am Ende des Kapitels beschreibt eines der wichtigsten Themen auf dem gesamten Gebiet der mentalen Phänomene: das Prinzip, durch das sich die sechs Geistessektionen strukturieren und in jede gewünschte Richtung lenken lassen.

Die Liste über die sechs Geistessektionen (diese finden Sie gegen Ende unseres Gespräches über diese Lektion) erlaubt uns einen raschen Überblick über die Kräfte, die es unter Selbstdisziplin zu bringen gilt, wenn man Herr seiner Selbst werden will. Das Prinzip, wie diese Herrschaft zu erreichen ist, wird im Detail beschrieben. Das Prinzip erscheint simpel, lassen Sie sich dadurch nicht täuschen und unterschätzen Sie nicht seinen erstaunlichen Einfluss und das Ausmaß der Möglichkeiten, die es bietet. Es ist der Generalschlüssel zur gesamten Erfolgsphilosophie.

Ist man sich der Funktionsweise dieses Prinzips bewusst, ist es möglich, in den Vollbesitz seiner eigenen Geisteskräfte zu gelangen, ein Kunststück, das durch keine andere Methode gelingt. Durch dieses Prinzip ist es möglich, jede Widrigkeit, temporäre Niederlage, Sorge und negative Emotion wie Zorn oder Furcht einzuordnen und zu nutzen, um das individuelle Hauptlebensziel zu erreichen. Dieses Prinzip erklärt Andrew Carnegies These, dass »jede Widrigkeit … in sich die Saat für einen gleichwertigen Vorteil« trägt. Darüber hinaus beschreibt es, wie »die Saat« zum Keimen gebracht werden und sich zu einer voll erblühten Blume der Möglichkeiten entfalten kann.

Versuchen Sie nicht, sich die Methode anzueignen, bevor Sie nicht sorgfältig darüber gelesen und Mr. Carnegies Herangehensweise wirklich verinnerlicht haben. Folgen Sie der Anwendungsanweisung zu diesem Prinzip genauestens; beobachten Sie dann die erstaunliche Veränderung, die Sie erfahren werden. Ihre Fantasie wird wacher sein, Ihre Begeisterungsfähigkeit wird wachsen. Ihre Unternehmungslust wird sich steigern. Ihr Selbstvertrauen wird sichtbar größer werden. Ihre Persönlichkeit wird anziehender, und Sie werden feststellen, dass Menschen, von denen Sie vorher gar nicht wahrgenommen wurden, plötzlich den Kontakt zu Ihnen suchen werden. Ihr Wahrnehmungsradius wird sich erweitern. Ihre Probleme werden vor Ihnen dahinschmelzen wie Schneeflocken im Sonnenlicht. Ihre Hoffnungen und Ambitionen werden Stärkung erfahren. Sie werden anfangen, die Welt mit anderen Augen zu sehen. Ihre Beziehungen zu anderen Menschen werden freundlicher und harmonischer werden.

Diese und weitere noch größere Versprechen werden sich Ihnen offenbaren, wenn es Ihnen gelungen ist, alles, was Ihnen dieses Kapitel bietet, vollständig für sich herauszuziehen.

Lassen Sie sich Zeit, wenn Sie dieses Kapitel lesen. Denken Sie beim Lesen nach. Überprüfen Sie die Lektion anhand Ihrer eigenen Erfahrungen und beobachten Sie, wie die Lektion bestimmte Wahrheiten genauestens abbildet, die sich Ihnen ganz leicht erschließen werden, auch wenn Sie nie zuvor ihre ganze Bedeutung erfasst haben. Nehmen Sie beim Lesen einen Stift zur Hand und unterstreichen Sie die Zeilen, die Sie am meisten beeindrucken. Kehren Sie immer wieder zu diesen Zeilen zurück und machen Sie die Gedanken hinter diesen Zeilen zu Ihren eigenen.

Anmerkung des Herausgebers:

Wenn wir nun beginnen, lassen Sie uns schnell darüber nachdenken, wie man ein Buch wie dieses am besten liest. Hills Bücher wurden weltweit über 120 Millionen Mal verkauft, und doch fühlt nicht jeder Leser ihre Kraft. Warum ist das so, was denken Sie? Viele Menschen haben mir berichtet, dass diese Bücher nicht nur eine tatsächliche Veränderung bewirkt haben, sondern dass bereits der bloße Blick auf das Buchcover oft dazu führt, dass sie sich besser fühlen, während andere versucht haben, die Bücher zu lesen, es ihnen aber nicht gelingen mochte, auch nur im Ansatz eine Veränderung in ihrem Leben zu bemerken. Wie kann es sein, dass dieselben Worte auf denselben Seiten für die einen Träume zur Realität werden lassen, während sie für andere weiterhin nur Fantasie bleiben?

Diese Dichotomie begründet sich in der Herangehensweise des Lesers oder des Zuhörers, falls es sich um ein Audiobook handelt. Dies hier ist kein Roman, den man einmal überfliegt und dann im Schrank verschwinden lässt. Um den größtmöglichen Nutzen aus diesem Buch zu ziehen, halten Sie einen Notizblock griffbereit und überlegen Sie, wie Sie diese Lektionen in Ihr eigenes Leben integrieren können. Und dann integrieren Sie sie in Ihr eigenes Leben! Sie werden sehen, das aktive Handeln ist ein Kernthema dieses Buches und der gesamten Erfolgsphilosophie, und genau das sollte es auch für Sie sein. Ganz wichtig: Studien haben gezeigt, dass die Erfolgsaussichten, Ihre Ziele zu erreichen, um 42 Prozent steigen, wenn Sie diese niederschreiben. So entfesselt sich die wahre Kraft dieses Buches und seines Begleiters *The Napoleon Hill Success Journal*, und so entfachen Sie Ihr immenses Potenzial. Carnegie schreibt über das Verhältnis zwischen Gedanke und Tat: »Ohne Kontrolle über unsere Gedanken gibt es keine Kontrolle über unsere Taten.« Selbst die beste Formel ist nutzlos, wird sie nicht in die Tat umgesetzt.

Selbstdisziplin

Wie man vom eigenen Geist Besitz ergreift

Möglicherweise existiert kein Begriff, der die Hauptanforderung für den persönlichen Erfolg besser beschreibt als das Thema dieses Kapitels. Diese gesamte Philosophie dient in erster Linie dazu, es den Menschen zu ermöglichen, Kontrolle über sich selbst zu erlangen – diese ist die wichtigste aller Erfolgsgrundlagen.

In diesem Kapitel hat Mr. Carnegie sich sehr darum bemüht, das Augenmerk auf die Notwendigkeit der Selbstdisziplin zu legen, da er aus eigener Erfahrung durch den Umgang mit Tausenden von Menschen wusste, dass niemand auf nennenswerten Erfolg hoffen darf, solange er nicht zuerst die Kontrolle über sich selbst erlangt hat! Aus eigener Erfahrung und durch die Beobachtung anderer wusste er, dass eine Person, die einmal in den Besitz ihres eigenen Geistes gelangt ist und begonnen hat, sich auch auf diesen zu verlassen, den Sieg auf höchstem Niveau errungen hat. Ein Sieg, der es dieser Person ermöglicht, unmittelbar auf alles zuzugreifen, was Kopf und Herz begehren.

Selbstdisziplin darf also als ein Akt der Inbesitznahme des eigenen Geistes verstanden werden!

Die Definition ist kurz und eindeutig, jedoch so bedeutend, dass die gesamte Philosophie ihre Gültigkeit verliert, lässt man die Wichtigkeit dieses Prinzips außer Acht.

Glücklicherweise ist diese Methode, mit der wir Besitz von unserem eigenen Geist ergreifen können, jedoch bekannt und wird ganz klar in diesem Kapitel beschrieben. Jedoch wird das bloße Wissen um die Methode keinen Nutzen haben, solange dieses Wissen nicht in die Tat umgesetzt wird. Selbstdisziplin können wir nicht so einfach erlernen wie das Einmaleins, sie kann aber durch Beharrlichkeit und das Befolgen der Methode, die in diesem Kapitel behandelt wird, erlangt werden. Der Preis der Selbstdisziplin ist daher immerwährende Wachsamkeit und das fortwährende Bemühen, diese Anweisungen zu befolgen. Anders ist sie nicht zu erreichen und auch nicht für einen geringeren Preis zu haben. Selbstdisziplin erreichen wir nur durch unser eigenes Bemühen oder gar nicht.

Ohne Selbstdisziplin kann man einen Menschen mit einem Blatt im Wind vergleichen, das wild umhergewirbelt wird – er hat nicht die geringste Aussicht darauf, in Reichweite von irgendetwas zu gelangen, das auch nur im Entferntesten an Erfolg erinnert.

Menschen, die ihren eigenen Geist in Besitz nehmen und diesen nutzen, setzen den Preis für sich fest und lassen das Leben das bezahlen, was sie verlangen. Diejenigen, denen dies nicht gelingt, müssen nehmen, was auch immer das Leben ihnen vor die Füße wirft, und es versteht sich von selbst, dass dies stets kaum mehr als der notwendigste Bedarf sein wird.

Ich nehme Sie nun mit in Andrew Carnegies privates Arbeitszimmer, wo Sie die Ehre haben werden, als Beisitzer dabei zu sein, wenn er mich, seinen Schüler, auf dem Gebiet der Selbstdisziplin unterweist.

Hill:
Mr. Carnegie, Sie haben die Selbstdisziplin als ein Prinzip des individuellen Erfolgs bezeichnet. Könnten Sie die Rolle, die die Selbstdisziplin beim persönlichen Erfolg spielt, beschreiben und aufzeigen, wie dieses Prinzip weiterentwickelt und im täglichen Leben praktisch angewendet werden kann?

Carnegie:
Sehr wohl. Lassen Sie uns damit beginnen, die Aufmerksamkeit auf einige der Nutzen der Selbstdisziplin zu richten. Im Anschluss daran werden wir die Methoden diskutieren, durch die sich jeder, der bereit ist, den Preis dafür zu bezahlen, dieses wichtige Prinzip zu eigen machen kann.

Selbstdisziplin beginnt mit der Beherrschung der Gedanken. Ohne Gedankenkontrolle gibt es keine Handlungskontrolle! Sagen wir deshalb also, dass uns Selbstdisziplin dazu animiert, zuerst zu denken und dann zu handeln. Normalerweise ist das genau umgekehrt – die meisten Menschen handeln zuerst und denken hinterher, falls sie überhaupt denken.

Selbstdisziplin gibt uns die vollkommene Kontrolle über die 14 Hauptemotionen. Dies befähigt uns dazu, die sieben negativen Emotionen zu eliminieren oder zu bezwingen und die sieben positiven Emotionen auf jede von uns gewünschte Art und Weise zu trainieren. Der Effekt dieser Kontrolle wird klar ersichtlich, wenn wir verstehen, dass die Emotion das Leben der meisten Menschen und weitestgehend die ganze Welt regiert.

Selbstdisziplin muss mit der absoluten Beherrschung dieser 14 Emotionen beginnen, falls sie denn überhaupt beginnt.

Die sieben positiven Emotionen:	Die sieben negativen Emotionen:
1. Liebe	1. Furcht
2. Sex	2. Eifersucht
3. Hoffnung	3. Hass
4. Zuversicht	4. Rachsucht
5. Enthusiasmus	5. Gier
6. Loyalität	6. Zorn
7. Begehren	7. Aberglaube

All diese Emotionen sind Geisteszustände, Gegenstand von Kontrolle und Ausrichtung. Die sieben negativen Emotionen sind ganz eindeutig toxisch, wenn sie nicht beherrscht werden. Die sieben positiven Emotionen können ebenso destruktiv sein, werden sie nicht strukturiert, beherrscht und unter absolute Kontrolle gebracht. In diesen 14 Emotionen steckt die mentale Kraft, die uns zu den großartigen Gipfeln des Erfolgs tragen oder uns in die tiefsten Abgründe des Scheiterns stürzen kann, und keine Bildung, Erfahrung, Intelligenz oder gute Absicht dieser Welt kann diese Option ändern oder modifizieren.

Anmerkung des Herausgebers:

Dies ist ein Kernthema in Carnegies Lektionen und Hills nachfolgenden Lehren:

So wie wir alles Nötige für den Erfolg in uns tragen, tragen wir ebenso alles Nötige für unsere Selbstzerstörung in uns. Unser Geist wird danach handeln, was wir einspeisen, gut oder schlecht. Es ist wichtig, sich darüber bewusst zu werden, dass die Natur des Menschen, da sie Wert auf Technik und modernen Komfort legt, stets darauf zurückfallen wird, das zu tun, was einfach ist. Ohne eine klare Vorstellung davon, was wir wollen, ist es viel einfacher, Ablenkungen oder dem Hinauszögern zum Opfer zu fallen, das kann so etwas Simples sein wie Binge-Watching, sich mit Junkfood vollzustopfen oder gedankenlos durch Social-Media-Kanäle zu scrollen. Wenn jedoch Erfolg unser Ziel ist, dürfen wir niemals die Balance zwischen positiven und negativen Emotionen und das Bewusstsein dafür, wie diese Emotionen unseren Entwicklungsverlauf beeinflussen, aus den Augen verlieren.

Ich hatte die große Ehre, auf vielen Bühnen der Welt sprechen zu dürfen, und in jeder Präsentation zeige ich ein Bild mit der Aufschrift: »An jedem Tag, an dem du nicht die Entscheidung triffst, ein Gewinner zu sein, hast du automatisch die Entscheidung getroffen, ein Verlierer zu sein.« Diese Aussage ist direkt beeinflusst durch Hills Lehren, die nahelegen, dass der Erfolg denjenigen zuteilwird, die sich Erfolgsbewusstsein aneignen. Dieses Prinzip zu verstehen, ist die Grundvoraussetzung für alle, die sich wünschen, Leistungsträger zu werden. Diejenigen, die dieses Erfolgsbewusstsein nicht haben, haben eventuell keine andere Wahl, als sich Armut, Krankheit und Not unterzuordnen. *Denke nach und werde reich* hätte genauso gut den Titel *Denke nach und werde mittellos* tragen können – die Voraussetzungen sind dieselben.

Ihr ursprünglichster und wichtigster Kampf findet in Ihrem Inneren statt.

Hill:

Es scheint offensichtlich, dass fehlende Kontrolle über die sieben negativen Emotionen zur sicheren Niederlage führt, aber es ist nicht ganz klar, wie man die sieben positiven Emotionen nutzen kann, um die angestrebten Ziele zu erreichen. Könnten Sie das erklären, Mr. Carnegie?

Carnegie:

Ja, ich werde Ihnen genau aufzeigen, wie man positive Emotionen in eine treibende Kraft umwandelt, die zur Verwirklichung jeglichen Zieles eingesetzt werden kann. Hierzu beschreibe ich am besten, wie ein bestimmter Mann effektiven Nutzen aus seinen Emotionen zog. Dieser Mann ist Charlie Schwab, und meine Analyse über den Einsatz seiner Emotionen basiert auf vielen Jahren enger Zusammenarbeit.

Kurz nachdem er angefangen hatte, mit mir zu arbeiten, entschied er sich, ein unverzichtbarer Teil meiner Geschäftsfamilie zu werden, damit lenkte er die Emotion des Begehrens auf ein bestimmtes Ziel. Er verwirklichte sein Ziel durch die Anwendung der folgenden Erfolgsprinzipien:

1. Bestimmtheit des Ziels
2. Mastermind
3. Gewinnende Persönlichkeit
4. Angewandtes Vertrauen
5. Gehen der Extrameile
6. Strukturierte Bemühungen
7. Kreative Vision
8. Selbstdisziplin

Durch das Prinzip der Selbstdisziplin strukturierte er die anderen sieben Prinzipien und brachte sie unter seine Kontrolle. Indem er seine Selbstkontrolle verstärkte, konzentrierte er all seine Emotion auf die Loyalität zu seinen Mitarbeitern, die Begeisterung für seine Arbeit, die Hoffnung auf Erfolg in Verbindung mit seiner Arbeit und die Zuversicht, dass er erfolgreich sein werde, und brachte seine Emotion so zum Ausdruck. Multiplikator für all diese Emotionen war die Emotion der Liebe zu seiner Frau. Schwab versuchte, sie durch seine Erfolge zu beeindrucken.

Das Motiv, das ihn dazu inspirierte, seine Emotionen zum Zwecke eines bestimmten Zieles zu strukturieren und zu nutzen, war ganz offensichtlich das doppelte Motiv a) der Liebe und b) des Begehrens nach finanziellem Gewinn.

Die Notwendigkeit ist der Hauptgedanke und Erfindungsdrang der Natur – ja, Zügel und Regel und Hauptgedanke.
– Leonardo da Vinci

Hill:
Ich denke, mir ist klar, was Sie meinen, Mr. Carnegie. Könnten Sie bitte überprüfen, ob ich richtig liege, wenn ich mein Verständnis von Schwabs Aufstieg zur Macht beschreibe? Zuerst traf er die Entscheidung darüber, was er wollte, dabei wandte er das Prinzip der bestimmten Zielsetzung an. Er formulierte einen Plan, um zu erreichen, was er wollte, und begann, diesen Plan in die Tat umzusetzen, indem er die Extrameile ging. Hierbei nutzte er das Prinzip des strukturierten Bemühens.

Durch die harmonische Arbeit mit Ihnen und seinen Kollegen nutzte er das Mastermind-Prinzip. Dass er sich ein solch hohes Ziel gesteckt hatte, zeigt, dass er das Prinzip der kreativen Vision verstanden und eingesetzt hatte. Er demonstrierte ebenfalls, dass er das Prinzip des angewandten Vertrauens und dessen Einsatz verstanden hatte. Durch den angenehmen und harmonischen Umgang mit Ihnen und seinen Kollegen zeigte er sein Verständnis für das Prinzip der gewinnenden Persönlichkeit und dessen Einsatz.

Durch die intelligente Art, wie er all diese Prinzipien nutzte, und durch sein beharrliches Festhalten an seinem Vorhaben bis zur Vollendung demonstrierte er sein Verständnis für die Selbstdisziplin und ihren Einsatz, durch die er all seine Begehren dem einzigen Ziel unterordnete, sich selbst zu einem unverzichtbaren Teil Ihrer Organisation zu machen.

Hinter seinem Bemühen standen diese beiden Motive: die Liebe zu seiner Frau und der Wunsch nach finanziellem Erfolg, durch die er alle seine positiven Emotionen nutzbar machte und einsetzte, um ein bestimmtes Ziel zu erreichen. Nun, entspricht das in etwa dem Fall?

Carnegie:

Exakt so war der Ablauf! Und Sie werden bemerken, dass sich seine Erfolgschancen verringert hätten, wäre es ihm nicht gelungen, all die benannten Prinzipien anzuwenden. Diesen Erfolg erzielte er durch den sorgfältig geplanten Einsatz all dieser Prinzipien. Die Anwendung erforderte Selbstdisziplin höchster Güte. Hätte er etwas von seiner emotionalen Kraft in irgendeine andere Richtung vergeudet, wären die Ergebnisse anders ausgefallen, eine Tatsache, an die ich mich durch die Erfahrung eines anderen Mannes erinnere, der sich daranmachte, die gleiche Beziehung zu meiner Organisation aufzubauen, die Schwab so erfolgreich gelungen war. Dieser Mann brachte all die Fähigkeiten mit, die auch Schwab hatte. Darüber hinaus konnte er mit wesentlich höherer Bildung aufwarten. Er hatte seinen Abschluss mit Spezialisierung auf industrielle Chemie an einem der bekanntesten Colleges gemacht. Er nutzte jedes einzelne aufgelistete Prinzip ebenso effektiv, wie es Charlie getan hatte, mit einer einzigen Ausnahme, und das war das Motiv, durch das er inspiriert wurde. Sein Motiv war es, finanziellen Gewinn zu machen, allerdings nicht, um damit zum Ausdruck zu bringen, wie sehr er seine Frau liebte, sondern um seine eigene Eitelkeit zu befriedigen. Er hatte eine Liebe zur Macht, nicht als Ausdruck seines Stolzes auf seine Leistung, sondern als ein Mittel, um seine Autorität über andere Menschen auszuüben.

Trotz dieser Schwäche stieg er beständig weiter auf, bis er ein offizielles Mitglied meiner Mastermind-Gruppe wurde. Dann stürzte er ab und zerstörte durch seine Arroganz und seine Eitelkeit seine Hoffnungen und seine Chancen. Wir sahen es nun als eine Notwendigkeit an, ihn in seiner Position zu degradieren, um die Harmonie in unserer Mastermind-Gruppe aufrechtzuerhalten. Schlussendlich fand er sich am Ende der Karriereleiter wieder, genau dort, wo er angefangen hatte.

Seine Degradierung versetzte seiner Eitelkeit einen herben Schlag, er erholte sich nie mehr davon.

Hill:
Was war die größte Schwäche dieses Mannes, Mr. Carnegie?

Carnegie:
Das kann ich mit drei Worten beantworten: Mangel an Selbstdisziplin! Hätte er die Herrschaft über seine Gefühle erlangt, hätte er mit viel weniger Mühen erfolgreich sein können, als sie Charlie Schwab in seine Arbeit gesteckt hatte, da er gebildeter war und jedes andere Erfolgsattribut hatte, das auch Schwab besaß.

Er schaffte es nicht, seine positiven Emotionen zu kontrollieren und zu steuern. Als er sah, dass er ins Straucheln kam, begann er, viel zu sehr seinen negativen Emotionen nachzugeben, insbesondere der Eifersucht, der Furcht und dem Hass. Er war eifersüchtig auf diejenigen, die Erfolg hatten – er hasste sie, weil sie ihn ausgestochen hatten, und er fürchtete jeden, besonders sich selbst. Niemand ist stark genug, um mit einer derartigen Unmenge an Feinden, die gegen einen arbeiten, erfolgreich zu sein.

Hill:
Ich urteile aus Ihren Worten, dass persönliche Macht etwas ist, das mit Umsicht eingesetzt werden muss, andernfalls kann sie mehr zum Fluch als zum Segen werden. Ist das korrekt?

Carnegie:
Ja. Teil meiner Geschäftsphilosophie ist es, meine Mitarbeiter vor den Gefahren des unvorsichtigen Einsatzes persönlicher Macht zu warnen, besonders diejenigen, die durch Beförderung erst vor Kurzem in den Besitz ausgeweiteter Macht gekommen waren. Neu erlangte Macht ist so etwas wie neu erlangter Reichtum; sie muss gut überwacht werden, damit eine Person nicht Opfer ihrer eigenen Macht wird. Hier stellt sich die Selbstdisziplin gut dar. Wenn Menschen ihren eigenen Geist vollständig unter Kontrolle haben, bringen sie ihren Geist dazu, ihnen so zu dienen, dass sie andere Menschen nicht vor den Kopf stoßen.

Hill:
Wenn ich Sie richtig verstehe, Mr. Carnegie, verlangt Selbstdisziplin die vollständige Beherrschung der sieben negativen Emotionen und eine kontrollierte Führung der sieben positiven Emotionen. In anderen Worten: Menschen müssen den sieben negativen Emotionen den Fuß auf den Nacken setzen, während sie die sieben positiven Emotionen strukturieren und auf ein bestimmtes Ziel ausrichten müssen. Ist das der Gedanke?

Carnegie:
Ja, aber Selbstdisziplin verlangt die Beherrschung von Charaktereigenschaften außerhalb der Emotionen. Sie verlangt nach einem strikten Budgetieren und Nutzen von Zeit. Sie verlangt nach der Beherrschung der angeborenen Eigenschaft des Hinauszögerns. Wenn jemand Großes im Leben erreichen will, hat er keine Zeit für unnötige Aktivitäten, außer für diejenigen, die er zur Erholung benötigt.

Anmerkung des Herausgebers:

In diesem Absatz stellt Carnegie die Wichtigkeit unseres Zeitmanagements vor, insbesondere in Bezug darauf, dass wir ausreichend Dringlichkeit – also eine klar definierte Frist – auf was auch immer wir erreichen wollen setzen. Wenn diese Dringlichkeit an das Motiv und die Beherrschung der 14 Emotionen gekoppelt ist, werden wir viel weniger wahrscheinlich zum Opfer von Ablenkung und Hinauszögern und erreichen unsere Ziele viel wahrscheinlicher.

Lassen Sie uns dies nun am vereinfachten Beispiel einer Universität betrachten. Wir wissen, dass die meisten Studenten ihre Arbeiten erst unmittelbar vor dem Fälligkeitsdatum fertigstellen, obwohl der Beginn der Abgabefrist sechs (oder mehr) Wochen zurückliegt. Würde aber der Professor sagen, dass eine Aufgabe, die 60 Prozent der Abschlussnote ausmachen würde, innerhalb von 48 Stunden abzugeben sei, denken Sie, viele Studenten würden dann noch damit warten, sich vorrangig drauf zu fokussieren? Eindeutig nein.

Stecken Sie sich für jedes Ihrer Ziele eine feste Frist mit klaren Fixpunkten, die Ihren Fortschritt auf dem Weg nachverfolgen. Sogar die Pomodoro-Technik, ein kraftvolles Werkzeug des Zeitmanagements, verlässt sich auf die Dringlichkeit, die anhand eines Timers mit sichtbarem Countdown an Ihrem Arbeitsplatz erzeugt wird.

Ohne diese Dringlichkeit ist es leicht, am Tagesende nichts vorweisen zu können. Denken Sie, die Unternehmer, Athleten und Geschäftsführer, die Sie am meisten bewundern, diejenigen, deren Obsession es ist, Rekorde zu brechen und die Welt zum Besseren zu wenden, haben Zeit zu verschwenden?

Hill:

Könnten Sie die Charaktereigenschaften benennen, die der Selbstdisziplin oftmals im Wege stehen?

Carnegie:
Lassen Sie uns vorerst annehmen, dass die sieben negativen Emotionen die Hauptfeinde der Selbstdisziplin sind. Diese sind die Hürden, denen wir zuallererst unsere Aufmerksamkeit widmen müssen, wenn wir uns des Erfolges ganz sicher sein wollen. Selbstdisziplin beginnt mit der Bildung konstruktiver Gewohnheiten – vor allem der Gewohnheiten im Zusammenhang mit Essen, Trinken, Sex und dem In-Anspruch-Nehmen sogenannter Extra-Zeit. Generell gesprochen helfen uns diese Gewohnheiten, wurden sie einmal unter Kontrolle gebracht, alle anderen Gewohnheiten zu steuern. Betrachten Sie zum Beispiel, was die Bestimmtheit des Ziels unternimmt, um unsere Gewohnheiten zu festigen. Wenn wir anfangen, das Prinzip, die Extrameile zu gehen, anzuwenden, machen wir einen großen Schritt in Richtung der Etablierung konstruktiver Gewohnheiten, weil wir, wenn wir mehr tun als das, wofür wir bezahlt werden, gezwungen sind, unsere Zeit zur Nutzenoptimierung gut einzuteilen.

Betrachten Sie, was geschieht, wenn wir unsere Obsession für ein starkes Motiv entdecken und dann anfangen, dieses durch das Prinzip der strukturierten Bemühungen in Verbindung mit dem Prinzip der kreativen Vision zum Ausdruck zu bringen. Sobald wir diese Prinzipien unter Kontrolle bringen, haben wir schon ein langes Stück des Wegs Richtung Aneignung von Gewohnheiten hinter uns gebracht, die selbst die beste Art von Selbstdisziplin darstellen. Sehen Sie, wie das funktioniert?

Hill:
Ja, und ich kann auch sehen, dass alles, was wir tun, sich um das Hauptmotiv hinter unserem bestimmten Hauptziel zentriert. Das Motiv ist tatsächlich der Ausgangspunkt allen Erfolges, richtig?

Carnegie:
Ja, das ist richtig, aber Sie sollten unbedingt dazusagen, dass dieses Motiv *obsessiv* sein muss. Das heißt, es muss so stark sein, dass es Men-

schen dazu treibt, alle ihre Gedanken und Bemühungen der Erlangung dieses Motivs unterzuordnen. Zu oft unterscheiden Menschen nicht zwischen einem Motiv und einem bloßen Wunsch. Wünschen wird nicht zum Erfolg führen. Würde es das, wäre jeder erfolgreich, weil alle Menschen Wünsche haben. Sie wünschen sich alles Mögliche zwischen Himmel und Erde, aber Wünsche und Tagträume führen erst zum Erfolg, wenn sie zu einer heißen Flamme des Begehrens entfacht werden, die auf einem bestimmten Motiv basiert, und diese muss zum dominierenden Einfluss in ihrem Geist werden; das muss Ausmaße der Besessenheit annehmen, ausreichend groß, um eine Handlung auszulösen.

Diese Motive, die als treibende Kraft hinter einem auserwählten Hauptziel fungieren, sollten unterstrichen und betont werden, sodass sie nicht übersehen werden können. Sie sollten auch in eine schriftliche Beschreibung eines Hauptzieles integriert werden. Ein bestimmtes Ziel ohne obsessives Motiv dahinter ist genauso nutzlos wie eine Lokomotive ohne Dampf im Kessel. Das Motiv ist das Objekt, das Kraft, Aktion und Beharrlichkeit für einen Plan schafft.

Ohne ein Gefühl der Dringlichkeit verliert das Begehren seinen Wert.
– Jim Rohn

Hill:

Das erinnert mich daran, Sie zu fragen, Mr. Carnegie, worin Ihr Motiv besteht, all diese Zeit dafür aufzuwenden, mich darin zu coachen, diese Erfolgsphilosophie zu strukturieren? Sie besitzen mehr materiellen Reichtum, als Sie brauchen. Sie haben den Ruf, der erfolgreichste Industrielle der Welt zu sein. Ihr ganzes Leben ist ein unglaublicher Erfolg, und soweit ich sehen kann, ist da nichts, was Sie begehren könnten, das Sie nicht schon besitzen würden.

Carnegie:

Nun, in diesem Punkt liegen Sie falsch. Ich habe nicht alles, was ich mir wünsche. Es stimmt, dass ich mehr materiellen Reichtum besitze, als ich brauche, was durch die Tatsache belegt ist, dass ich mein Geld so schnell, wie ich dies gefahrlos tun kann, verschenke. Aber es gibt da etwas, das ich mir mehr als alles andere wünsche, und das ist der obsessive Wunsch, den Amerikanern eine sichere und verlässliche Philosophie an die Hand zu geben, durch die sie Reichtum in höchster Form erreichen können; einen Reichtum, der Menschen dazu befähigt, mit anderen in Beziehung zu treten, sodass sie Seelenfrieden, Glück und Freude in den Verantwortlichkeiten des Lebens finden.

Mein obsessives Begehren erwuchs aus den Erfahrungen mit Menschen, durch die ich gelernt habe, dass eine solche Philosophie dringend benötigt wird. Es ist eher die Ausnahme denn die Regel, eine Person zu finden, die versucht, selbst zu profitieren, ohne anderen dabei zu schaden. Auf allen Seiten sehe ich Menschen, die unklugerweise versuchen, etwas umsonst zu bekommen, obwohl ich sehr gut weiß, dass sie nur Kummer und Enttäuschung bekommen werden.

Mein Motiv, dabei zu helfen, eine zuverlässige Philosophie des persönlichen Erfolgs zu erstellen, ist das gleiche, das einige Menschen dazu veranlasst, große Steinmonumente zu errichten, um die Stelle zu markieren, wo ihre irdischen Überreste einst liegen werden. Steinmonumente beginnen mit der Zeit zu bröckeln und werden wieder zu Staub, aber es gibt eine Art von Monument, die für die Ewigkeit gemacht ist, und es wird so lange bestehen wie die Zivilisation selbst. Es ist das Monument, das eine Person durch eine bestimmte Form von konstruktivem Dienst, die der Menschheit im Ganzen zugutekommt, in den Herzen anderer errichten kann.

Ein solches Monument hoffe ich durch Ihre Mitarbeit zu errichten, und darf ich behaupten, dass die Tatsache, dass Sie mir beim Errichten dieses Monumentes helfen, Ihnen dazu dienen wird, ebenso Ihr eigenes Monument zu errichten?

Hill:

Ich verstehe, Mr. Carnegie. War dies das Motiv zu Beginn Ihrer Karriere?

Carnegie:
Nein. Am Anfang war ich motiviert durch den Wunsch nach Selbstausdruck und das Begehren nach finanziellem Einfluss, durch den ich diesem Ausdruck zu flächendeckendem Einfluss verhelfen wollte. Aber als ich mein ursprüngliches Motiv verfolgte, stieß ich glücklicherweise auf ein größeres und edleres Motiv – das Motiv, *Menschen zu formen,* statt Geld zu machen. Ich hatte die Vision von diesem höheren Motiv, als ich den Bedarf an besseren Menschen feststellte, während ich damit beschäftigt war, Geld zu machen. Wenn die Zivilisation danach strebt, immer höhere Lebensstandards zu entwickeln oder zumindest die bereits erlangten Errungenschaften zu bewahren, müssen uns höhere Standards menschlicher Beziehungen als die aktuell vorherrschenden beigebracht werden.

Und vor allem müssen Menschen lernen, dass es Reichtümer gibt, die wesentlich größer sind als alle existierenden materiellen Dinge. Das Bedürfnis nach dieser größeren Vision fordert sogar die großartigsten Menschen heraus. Es war diese Herausforderung, auf die ich reagierte, als es mein obsessives Motiv wurde, den Menschen eine fundierte Philosophie des persönlichen Erfolgs zu schenken.

Anmerkung des Herausgebers:

Carnegies Effektivität als Unternehmer wird nur durch seine philanthropischen Leistungen übertroffen. Wie Don Green, der Direktor der Napoleon-Hill-Stiftung, bereits im Vorwort festgehalten hat, ist das Engagement des Stahlmagnaten, der Zivilisation bei der Entfesselung ihres Potenzials zu helfen, immer noch auf der ganzen Welt sichtbar. Es besteht der Irrglaube, dass Geld die Wurzel alles Bösen sei, wobei uns aber tatsächlich die Verfügbarkeit über mehr Ressourcen nicht nur die Freiheit gibt, unsere Tage nach genau unseren Wünschen zu strukturieren, und uns die Fähigkeit verleiht, uns den Dingen zu widmen, die uns am meisten am Herzen liegen, sondern uns auch erlaubt, Innovationen zu finanzieren, die unseren Lebensstandard verbessern und die Lebensqualität aller Menschen überall anheben.

Carnegie wurde angetrieben von einem Ziel weit größer als er selbst, ein Ziel, von dem er hoffte, dass es eine Flamme der Ambition über den ganzen Erdball zünden würde und den Menschen das größte Geschenk machen würde: die Fähigkeit, sich *selbst* zu helfen. Mehr als 100 Jahre nach seinem Tod sehen wir, wie heutige führende Persönlichkeiten wie zum Beispiel Warren Buffett, Bill Gates und Li Ka-shing Carnegies Beispiel folgen und sich der Philanthropie verschrieben, nachdem sie ihre geschäftlichen Ziele erreicht hatten. Dieser philanthropische Fokus, vorrangig in Bezug auf Bildung und Gesundheitsvorsorge, zielt darauf ab, Frieden zu schaffen, Krankheiten zu heilen und überall den Lebensstandard der Menschen anzuheben.

Zusätzlich zu seiner finanziellen Großzügigkeit stellte Carnegie seine Erfolgsphilosophie – durch Hill in Büchern wie diesem präzisiert und in Umlauf gebracht – in der Hoffnung zur Verfügung, dass sie Menschen vor allem anderen lehren würde, autark zu sein. Je mehr Ressourcen man zur Verfügung hat, desto eher ist man in der Lage, anderen zu helfen. Das führt uns zu einem weiteren grundlegenden Thema dieses Buches: Der beste Weg, anderen zu helfen, ist, zuerst sich *selbst* zu helfen.

Hill:

Aus all Ihren Worten folgere ich, dass Selbstdisziplin in großen Teilen eine Frage der Aneignung von konstruktiven Gewohnheiten ist. Ist das der Gedanke?

Carnegie:

Das ist ganz genau der Gedanke! Was eine Person ist und was eine Person erreicht – sowohl in Bezug auf Niederlage als auch Erfolg –, ist das Ergebnis der Gewohnheiten dieser Person. Glücklicherweise sind Gewohnheiten selbst gemacht. Sie unterstehen der Kontrolle des Individuums. Die wichtigsten darunter sind die *Denk*gewohnheiten. Die Handlungen einer Person gleichen tatsächlich schlussendlich der Art der gedanklichen Gewohnheiten dieser Person. Die Kontrolle über diese Denkgewohnheiten zu erreichen, ist wesentlich für das Erlangen von Selbstdisziplin. Bestimmte Motive sind der Beginn von Denkgewohnheiten. Es ist nicht schwierig, sich auf das zu konzentrieren, was als größtes Motiv dient, vor allem, wenn dieses Motiv obsessiv wird. Selbstdisziplin ohne die Bestimmtheit eines Motivs ist nicht möglich. Mehr noch, sie wäre wertlos. Ich habe Fakire in Indien gesehen, die mit solch perfekter Selbstdisziplin aufwarten konnten, dass sie den ganzen Tag lang auf den scharfen Nagelspitzen ihrer Bretter sitzen konnten, aber ihre Disziplin war nutzlos, weil kein konstruktives Motiv dahinter lag.

Hill:

Wenn ich Sie richtig verstehe, Mr. Carnegie, bezieht sich die Selbstdisziplin, die wohl als eines der Hauptprinzipien des persönlichen Erfolgs betrachtet werden kann, sowohl auf die Beherrschung unserer Denkgewohnheiten als auch unserer physischen Gewohnheiten? Ist das Ihre Ansicht?

Carnegie:

Ja, das ist richtig. Selbstdisziplin bedeutet exakt, was das Wort impliziert: komplette Disziplin über das Selbst! Sie verlangt eine Balance zwischen Herzensemotionen und den rationalen Fähigkeiten des Kopfes.

Das heißt, wir müssen lernen, sowohl auf unsere Vernunft als auch auf unsere Gefühle zu reagieren, gemäß der Art eines jeden Sachverhaltes, der unsere Entscheidung verlangt. Manchmal wird es notwendig sein, Emotionen gänzlich beiseitezuschieben und den Kopf die Herrschaft übernehmen zu lassen. In Bezug auf physische Beziehungen hat diese Fähigkeit höchste Wichtigkeit.

Hill:

Wäre es denn nicht sicherer, wenn eine Person ihr Leben durch ihre rationalen Fähigkeiten kontrollieren würde und die Emotionen aus ihren Entscheidungen und Plänen heraushalten würde?

Carnegie:

Nein, das wäre äußerst unklug, selbst wenn das möglich wäre, weil die Emotionen die treibende Kraft, die Tatkraft liefern, die es uns ermöglicht, unsere »Kopf«-Entscheidungen in Angriff zu nehmen. Das Heilmittel sind Kontrolle und Disziplin über die Emotionen, nicht deren Elimination.

Des Weiteren ist es sehr schwierig, wenn nicht sogar unmöglich, die großartige emotionale Natur des Menschen zu eliminieren. Unsere Gefühle sind wie ein Fluss, in dem ihre Kraft in jedem gewünschten Maße und in jeder Richtung freigesetzt und zurückgenommen werden kann, aber ausgelöscht werden kann sie nicht. Durch Selbstdisziplin können wir unsere Emotionen strukturieren und höchst konzentriert freisetzen, um das Objekt unserer Pläne und Ziele zu erreichen.

Die beiden mächtigsten Gefühle sind Liebe und Sex. Diese Emotionen sind angeboren, ein Werk der Natur, die Instrumente, durch die der Schöpfer sowohl das Fortbestehen der Menschheit als auch die soziale Integration vorsah, durch die die Zivilisation sich von einem niederen zu einem höheren System menschlicher Beziehungen entwickelt.

Man würde sich wohl kaum wünschen, dass ein solch großartiges Geschenk wie die Emotionen zerstört würde, selbst wenn dies möglich wäre, da sie die größte Kraft der Menschheit repräsentieren. Wenn Sie Hoffnung und Vertrauen zerstören würden, was bliebe dann übrig, was Ihnen von Nutzen sein könnte? Würden Sie Enthusiasmus, Loyalität und das Begehren nach Erfolg auslöschen, hätten Sie zwar immer noch Ihren Verstand (die »Kraft des Kopfes«), aber wofür? Es wäre ja nichts mehr übrig für den Kopf, das er steuern könnte!

Lassen Sie mich nun Ihre Aufmerksamkeit auf eine ganz erstaunliche Wahrheit lenken: Die Gefühle Hoffnung, Vertrauen, Enthusiasmus, Loyalität und Begehren sind nichts anderes als spezifizierte Anwendungen der angeborenen Emotionen Liebe und Sex, für andere Zwecke verlagert oder umgewandelt! Tatsächlich wurzelt jede menschliche Emotion jenseits von Liebe und Sex in diesen beiden natürlichen, angeborenen Eigenschaften. Würden diese beiden natürlichen Elemente zerstört, würde diese Person ebenso zahm wie ein kastriertes Tier. Die rationalen Fähigkeiten würden bleiben, aber was könnte man damit anfangen?

Hill:
Selbstdisziplin ist also das Werkzeug, mit dem wir unsere angeborenen Emotionen nutzbar machen und in jegliche Richtung, für die wir uns entscheiden, lenken können?

Carnegie:
Richtig. Und nun möchte ich, dass Sie Ihre Aufmerksamkeit auf eine andere erstaunliche Wahrheit richten: Die kreative Vision ist das Resultat der Selbstdisziplin, durch die die Emotionen von Liebe und Sex in einen spezialisierten Plan oder ein Ziel umgewandelt werden. Es ist keiner großen Führungspersönlichkeit jemals gelungen, welche menschenmöglichen Bemühungen sie auch immer auf sich genommen haben mag, Führung ohne die Beherrschung oder Lenkung dieser beiden großen angeborenen Emotionen zu erlangen!

Sowohl große Künstler, Musikerinnen, Autoren, Sprecher, Anwältinnen, Ärzte, Architektinnen, Erfinder, Wissenschaftlerinnen, Industrielle und Verkäufer als auch die herausragenden Menschen in allen anderen Lebensbereichen erreichen Führung durch die Nutzbarmachung und Lenkung der natürlichen Emotionen Liebe und Sex als Antriebskraft hinter ihren Bemühungen. In den meisten Fällen geschieht die Umwandlung dieser Emotionen in spezialisiertes Bemühen unbewusst, in Folge eines brennenden Erfolgswunsches. In manchen Fällen geschieht die Umwandlung absichtlich.

Hill:
Dann ist es also keine Schande, wenn man mit einer großen Kapazität für die Emotionen Liebe und Sex geboren wurde?

Carnegie:
Nein, die »Schande« entsteht erst durch den *Missbrauch* dieser natürlichen Gaben! Der Missbrauch ist das Ergebnis von Ignoranz, von mangelndem Training hinsichtlich des Wesens und des Potenzials dieser großartigen Emotionen.

Aus eifrigem Üben entstehen Gewohnheiten.
– Lateinisches Sprichwort

Hill:
Ihren Worten folgend habe ich den Eindruck, Mr. Carnegie, dass die wichtigste Funktion der Selbstdisziplin darin besteht, von unseren Emotionen Sex und Liebe Besitz zu ergreifen und diese in welche gewünschte Bestrebung auch immer umzuwandeln – ist das richtig?

Carnegie:
Das haben Sie genau richtig verstanden. Und ich darf noch hinzufügen, dass es für uns auch einfach ist, uns selbst in alle anderen Richtungen zu disziplinieren, wenn wir Disziplin über diese beiden Emotionen erlangen, weil diese beiden Gefühle sich entweder bewusst oder unbewusst in praktisch allem, was wir tun, widerspiegeln.

Scheitert man daran, Kontrolle über die Emotionen Liebe und Sex zu erlangen, bedeutet dies generell, dass man daran scheitert, Kontrolle über andere Gewohnheiten zu erlangen. Betrachten wir zum Beispiel den Fall Charles Dickens. Bereits früh im Leben musste er große Enttäuschungen in der Liebe hinnehmen. Anstatt es seinen unerwiderten Liebesgefühlen zu gestatten, ihn zu vernichten, transformierte er diese großartige Antriebskraft in einen Roman mit dem Titel *David Copperfield,* der ihm Ruhm und Wohlstand einbrachte und ihn dazu veranlasste, weitere literarische Werke zu verfassen, die ihn zu einem Meister auf seinem Gebiet werden ließen.

Abraham Lincoln war ein mittelmäßiger Anwalt, der kläglich in allem, was er anpackte, scheiterte. Als Ann Rutledge, die einzige Frau, die er jemals wahrhaftig geliebt hatte, starb, verfiel er in tiefe Trauer. Er kanalisierte seine Trauer in einen öffentlichen Dienst, der ihn zu einer der unsterblichen Persönlichkeiten Amerikas werden ließ. Es ist bedauerlich, dass keiner seiner Biografen die Signifikanz dieser Tragödie, die den Wendepunkt im Leben des großen Staatsmannes markierte, erkannte oder erörternde Hinweise dazu gab.

Napoleon Bonapartes kreatives Genie als Heerführer war in großen Teilen Ausdruck seiner Mastermind-Allianz mit seiner ersten Frau. Sehen Sie sich die Tragödie an, die dieser Mann erlebte, als sein Kopf das Kommando über sein Herz übernahm und er seine erste Frau beiseiteschob, um seine gedanklichen Ambitionen voranzutreiben.

Wenn Sie die Erfolgsphilosophie strukturieren, achten Sie in Ihren Nachforschungen sorgfältig auf die Tatsache, dass ein Paar beinahe unbesiegbar gegen alle Formen von Entmutigung und temporärer Niederlage wird, wann immer es seine Gefühle im Sinne der Harmonie für das Erringen eines bestimmten Zieles bündelt. Durch diese harmonische Allianz kommen wir in den Besitz der größten spirituellen Kraft! Vielleicht war das der Wille des Schöpfers. Wie auch immer, die Tatsache bleibt bestehen, dass weltweit keine großen Männer oder Frauen bekannt sind, deren Leben nicht signifikant durch die Emotionen Liebe und Sex beeinflusst gewesen wären!

Damit wir uns richtig verstehen, wenn ich von Sex spreche, beziehe ich mich auf die angeborene kreative Emotion, die der Menschheit ihre kreativen Fähigkeiten gibt, und nicht bloß auf die physische Expression dieser Kraft. Es ist der falsche Einsatz und die burleske

Konnotation dieser großartigen Emotion, die diese manchmal auf das tiefste Level herabwürdigt.

Hill:
Die Emotion Sex kann also entweder unser größtes Kapital oder unsere größte Schwäche sein, abhängig von unserem Verständnis von dieser Emotion und deren Einsatz?

Carnegie:
Ganz genau. Und jetzt fokussieren Sie sich bitte auf eine weitere bedeutende Tatsache: Die Emotion Sex ist ohne den modifizierenden Effekt der Emotion Liebe, wie sie in »unsittlichen« sexuellen Beziehungen ihren Ausdruck findet, der für uns gefährlichste Einfluss. Wenn diese beiden großartigen Emotionen gemeinsam zum Ausdruck kommen, werden sie zu einer kreativen Kraft spiritueller Art.

Hill:
Ihren Anmerkungen entnehme ich, dass die Emotion Sex also ohne den modifizierenden Einfluss der Emotion Liebe eine bloße biologische Kraft ist, die zerstörerisch wirken kann, wenn sie nicht kontrolliert wird?

Carnegie:
Das verstehen Sie genau richtig! Aber lassen Sie mich Ihnen über die Methode berichten, durch die diese Emotion kontrolliert werden sollte. Das Sicherheitsventil besteht im Prinzip in der Umwandlung, durch die diese großartige Antriebskraft umgeformt und hinter jemandes bestimmtes Hauptziel gestellt werden kann. Auf diese Weise genutzt, erlangt sie unbezahlbaren Wert, selbst ohne den modifizierenden Einfluss der Emotion Liebe.

Die Emotion Sex wird sich stets Bahn brechen. Sie gleicht einem Fluss, der aufgestaut wird und dessen Wasser in jegliche gewünschte

Richtung umgeleitet werden kann – hindert man sie aber daran, zum Ausdruck zu kommen, wird dies großen Schaden nach sich ziehen. Wie das aufgestaute Flusswasser wird sie durch die bloße Kraft der ihr innewohnenden Macht auf zerstörerische Art und Weise hervorbrechen, wenn sie nicht unter kontrollierten Bedingungen freigesetzt wird.

Die Selbstdisziplin, durch die diese großen Kräfte in sichere Bahnen menschlichen Bestrebens gelenkt werden, ist die einzig sinnvolle Lösung für das Problem, das sie verursachen.

Hill:

Wenn Liebe und Sex die vorrangig dominanten Emotionen sind, in denen man sich in Selbstdisziplin üben sollte, könnten Sie dann nun ihren Einfluss auf die praktischen Alltagsangelegenheiten analysieren? Welche Rolle spielen diese Emotionen bei den grundlegenden Faktoren menschlicher Beziehungen aller Gesellschaftsschichten?

Carnegie:

Jede wirklich praktikable Philosophie des persönlichen Erfolgs muss Menschen dazu befähigen, die praktischen Probleme des Alltags zu überwinden – und ich meine damit *alle* Probleme!

Anmerkung des Herausgebers:

Was mich stets aufs Neue an Carnegie und Hill fasziniert, ist ihr großartiges Verständnis von Problemlösungen und deren Präsentation – Probleme, mit denen sich Menschen mehrere Jahrzehnte später noch würden befassen müssen. Als Hill beauftragt wurde, einen praktikablen Erfolgsplan für Menschen jeglicher Herkunft zu entwerfen, war es wichtig, dass dieser als Ratgeber für *jedes* Problem diente, mit dem sich eine Person konfrontiert sehen könnte. Jedoch suchen Menschen mehr denn je nach Antworten und finden oft kurzfristiges Seelenheil im Reiz des extravaganten Materiellen.

Zwangsläufig bieten aber diese Versuche, sich durch Materielles zu trösten, nur flüchtige Freude. Menschen sehen sich danach mit denselben Schwierigkeiten konfrontiert wie zuvor. Carnegie weist kurz darauf hin, dass jede wertvolle Philosophie des persönlichen Erfolgs den Menschen erlauben muss, sich durch Tausende Scheidewege navigieren zu können, denen sie sich Tag für Tag gegenübersehen.

Eines meiner Lieblingszitate von Hill ist: »Einen klaren Plan fürs Leben zu haben, vereinfacht stark den Prozess, Hunderte von täglichen Entscheidungen treffen zu müssen, die den ultimativen Erfolg beeinflussen.«

Lernen Sie zunächst durch Bücher wie dieses und *Denke nach und werde reich* so viel Sie können über die Gewohnheiten außergewöhnlicher Erfolgsmenschen. Sobald Sie eine ganz klare Vorstellung davon, was Sie am meisten wollen, im Kopf haben, formulieren Sie einen detaillierten Plan, um es zu erreichen – lassen Sie sich dabei vom *Napoleon Hill Erfolgsjournal* leiten. Wenn Sie diese beiden Schritte geschafft haben, wird kein einziges Problem mehr in Ihrem täglichen Leben auftreten, das Sie nicht klug lösen könnten.

Carnegie:

Wie wir bereits gesehen haben, basiert jegliche menschliche Aktivität auf einem Motiv. Es ist kein Zufall, dass die Emotionen Liebe und Sex zu Beginn der Liste der Basismotive aufgeführt wurden. Genau dort gehören sie hin, weil diese beiden Motive mehr Aktivität inspirieren als alle anderen Motive zusammen.

Die größten Werke aus Literatur, Poesie, Kunst, Theater und Musik haben ihre Wurzeln in der Liebe. In Shakespeares Werken können Sie beobachten, wie sowohl die Tragödie als auch die Komödie hochgradig durch Motive von Liebe und Sex geprägt sind. Entfernt man diese Motive aus Shakespeares Stücken, bleibt nichts übrig als langweiliger Dialog, nicht besser als der eines durchschnittlichen

Stückeschreibers. Sie sehen also, dass diese kreativen Emotionen der Literatur höchste Dienste erweisen können.

Fähige Redner, mit welchem Tätigkeitsbereich sie sich auch immer beschäftigen, geben ihren Worten durch die Emotionen Liebe und Sex Enthusiasmus, Farbe und magnetische Anziehungskraft und vermitteln damit Gefühle durch das gesprochene Wort. Ich habe Redner gehört, die, obwohl sie ihren Themenbereich sowie auch die englische Sprache meisterhaft beherrschten, daran gescheitert sind, ein Gefühl zu vermitteln, da sie Gedanken des Verstandes statt Gedanken des Herzens äußerten. Sie legten kein Gefühl in ihre Worte, weil es ihnen entweder an emotionaler Kapazität fehlte oder aber sie einfach deren Nutzen ignorierten.

Die Geschichte wird freundlich mit mir umgehen,
denn ich beabsichtige, sie zu schreiben.
– Winston Churchill

In gewöhnlichen Konversationen transportiert jeder durch das gesprochene Wort die exakte Prägung der eigenen Gefühle oder den Mangel derselben, und durch dieses Mittel können erfahrene Beobachter auf den tatsächlichen Seelenzustand des Sprechers schließen. Wie wir alle wissen, werden Worte oft dazu benutzt, Gedanken nicht zu vermitteln, sondern zu verbergen! Deshalb beurteilt der erfahrene Analyst Menschen nicht nach ihren Worten, sondern durch das Gefühl oder den Mangel an Gefühl, die diese unbewusst durch ihre Worte preisgeben.

Machen Sie sich angesichts dessen bewusst, wie bedeutend das Verständnis für die Kraft der Emotion in Wort und Schrift und deren gewissenhaften Einsatz ist, da niemand jemals ein Wort spricht oder auch nur eine Zeile schreibt, ohne bewusst oder unbewusst die Präsenz oder den Mangel seiner Gefühle preiszugeben, egal was er durch seine Wortkonstruktionen auch immer zu vermitteln beabsichtigt.

Hill:
Wenn ich Sie richtig verstehe, Mr. Carnegie, sind unsere Worte durch das Wesen der Emotionen geprägt, ob diese Emotionen nun positiv oder negativ sind.

Carnegie:
Ja, das ist wahr, allerdings können die negativen Emotionen wie Furcht, Eifersucht und Zorn kontrolliert und in eine konstruktive Antriebskraft umgewandelt werden. Durch diese Art der Selbstdisziplin werden die negativen Emotionen ihrer Gefahren beraubt und können zielgerichtet nutzbar gemacht werden. Manchmal werden Furcht und Zorn Handlungen inspirieren, auf die wir uns andernfalls nicht einlassen würden, aber alle Handlungen, die aus negativen Emotionen erwachsen, sollten den modifizierenden Einfluss des Kopfes erfahren, sodass sie auf ein konstruktives Ziel ausgerichtet werden können.

Hill:
Sollte man sowohl die negativen als auch die positiven Emotionen dem modifizierenden Einfluss der rationalen Fähigkeiten oder, wie Sie es ausdrücken, des »Kopfes«, unterordnen, bevor man den eigenen Emotionen durch Handlung Ausdruck verleiht?

Carnegie:
Ja, das ist einer der Hauptzwecke der rationalen Fähigkeiten. Niemand sollte jemals auf Basis der Emotionen handeln, ohne zuvor die Gedankenimpulse durch die Unterwerfung unter die rationalen Fähigkeiten modifiziert zu haben. Das ist die Hauptfunktion der Selbstdisziplin. Selbstdisziplin besteht aus der richtigen Balance zwischen den Kräften des Kopfes und des Herzens.

Hill:
Das bringt nun ein Thema zur Sprache, über das ich noch recht wenig nachgedacht habe. Ich kam noch nie auf den Gedanken, dass so-

wohl der Kopf als auch das Herz einen Meister benötigen, aber aus Ihren Worten kann ich ersehen, dass die Willenskraft hier ein potenter Meister ist.

Carnegie:
Ja. Das Ich, das durch den Willen handelt, fungiert als Vorsitzender Richter sowohl über den Verstand als auch die Emotionen. Verlieren Sie aber nie die Tatsache aus den Augen, dass dieser Richter nur für eine Person handelt, die ihr Ich durch Selbstdisziplin zum Handeln trainiert hat. Ohne Selbstdisziplin tut das Ich, was es will. Dies überlässt es nun dem Kopf und dem Herzen, ihre Kämpfe beliebig auszuführen; wenn aber eines davon dominiert, nimmt das andere großen Schaden.

Hill:
Das menschliche Gehirn beinhaltet also eine komplette eigene Regierungsform, urteile ich aufgrund all Ihrer Worte?

Hill:
Das ist eine gute Art, den Sachverhalt darzustellen. Diese Regierung besteht aus vielen Sektionen, die es, sorgfältig koordiniert und mittels Selbstdisziplin geführt, einem Individuum ermöglichen, einen Lebensweg einzuschlagen, auf dem es nur wenig Widerstand von außen begegnet.

Diese Sektionen bestehen aus:

- der Vorstellungskraft, durch die Ideen, Pläne und Methoden zum Erreichen von Zielen kreiert werden können;
- den rationalen Fähigkeiten, durch die man die Erzeugnisse der Vorstellungskraft abwägen, einschätzen und sorgfältig bewerten kann;
- dem Bewusstsein, durch das man die moralische Rechtmäßigkeit der eigenen Gedanken, Pläne und Ziele überprüfen kann;
- den Emotionen, die die Antriebskraft haben, die eigenen Gedanken, Pläne und Ziele in die Tat umzusetzen;

- der Erinnerung, die als Archivar für alle Erfahrungen dient; und
- größer und über allen anderen Sektionen stehend – das Ich (durch Willenskraft zum Ausdruck gebracht), das als das höchste Gericht die Macht hat, rückgängig zu machen, zu modifizieren, zu ändern oder das gesamte Werk aller anderen Geistessektionen zu eliminieren.

Zweifelsohne hatte Shakespeare dieses komplexe System der Selbstregierung im Sinne, als er folgende höchst bezeichnende Mahnworte schrieb:

Dies über alles: Sei dir selber treu!
Und daraus folgt, so wie die Nacht dem Tage,
du kannst nicht falsch sein gegen irgendwen.
– Hamlet

Der große Dramatiker muss festgestellt haben, dass eine Person, deren aus sechs Sektionen bestehende Selbstregierung sich in einwandfreiem Arbeitszustand befindet, klug genug sein wird, um sich nicht falsch gegen irgendjemanden zu verhalten.

Aus diesen Beobachtungen wird ganz klar, dass Selbstdisziplin die Maßnahme ist, durch die man die sechs Sektionen der Eigenregierung so koordiniert, dass keine dieser Sektionen außer Kontrolle gerät.

Hill:
Welche dieser Sektionen der Selbstregierung sollte man näher betrachten, Mr. Carnegie?

Carnegie:
Ohne Zweifel die Sektion der Emotionen, denn diese ist die Handlungssektion. Zufällige Beobachtungen von Menschen zwingen zu dem Schluss, dass Handlungen, die den Emotionen entspringen,

ohne den modifizierenden Einfluss des Kopfes generell im Desaster enden. Ja, Emotion ohne Verstand ist unser größter Feind!

Hill:

Möchten Sie diese Aussage relativieren, Mr. Carnegie?

Carnegie:

Nicht im Geringsten. Stattdessen möchte ich meine Aussage bekräftigen, indem ich die Aufmerksamkeit auf die Tatsache fokussieren will, dass emotionale Wünsche in fast jedem Fall auf die ein oder andere Weise modifiziert werden müssen, wenn man sie einer Überprüfung durch den Kopf unterzieht. Die Dinge, die wir uns am meisten wünschen, werden stets der genauesten Überprüfung durch unseren Kopf standhalten, und Personen, die Selbstdisziplin erreicht haben, wissen, dass dies wahr ist. Es vergeht kaum ein Tag im Leben ohne die Erfahrung, dass uns ein »Gefühl« sagt, dass wir gerade etwas tun, wovon uns der Kopf abrät, wenn dieser die Gelegenheit hat, uns dies mitzuteilen.

Anmerkung des Herausgebers:

Denken Sie über die Kraft in Carnegies Worten über das Handeln nach Gefühlen nach.

Hill fragte Carnegie, ob er seine feste Ansicht, dass Emotion ohne Verstand unser ärgster Feind sei, ändern wolle. Doch Carnegie verneinte und bekräftigte sogar seine Ansicht. Ganz klar hatte Carnegie zahllose Menschen beobachtet, deren mangelnde Gefühlskontrolle sowohl ihre Karriere als auch ihr persönliches Leben zerstört hatte.

Lassen Sie uns über ein zeitgemäßes Beispiel nachdenken. Viele Menschen werden abgemahnt oder gefeuert, nachdem sie impulsive emotionale E-Mails versenden oder in sozialen Netzwerken Dampf ablassen, ohne vorher auch nur einen Augenblick darüber nachzudenken, was geschehen könnte. Ein sorgfältig modifizierender Einfluss, so etwas wie kurz an der frischen Luft spazieren zu gehen oder einen geschätzten Kollegen um Rat zu fragen, würde einer Handlung vorbeugen, die, einmal ausgeführt, dem Ruf der betreffenden Person irreparablen Schaden zufügen könnte. Wie viele Karrieren hätten wohl gerettet werden können, wenn Selbstdisziplin zum Einsatz gekommen wäre? Verhängnisvolle Handlungen, die von ungezügelten Emotionen herrühren, verursachen ganz schnell Missgunst und sind eines der sichersten Mittel, das eigene Vorankommen zu sabotieren. Letzten Endes steht es uns frei, jegliche gewünschte Entscheidung zu treffen, von den Konsequenzen dieser Entscheidung können wir uns jedoch nicht befreien.

Eine erfolgreiche Abstimmung zwischen Kopf und Herz bedeutet nicht, dass man keine Lust hat, etwas zu tun – es bedeutet, dass man die richtige Entscheidung trifft, um dahin zu kommen, wo man hinwill.

Hill:
Dann sollte also Harmonie zu Hause anfangen, im eigenen Geiste. Ist es nicht so?

Carnegie:
Das Mastermind-Prinzip kann nicht ohne die perfekte Harmonie zwischen den Individuen, die die Mastermind-Gruppe bilden, funktionieren. Wir können erst eine harmonische Einheit einer Mastermind-Gruppe bilden, wenn wir Harmonie unter den sechs Sektionen unseres eigenen Geistes erreicht haben.

Hill:
Aus Ihren Erklärungen kann ich ersehen, dass Harmonie im eigenen Geiste eine Voraussetzung für die erfolgreiche Anwendung der gesamten Philosophie vom persönlichen Erfolg ist.

Carnegie:
Das ist der richtige Gedanke. Und erinnern Sie sich, dass innere Harmonie nur und ausschließlich durch Selbstdisziplin geschaffen wird. Wenn Sie diese Wahrheit einmal verstanden haben, können Sie gut nachvollziehen, warum ich die Wichtigkeit der Herrschaft über das Selbst so betone.

Hill:
Haben Sie nicht die Bedeutung der Willenskraft ausgelassen?

Carnegie:
Nein, da habe ich nichts ausgelassen. Die Willenskraft gehört zum menschlichen Ich. Diese Kraft kann alle Aktivitäten der anderen Geistessektionen aufheben. Wenn man von Willenskraft spricht, spricht man von der Kraft des Ichs, die aus einer Allianz mit der Seele oder aus einer Kraft, größer als eine jede der anderen fünf Geistessektionen, besteht.

Das Ich ist das Gericht oberster Instanz. Seine Entscheidungen sind final, und es bedarf keines Beweises dafür, dass diese für alle anderen Geistessektionen verbindlich sind. Welche Kraft steckt hinter dem Ich oder wie mag die genaue Beschaffenheit des Ursprungs seiner Kraft sein? Das sind Fragen, die, wie ich fürchte, den Rahmen sprengen und über das Ziel der Philosophie vom persönlichen Erfolg hinausgehen würden.

Alles, was wir von dieser verborgenen Kraft wissen, ist, dass sie existiert, und wir dürfen nur durch das Verständnis und die Anwendung der Prinzipien, die in dieser Philosophie beschrieben sind, aus ihr schöpfen. Ist das nicht genug? Lassen Sie uns zuerst intelligenten Nutzen aus den bekannten Prinzipien ziehen, um uns dieser verborgenen Kraft anzunähern, bevor wir anfangen, ihre Quelle und ihr Wesen zu erforschen, weil eine solche Recherche möglicherweise zu Verwirrungen und ganz gewiss zu individuellen Kontroversen führt.

Hill:
Im Wesentlichen ist also Ihr Rat, dass wir mehr über das Wesen und den Gebrauch der sechs Sektionen unseres eigenen Geistes lernen sollten, bevor wir uns Gedanken über die Quelle machen sollten, aus der unser Geist seine Kraft schöpft?

Carnegie:
Das ist genau mein Rat! Ich plane nicht, mehr Kraft verfügbar zu machen, als durch diese Philosophie erhältlich ist, bis wir lernen, wie wir diese uns zur Verfügung stehende Kraft zur Nutzenverbesserung einsetzen können. Sie müssen sich daran erinnern, dass durch einige Kombinationen der Prinzipien dieser Philosophie die führenden Persönlichkeiten des *American Way of Life* der Welt den höchsten Lebensstandard, der der Zivilisation bisher bekannt ist, eingebracht haben.

Durch die Anwendung dieser Philosophie haben sie ein großartiges industrielles Imperium errichtet, ein beispielloses Bankensystem, ein Lebensversicherungssystem, das ökonomische Sicherheit für Millionen von Menschen bietet, ein beispielloses Transport- und Kommunikationssystem, ein Werbe- und Merchandisingsystem, um das uns die Welt beneidet, und ein Bildungssystem, das die Bildungssysteme aller anderen Länder bei Weitem übertrifft.

Auch wenn keine dieser Institutionen perfekt ist, entwickeln sie sich stets weiter, werden fast täglich präzisiert und verbessert. Lassen Sie uns deshalb mit diesen Verbesserungen fortfahren in der Annahme, und ich glaube, das dürfen wir sicherlich annehmen, dass, wenn wir unseren Part erfüllen, uns die Kraft über und hinter all dieser menschlichen Aktivität größere Quellen individueller Kraft enthüllen wird, wenn wir bereit sind, diese auf intelligente Art und Weise und zum Wohle der Menschheit zu nutzen.

Erschaffe die höchste, größtmögliche Vision für dein Leben,
denn du wirst werden, was du glaubst.
– Oprah Winfrey

Hill:

Ich denke, Ihr Tadel ist durchaus berechtigt, Mr. Carnegie, und ich stimme mit Ihnen überein, dass wir die uns vertrauten »Talente« besser nutzen sollten, bevor wir mehr oder größere Kräfte einfordern.

Carnegie:

Und Sie dürfen gerne noch hinzufügen, dass Selbstdisziplin das Medium ist, durch das ein besserer Nutzen unserer Kräfte erreicht werden kann. Das, was jeder Mensch vielleicht mehr als alles andere benötigt, ist größere Disziplin über das Selbst. Zuallererst benötigen wir Selbstdisziplin über die sechs Geistessektionen. Aber das reicht nicht aus. Wir brauchen Disziplin über den Appetit, Sex, Sprache, unser äußeres Erscheinungsbild, unseren Bücherkonsum, und vor allem brauchen wir strengste Disziplin bezüglich unseres Zeitmanagements. Würde die Zeit, die die meisten Menschen durch schnöden Klatsch und Tratsch verschwenden, durch ein adäquates Zeitbudget klüger genutzt, könnten sie sich all ihre jemals gewünschten Luxusgüter des Lebens beschaffen.

Wir brauchen Disziplin über all unsere Beziehungen mit anderen. Sie sehen also, der Bedarf an Selbstdisziplin ist unendlich. Das Tragische daran ist die Tatsache, dass die meisten gar nicht wissen, dass sie ihre Selbstdisziplin ganz leicht erreichen können und sie niemand anderen dazu brauchen, sie nutzbar zu machen.

Hill:

Warum wurde dieses Vorrecht so grundsätzlich vernachlässigt, Mr. Carnegie?

Carnegie:
Die Philosophen vergangener Zeiten haben dieselbe Frage gestellt. Die generelle Ermahnung eines jeden großen Philosophen lautete: »Erkenne dich selbst«, denn es ist offensichtlich für den Philosophen, dass alles, was wir brauchen, die Kenntnis vom Wesen der Kraft ist, die in unserem eigenen Geist verborgen liegt. Wenn wir diese Kraft verstehen und anwenden können, können wir *alles,* was wir brauchen oder uns wünschen, erreichen. Alles, was wir tun müssen, ist, von unserem eigenen Geist Besitz zu ergreifen, ihn der Selbstdisziplin zu unterwerfen und voilà! Er wird uns wie Aladins Lampe dienen, wir werden uns jeden Wunsch erfüllen können. Aber um Ihre Frage genauer zu beantworten, würde ich sagen, dieses Vorrecht wurde übersehen, weil nie jemand der Welt eine praktische Philosophie an die Hand gegeben hat, die all das Wesentliche eines gut geführten Lebens beinhaltet. Weil ich bemerkt habe, dass so eine Philosophie benötigt wird, habe ich Sie mit der Strukturierung derselben beauftragt.

Die Philosophen der Vergangenheit, von Aristoteles über Plato bis hin zu den Philosophen der Moderne, haben sich zu sehr mit den abstrakten Prinzipien des Lebens und zu wenig mit den praxisnahen, konkreten Regeln menschlicher Beziehungen beschäftigt, durch die wir einen erfolgreichen Lebensweg einschlagen können.

Es lag ja bisher in niemandes Verantwortung, eine solche Philosophie zur Verfügung zu stellen, und offensichtlich interessierte sich bisher niemand dafür, ihre Strukturierung zu übernehmen, ich nehme an, hauptsächlich wegen des enormen unprofitablen Aufwandes, der hierzu für Forschung, Untersuchungen und Studien aufgewendet werden muss. Alles, was ich Ihnen als Ansporn dafür, mit der Strukturierung der Philosophie des persönlichen Erfolgs zu beginnen, versprechen kann, sind 20 Jahre ertragloser Arbeit. Mich ermutigt aber die Hoffnung, dass der Stolz auf den Erfolg zuzüglich des materiellen Ausgleichs, den Sie erhalten werden, wenn Sie die Arbeit fertiggestellt haben, Sie als Motiv inspiriert und Sie fortfahren, bis das Werk vollendet ist. Warum niemals eine andere Person damit angefangen hat, solch eine Philosophie zu strukturieren, weiß ich nicht. Da können wir nur raten! Das ist eine Frage, die ich nicht beantworten kann, ich kann Ihre Aufmerksamkeit nur auf diese Tatsache lenken: Braucht die Zivilisation Freiwillige, um ihren Horizont zu erweitern, treten diese immer irgendwie in Erscheinung. Deshalb hat sich die Menschheit seit den Anfängen der Zivilisation weiterentwickelt und wird sich noch weiterentwickeln. Hinter all dem liegen irgendein großer Plan und ein Ziel, die wir, die wir uns freiwillig dazu bereit erklären, die Welt zu verbessern, nicht unbedingt verstehen müssen. Wir sollten uns mit der Belohnung durch Selbstgenugtuung zufriedengeben, die die Hauptkompensationsquelle für alle, die nützliche Dienste leisten, ist.

Anmerkung des Herausgebers:

Hier bekommen wir also einen realen Einblick, warum die Erfolgsphilosophie heute so relevant ist. Diese Prinzipien haben für alle Personen funktioniert, die Hill für sein 1937 erschienenes Buch *Denke nach und werde reich* befragt hat, ebenso wie für alle Personen, die in *Think and Grow Rich: The Legacy,* das acht Jahre später herausgegeben wurde, in Erscheinung getreten sind, und für Hunderte weitere Menschen, die in Büchern vorkamen, die die Napoleon-Hill-Stiftung veröffentlicht hat.

Erfolg macht keine Unterschiede, und niemand wird mit einer Goldmedaille um den Hals geboren. Erfolg kommt zu allen, die tun, was getan werden muss. Seien Sie versichert, werte Leser: Diese Prinzipien werden auch für Sie funktionieren.

Hill:

Entspricht es nicht der Wahrheit, Mr. Carnegie, dass diejenigen, die herausragende Dienste an der Menschheit leisten, damit Selbstdisziplin in großem Maße demonstrieren?

Carnegie:
Ja, das ist wahr. Man tendiert dazu, Selbstdisziplin zu entwickeln, wenn man solche Dienste leistet, und das ist ausreichend Kompensation für diese Dienste, weil es keinen größeren Gewinn gibt als die Selbstkontrolle. Das ist Tatsache. Wenn wir Kontrolle über uns selbst haben, können wir Kontrolle über so gut wie all unsere Begehren haben.

Hill:
Ist es nicht wahr, Mr. Carnegie, dass Personen, die durch strenge Selbstdisziplin große Macht erhalten, diese selten zum Schaden anderer einsetzen?

Carnegie:
Ja; wenn Menschen wirklich selbstdiszipliniert sind, haben sie kein Verlangen danach, ihre Macht zum Nachteil anderer Menschen auszuüben. Die Geschichte zeigt uns, dass all diejenigen, die diese Regel verletzt haben, sehr bald ihre Macht verloren haben.

Die Gründer unserer Nation zum Beispiel erhielten Macht durch Selbstdisziplin. Studieren Sie die Vorgeschichten von George Washington, Thomas Jefferson und anderen ihrer Art und Ära, und Sie werden Beweise für Selbstdisziplin höchster Güte finden. Diese Individuen waren berühmt wegen ihrer Freiheitsforderungen für die ganze Menschheit.

Hill:
Mr. Carnegie, ich habe beobachtet, dass die meisten Menschen es zulassen, dass ihr Geist durch unvermeidbare Enttäuschungen und Fehlschläge des Lebens gebrochen wird, speziell durch solche, die aus dem Verlust materieller Dinge und dem Verlust von Freunden entstehen. Wie kann Selbstdisziplin solchen Menschen helfen?

Carnegie:
Selbstdisziplin ist die einzige Lösung für solche Probleme. Die Selbstdisziplin sollte mit der Erkenntnis beginnen, dass es nur zwei Arten von Problemen gibt: die, die wir lösen können, und die, die wir nicht lösen können. Schwierigkeiten, die gelöst werden können, sollten durch die praktischsten erhältlichen Maßnahmen liquidiert werden, und Probleme, die nicht gelöst werden können, sollten aus dem Geist verbannt und vergessen werden.

Selbstdisziplin, die die Herrschaft über alle Emotionen bedeutet, befähigt uns, die Tür zwischen uns und den unangenehmen Erfahrungen der Vergangenheit zu verschließen. Die Tür sollte fest geschlossen und sicher abgesperrt werden, sodass keine Möglichkeit besteht, sie wieder zu öffnen. Die Tür sollte auch allen Schwierigkeiten, für die es keine Lösung gibt, verschlossen werden. Diejenigen, denen es an Selbstdisziplin mangelt, lassen die Tür nicht nur zwischen sich selbst und unliebsamen Erinnerungen sowie unlösbaren Problemen offen, sie bleiben sogar im Türrahmen stehen und blicken zurück in die Vergangenheit, anstatt die Tür zu schließen und nur vorwärts in die Zukunft zu blicken.

Dieser Akt, die Türen zu verschließen, ist notwendig und wichtig. Er verlangt nach Unterstützung durch unser Ich, aber diese Unterstützung ist nur erhältlich, wenn wir die anderen Sektionen unseres Geistes unter der Kontrolle unseres Ichs haben.

Hill:
Der erste Schritt ist also der, durch das Schließen der Tür hinter unangenehmen Erinnerungen und unlösbaren Problemen Kontrolle über den eigenen Geist zu erlangen?

Carnegie:
Das ist der Gedanke. Wir können die mentale Tür zu vergangenen Erfahrungen erst schließen und sicher sein, dass sie auch zu bleibt, wenn wir Kontrolle über unseren eigenen Geist erlangt haben. Er-

innern Sie sich auch, dass wir erst dazu fähig sein werden, die direkt vor uns liegende Tür der Möglichkeiten zu öffnen, wenn wir die Gewohnheit entwickelt haben, die Tür zwischen uns und der Vergangenheit zu schließen. Die Möglichkeit zur Eigenwerbung, Glück zu erlangen und materielle Güter anzusammeln, bleibt denjenigen strikt verwehrt, deren Geist sich ausschließlich mit Fehlern und Niederlagen aus der Vergangenheit oder anderen entmutigenden Gedanken beschäftigt. Erfolgreiche Menschen sind beherzte Menschen! Das ist notwendig. Sie schließen nicht nur die Türen der Vergangenheit hinter sich, sie werfen den Schlüssel fort.

Anmerkung des Herausgebers:

Wow! Wie stark ist das? Genauso, wie der Erfolg zu erfolgsbewussten Menschen kommt, erhalten diejenigen, die sich auf eine blühende Zukunft fokussieren, statt sich bei unglücklichen Umständen der Vergangenheit aufzuhalten, ihre Chance. Das kann besonders schwer sein für Personen, die ein ernsthaftes medizinisches Trauma oder physische Probleme durchlebt haben, und ich selbst habe drei Freunde, die großartige Beispiele dafür sind:

- Janine Shepherd war eine Skilangläuferin, die sich für die Winterolympiade in Calgary, Kanada, qualifiziert hatte. Nur wenige Monate vor den Spielen wurde Shepherd von einem rasenden Lkw erfasst, als sie sich mit dem Rad auf einer Trainingsfahrt in den australischen Blue Mountains befand. Sie wurde per Helikopter ins Krankenhaus gebracht, wo man ihren Eltern mitteilte, dass sie nicht überleben würde. Nach zehn Tagen im Koma erwachte »Janine the Machine«, musste aber unzählige Operationen über sich ergehen lassen und sechs Monate in der Klinik bleiben. Nicht nur waren ihre athletischen Hoffnungen geplatzt, sondern auch ihr Körper irreparabel geschädigt und nicht wiederzuerkennen. Heute ist die Frau, die den Tatsachen trotzte und daraus eine Karriere machte, mehrfache Bestsellerautorin, bereist die Welt als gehende Querschnittsgelähmte und teilt ihre inspirierende Geschichte mit führenden Unternehmen – Amazon, Google und Cisco eingeschlossen –, gemeinnützigen Vereinen sowie Schulen, um Menschen daran zu erinnern, dass wir nicht nur aus unseren Körpern, sondern auch aus unserem eigensinnigen menschlichen Geist bestehen. Ich werde nie die eine Lektion mit ihr vergessen, die ihre Einstellung perfekt zusammenfasste: »Ich höre einfach nicht hin, wenn mir jemand sagt, ich könne etwas nicht tun.«

- Wegen eines seltenen Gendefekts wurde Jessica Cox ohne Arme geboren. Statt mit ihrem Unglück zu hadern, fand Cox eine einfallsreiche Lösung – sie hatte ja zwei Füße und würde diese als Ersatz benutzen. Jede Herausforderung spornte sie an, und so lernte sie Autofahren, schnell und akkurat eine Tastatur zu bedienen, Gerätetauchen und Kontaktlinsen zu wechseln. Im Alter von 14 Jahren erlangte sie sich ihren Schwarzgurt im Taekwondo. Inmitten all ihrer anderen bemerkenswerten Errungenschaften erlernte Cox das Fliegen, und sie wurde vom Guinnessbuch als die weltweit erste armlose Pilotin anerkannt. Heute schult sie Privatpersonen, Unternehmen und Verbände darin, das Unmögliche zu leben.
- Im Alter von 17 Jahren fiel Jim Stovall durch eine Routineuntersuchung fürs Footballteam seiner Highschool. Drei Ärzte baten ihn, sich zu setzen, und erklärten ihm, dass er bald vollkommen und dauerhaft erblinden würde und dass es keine Möglichkeit gäbe, dies zu verhindern. Entsprechend der Vorhersage verdunkelte sich Stovalls Welt buchstäblich. Einige Jahre später erkannte Stovall, dass die Millionen blinder und sehbehinderter Menschen weltweit keine Möglichkeit hatten, in den Genuss von Fernsehprogrammen zu kommen, und so machte er sich daran, das zu ändern. Heute läuft das Narrative Television Network in mehr als einem Dutzend Ländern und hat einen enormen Wert geschaffen für diejenigen, die sich zu-

vor ausgestoßen gefühlt hatten. Stovall ist Autor von 30 Bestsellern, obwohl er niemals ein Buch geschrieben hat, bevor er sein Augenlicht verloren hatte.

Die Geschichten von Janine Shepherd, Jessica Cox, Jim Stovall und anderen auf der Welt erinnern uns daran, dass wir der Zukunft mutig entgegenblicken müssen, unabhängig davon, was in der Vergangenheit passiert ist; im Vertrauen darauf, dass es da noch sehr viel mehr Leben für uns zu leben gibt.

Mit dem Geschäftspartner, der einem Unrecht getan hat, dem früheren Ehepartner, der/die einen der Würde beraubt hat, oder einem Umstand, den man niemals hätte voraussehen können, zu hadern, ist genau das, was einen davon abhält, in der Gegenwart glücklich zu sein. Kanalisieren Sie die Energie in konstruktive Maßnahmen und finden Sie das Geschenk in jeder misslichen Lage. Zielgerichtetes Handeln ist die beste Medizin.

Hill:
Mir gefällt dieser Ausdruck »die Türen verschließen«. Aber macht einen diese Gewohnheit, die Türen zu verschließen, nicht hart und emotionslos?

Carnegie:
Vielleicht macht sie tatsächlich standfest, aber ich würde nicht sagen, dass sie hart macht. Standfestigkeit ist eine Qualität, die jemand besitzen muss, damit er Selbstdisziplin erlangen kann. Bitte erinnern Sie sich daran, dass Selbstdisziplin keine bloße Geste ist, durch die wir uns selbst einen Klaps auf die Finger geben und uns sagen »Sei brav jetzt!« Selbstdisziplin ist eine klare mentale Haltung, die ganz tief in unserer Seele auf die Suche geht, das Totholz unseres Seins entdeckt und dieses kühn hinauswirft. Sie gestattet uns keine lauernde Erinnerung an traurige Erfahrungen, und sie verschwendet keine Zeit damit, sich über unlösbare Probleme zu sorgen. Sie schließt die Tür fest vor

Furcht und öffnet sie weit für Hoffnung und Vertrauen. Sie schließt die Tür fest vor der Eifersucht und öffnet sie weit für die Liebe. Sie schließt die Tür genauso konsequent vor Hass, Rachsucht, Gier, Zorn und Aberglaube und steht dahinter Wache, um sicherzustellen, dass sie nicht aus irgendeinem Grunde von irgendjemandem geöffnet wird.

Bezüglich des Türenschließens kann es keinen Kompromiss geben. Entweder stellen wir unsere Willenskraft hinter die Tür, die zu Erinnerungen führt, die wir zu vergessen wünschen, und schließen die Tür fest, oder wir erreichen keine Selbstdisziplin. Das ist einer der Hauptdienste, die die Selbstdisziplin leistet.

Die meisten Menschen sind so glücklich, wie sie sein wollen.
– Abraham Lincoln

Hill:
Aber was ist mit den Menschen, deren Herzen durch Enttäuschungen in der Liebe gebrochen wurden? Wie sollen diese mit der Gewohnheit, die Türen zu verschließen, verfahren, von der Sie sagen, sie sei so essenziell?

Carnegie:
Enttäuschungen in der Liebe sind Enttäuschungen in anderen Bereichen nicht unähnlich. Diese Wunden können leichter geheilt werden, wenn man seine Zuneigung auf ein neues Gebiet ausrichtet. Hier besteht das Heilmittel dann darin, die Tür fest zu schließen und sich daranzumachen, ein neues Liebesobjekt zu finden.

Hill:
Aber das ist leichter gesagt als getan, nicht wahr?

Carnegie:
Die Türen zu verschließen, ist niemals einfach! Wäre es das, hätte es keinen Nutzen, die Tür zu schließen. Das Problem der meisten

Menschen ist, dass sie die Tür leicht angelehnt oder gleich weit offen stehen lassen und so mit den Dingen, die aus ihrem Leben ausgeschlossen werden sollten, Kompromisse eingehen. Man kann es sich nicht leisten, sich mit unliebsamen Erinnerungen aufzuhalten. Sie zerstören die Kraft der kreativen Vision, unterminieren die Initiative, schwächen die Vorstellungskraft, verwirren die rationalen Fähigkeiten und bringen alle Sektionen des Geistes durcheinander. Selbstdisziplin erlaubt keine solche Beeinträchtigung, egal in welche Richtung.

Hill:
Dann ergibt sich aus Ihren Worten, dass uns die Selbstdisziplin dazu befähigt, alles zu meistern, was sich uns in den Weg stellt oder irgendeine Form von Unbehagen verursacht?

Carnegie:
Ja, genau das tut sie. Sie toleriert keine Einmischung in die geregelten Funktionen des Geistes. Wie ein Tiefsee-Minensuchboot macht sie uns den Weg in unsere Zukunft durch alle ungünstigen Widerstände frei. Sie bringt uns dazu, nach vorn statt zurück zu blicken. Sie duldet weder Entmutigung noch Kummer. Entweder eliminiert sie deren Ursache, oder sie verschließt die Türen so fest, dass sie nicht mehr hindurch gelangen können.

Auf der anderen Seite verweigert uns die Selbstdisziplin genauso unerbittlich, die Tür zwischen uns und den sieben positiven Emotionen zu schließen. Die Tür zu diesen wird immer weit offen gelassen, und wenn sie nicht von selbst hineinkommen, holt die Selbstdisziplin sie und spannt sie in die Arbeit ein.

Hill:
Mit anderen Worten, die Selbstdisziplin füttert und nährt die positiven Emotionen, hält aber die Tür zu den negativen Emotionen geschlossen. Ist das der Gedanke?

Carnegie:

Ja, aber sie tut mehr, als die positiven Emotionen nur zu bestärken. Sie hält sie an ihrem Platz, zwingt sie dazu, ihren Einfluss mit den rationalen Fähigkeiten zu teilen, und hält sie damit unter Kontrolle. Nehmen Sie zum Beispiel die Emotion des Enthusiasmus. Es ist niemand bekannt, der jemals etwas wirklich Großes ohne Enthusiasmus erreicht hätte, jedoch kann ungezügelter Enthusiasmus Menschen in Schwierigkeiten bringen. Also muss er unter Kontrolle gehalten und zu klaren Zielen geführt werden.

Dasselbe gilt für die anderen positiven Emotionen, besonders für die Emotionen Liebe und Sex. Diese beiden, die die Kraftvollsten der Gruppe sind, bedürfen der genauesten Beobachtung. Wenn sie außer Kontrolle geraten, können sie einem dauerhaft schaden. Hoffnung, Vertrauen und Loyalität sind die einzigen Emotionen, die selten in Schach gehalten werden müssen. Aber auch sie müssen manchmal durch logisches Denken modifiziert werden; um nicht falsch eingesetzt und missbraucht zu werden.

Hill:

Ich fange an zu glauben, dass Selbstdisziplin ein Kapital ist, von dem nur starke Menschen profitieren können.

Carnegie:

Das ist richtig! Und warum auch nicht? Was würde man von einem schwachen Geist erwarten? Der Zweck der Selbstdisziplin ist es, den Geist stark zu machen. Was glauben Sie, wofür die Philosophie des persönlichen Erfolgs gedacht ist, außer dafür, den Geist stark zu machen? Das ist ihre Hauptfunktion. Ihr Zweck ist es, Menschen dabei zu helfen, von ihrem eigenen Geist Besitz zu ergreifen und diesen dann für jeglichen notwendigen Zweck zu nutzen.

Man kann erst vom eigenen Geist Besitz ergreifen, wenn man genug Selbstdisziplin entwickelt hat, die es ermöglicht, den Geist zu *strukturieren* und frei von zersetzenden Einflüssen zu halten.

Hill:
Denken Sie, die meisten Menschen werden gern den notwendigen Preis bezahlen, um Selbstdisziplin zu erlangen, Mr. Carnegie?

Carnegie:
Natürlich nicht! Aber diejenigen, die erfolgreich sein werden, müssen den Preis zahlen. Sie werden Führungspositionen in den von ihnen gewählten Tätigkeitsbereichen einnehmen; das wird ihre Belohnung dafür sein, den Preis bezahlt zu haben. Machen Sie sich klar und behalten Sie dies gut im Gedächtnis, dass es nichts umsonst gibt. Alles, das einen Wert hat, kostet seinen Preis, und diejenigen, die es bekommen, müssen den Preis bezahlen. Sie bekommen vielleicht etwas anderes, aber nichts umsonst.

Hill:
Ich nehme an, dies entspricht Ihren Worten darüber, dass die Vorteile der Philosophie des persönlichen Erfolgs nicht denjenigen zugutekommen, die nicht bereit sind, sich Selbstdisziplin anzueignen?

Carnegie:
Sie haben die Sachlage präzise dargestellt. Angesichts dessen, was ich über die Unmöglichkeit, etwas umsonst zu bekommen, gesagt habe, würden Sie wohl kaum erwarten, dass Menschen sich die Vorteile einer solch kompletten Philosophie zu eigen machen können, ohne sich diese Nutzen auch zu verdienen.

Sie erinnern sich, wenn wir diese Philosophie beherrschen und angemessen anwenden, so haben wir das Objekt unserer größten Hoffnungen und Ziele erreicht. Das ist ein Versprechen, das durch keine andere Quelle oder aus irgendeinem anderen Grund gewährleistet werden kann. Mir scheint, für diese Gewährleistung wäre kein Preis zu hoch.

Allerdings ist der Preis, den wir für den Nutzen dieser Philosophie zahlen müssen, verschwindend gering im Vergleich zu den Vorteilen, die sie verspricht. Darüber hinaus ist der Preis für jeden mit durchschnittlicher Intelligenz, einem gesunden Körper und solidem Verstand erschwinglich. Er besteht aus der beständigen Entschlossenheit, sich die Philosophie zu eigen zu machen und sie zu nutzen! Das ist nun sicherlich nicht zu anspruchsvoll. Ich würde sagen, der größte Anteil des Preises, den jemand für die Vorteile dieser Philosophie zahlen muss, wird der Aufwand sein, Selbstdisziplin zu entwickeln, und das ist fast gänzlich eine Sache der Willenskraft, dazu noch ein passendes Motiv, das groß genug ist, um kontinuierliches Bemühen sicherzustellen.

Die ganze Sache hängt von der Entscheidung des Einzelnen ab.

Hill:

Ich bin froh, dass Sie das sagen, Mr. Carnegie, und ich versichere Ihnen, dass ich Ihre Ansichten gänzlich teile. Meine Fragen bedeuten keinen Zweifel meinerseits. Ich frage nur, um sicherzustellen, dass Sie Ihre Ansichten verteidigen könnten, da die Zeit kommen wird, in der ich denjenigen, die durch die Nutzung der Philosophie nach Selbstbestimmung suchen, an Ihrer Stelle die gleichen Fragen beantworten muss. Es gibt viele »ungläubige Thomasse« auf der Welt, und ich muss darauf vorbereitet sein, diese davon zu überzeugen, dass die Regeln des persönlichen Erfolgs bekannt sind und dass diese Regeln für alle funktionieren, die diese regelmäßig trainieren.

Carnegie:

Mir gefällt Ihre Ausdrucksweise, denn Sie haben recht, wenn Sie sagen, die Regeln werden für alle funktionieren, die sie regelmäßig trainieren. Keine Philosophie wird von selbst funktionieren, als wäre sie eine süße Pille, die ihren Nutzen einfach entfaltet, indem man sie schluckt und dann schlafen geht. Aber mit intelligenter Anwendung kann man sicher sein, dass diese Philosophie funktionieren wird.

Und warum auch nicht? Sie ist ja keine bloße Zusammenstellung abstrakter Regeln; sie repräsentiert die Lebenserfahrungen von über

500 erfolgreichen Personen, die absolute Glanzleistungen durch sie erzielt haben – oder wird sie repräsentieren, wenn sie fertiggestellt ist. Ist eine Regel solide, funktioniert sie wieder und wieder, und sie wird einer Person genauso gut dienen wie jeder anderen Person, die gleichwertige Fähigkeiten hat, um sie anzuwenden.

Hill:
Jetzt möchte ich Ihnen eine Frage stellen über etwas, das mir sehr zu denken gibt. Warum, Mr. Carnegie, erlangen die meisten erfolgreichen Menschen – sowohl diejenigen, die Einfluss gewonnen als auch die, die ein Vermögen gemacht haben – ihren Erfolg erst, wenn sie ein bestimmtes Alter erreicht haben?

Carnegie:
Hierfür gibt es zwei sehr gute Gründe. Erstens, weil es in der Vergangenheit keine verfügbare klare Philosophie vom persönlichen Erfolg gab. Menschen waren gezwungen, durch Versuch und Irrtum zu lernen, und das braucht seine Zeit. Zweitens erlangen Menschen manchmal Weisheit mit dem Alter; bei ihnen kann man sicher sein, dass sie sich strikter Selbstdisziplin unterworfen haben.

Hill:
Welches ist der größte Nutzen, den man durch Selbstdisziplin erzielen kann, Mr. Carnegie?

Carnegie:
Ohne zu zögern, würde ich sagen, dass der größte potenzielle Nutzen darin besteht, mit ihrem Einsatz die eigene Willenskraft zu unterstützen! Das Ich, in dem wir den Sitz der Willenskraft annehmen können, ist der Oberste Gerichtshof des Geistes, mit der Macht, die Werke aller anderen Geistessektionen außer Kraft zu setzen. Wird diese Quelle der Macht durch strikte Selbstdisziplin geschützt und unterstützt, sind ihre Möglichkeiten gewaltig, sowohl bezüglich ihrer

Entfaltungsmöglichkeiten als auch ihrer Kraft. Wir sind erst wirklich besiegt, wenn unsere eigene Willenskraft den Urteilsspruch über die Niederlage akzeptiert!

Ich kenne Menschen, die – schon gut jenseits des mittleren Alters – geschäftlich gescheitert sind und all ihren materiellen Besitz verloren haben, denen aber dennoch ein Comeback und ein Ausgleich ihrer Verluste gelungen ist. Was sie nicht verloren haben, ist ihre Selbstdisziplin, durch die sie unbezwingbare Willenskraft entwickelt hatten.

Hill:

Dann würden Sie also das Axiom »Uns halten nur die Grenzen, die wir uns selbst setzen« unterschreiben?

Carnegie:

Ja, das würde ich! Und ich kann Ihnen noch etwas über die Kraft des Geistes erzählen. Er wird seine eigenen Grenzen setzen, wenn das Individuum nicht Besitz davon ergreift und ihn durch Selbstdisziplin in Richtung eines bestimmten Ziels lenkt. Der Geist ist in den Ausmaßen seiner Kraft nur dann unbegrenzt, wenn er unbegrenzt gefordert wird.

Auf vielerlei Art ist der Geist wie eine fruchtbare Stelle im Garten, die durch Pflege dazu gebracht werden kann, jede gewünschte Ernte einzubringen, die aber bei Vernachlässigung ganz von selbst Unkraut sprießen lässt.

Begreifen Sie diese Eigenschaft des Geistes und Sie werden wissen, warum es notwendig ist, ihn durch Selbstdisziplin zu kontrollieren.

Die beste Art von Sicherheit ist die persönliche Sicherheit,
die aus dem Inneren heraus entwickelt wird.
– Andrew Carnegie

Hill:

Würden Sie anhand einer Zusammenfassung der bedeutenderen Möglichkeiten der Selbstdisziplin kurz die Besonderheiten des Prinzips beschreiben, auf die man sein Augenmerk zuerst richten sollte?

Carnegie:

Nun, kategorisch gesprochen würde ich sagen, wenn wir unseren Verstand durch Selbstdisziplin unter Kontrolle bringen, automatisiert sich unsere Kontrolle über alles andere, das uns beschäftigt. Sicherlich sollten Anfänger damit beginnen, strikte Gewohnheiten der Selbstdisziplin über ihre sechs Geistessektionen zu entwickeln. Geduld, Ausdauer und ein bestimmtes Motiv sind nötig, um den fortwährenden Einsatz dieser Qualitäten zu garantieren.

Das Prozedere ist unkompliziert. Es sollte mit der Aneignung eines bestimmten Hauptziels beginnen, hinter dem ein adäquates Motiv für das Erreichen dieses Zieles steht. Dieser Anfang wird zwangsweise Selbstdisziplin erfordern.

Anmerkung des Herausgebers:

Hier weist Carnegie auf einen der Hauptgründe hin, warum Menschen daran scheitern, ihre Ziele zu erreichen. Forschungen zeigen, dass etwa 80 Prozent der Personen, die Vorsätze fürs neue Jahr fassen, diese in der zweiten Februarwoche wieder fallen lassen. Das bedeutet, dass nur einer von fünf aus der Minderheit der Personen, die überhaupt Vorsätze fasst, sechs Wochen später auch noch daran arbeitet, diese einzuhalten!

Zweifellos inspiriert durch Carnegies Betonung des Motivs schreibt Hill an anderer Stelle, dass »das Abdriften der primäre Grund für das Scheitern ist«. Das sagt uns, dass die Ziele, die am wahrscheinlichsten erreicht werden, diejenigen sind, hinter denen ein bestimmtes Hauptziel steht. Damit laden sich die Ziele emotional sehr viel leichter auf, was, wie wir gelesen haben, wichtig für die Inspiration der konsistenten und zielgerichteten

Handlung ist, die wiederum erforderlich ist, damit diese Ziele real werden können. Erinnern Sie sich: Je stärker das Motiv, desto leidenschaftlicher die Aktivität.

Carnegie:
Des Weiteren möchte ich die Autosuggestion als ein Mittel empfehlen, das das Ich in Wachsamkeit versetzt und ihm die Notwendigkeit der Selbstdisziplin bewusst macht. Das kann eine tägliche Wiederholung einer psychologischen Formel wie der folgenden sein:

1. Ich erkenne, dass mein Geist aus einem Regierungssystem besteht, das zusammengesetzt ist aus den sechs Sektionen der Vorstellungskraft, des Gewissens, der rationalen Fähigkeiten, der emotionalen Fähigkeiten, der Erinnerung und schlussendlich der Willenskraft, die dem Ich innewohnt und als Oberster Gerichtshof über all die anderen Sektionen fungiert.
2. Ich werde meine Vorstellungskraft durch fortwährende Nutzung derselben weiterentwickeln.
3. Ich werde mein Gewissen im Zweifel zurate ziehen, jedoch niemals übergehen und auf diese Weise mit meinem Gewissen in gutem Einvernehmen bleiben.
4. Ich werde meine rationalen Fähigkeiten fördern, indem ich ihnen all meine Pläne, Ziele und Meinungen für eine strikte Analyse darlege, bevor ich handle.
5. Ich werde die sieben positiven Emotionen bestärken, jedoch zu jeder Zeit modifizieren, indem ich sie den rationalen Fähigkeiten darlege, bevor ich sie zum Ausdruck bringe.
6. Da mir die Gefahren der sieben negativen Emotionen bewusst sind, werde ich derartige Kontrolle über diese erlangen, dass ich ihnen ausschließlich in einer Form Ausdruck verleihen werde, die ich in konstruktives Handeln umwandeln kann.
7. Ich werde den Obersten Gerichtshof meines Geistes – die Willenskraft – respektieren, indem ich mich selbst auf seine Seite stelle und ihm die komplette Kontrolle über all meine anderen

Geistessektionen überlasse, egal welche Bemühungen dies erfordert.

8. Ich werde meine Erinnerung scharf und wachsam halten, indem ich darauf achte, sie deutlich mit allem zu prägen, was ich zeitnah abrufen möchte.
9. Um meine sechs Geistessektionen entwickeln zu können, werde ich als Mittel hierfür ein klares Hauptziel festlegen und mich täglich – und sei es nur ein wenig – darum bemühen, dieses Ziel zu erreichen.
10. Mir ist bewusst, dass mein Geist keiner Begrenzung unterliegt, außer derjenigen, die ich selbst etabliere oder durch andere etablieren lasse. Deshalb werde ich die Tür fest vor jedem negativen Einfluss, der in meinen Geist gelangt, sowie vor jeder unangenehmen Erfahrung, die ich in der Vergangenheit gemacht habe, verschließen. Und ich werde diese Türe verschlossen halten, ungeachtet dessen, welche Bemühungen dies erfordert.
11. Da mir die Macht der Gewohnheit bekannt ist, werde ich vollständige Selbstdisziplin entwickeln, indem ich tägliche Gewohnheiten etabliere, die mit dem Wesen meines bestimmten Hauptzieles in Einklang sind. Mir ist klar, dass mein Unterbewusstsein diese Gewohnheiten übernehmen und automatisch umsetzen wird.
12. Für die gewissenhafte Einhaltung dieses Bekenntnisses werde ich meinen Geist für die Führung der Unendlichen Intelligenz offenhalten und mir bewusst machen, dass meine eigenen Pläne von Zeit zu Zeit einer Modifizierung bedürfen.
13. Dieses Bekenntnis soll mein täglich Gebet sein!

Diesem Bekenntnis tagtäglich im Geiste des Vertrauens zu folgen, ohne wünschenswerte Ergebnisse zu erzielen, wäre ein Ding der Unmöglichkeit! Das Bild dieses Bekenntnisses wird früher oder später vom Unterbewusstsein übernommen und automatisch umgesetzt werden.

Dieses Bekenntnis sollte mit demütigem Herzen und nur für sich erfüllt werden, ohne dass andere Kenntnis davon erhalten (und sich somit einmischen könnten). Dies sollte ein Pakt sein, den eine Person mit sich und, falls sie religiös ist, ihrem Schöpfer schließt. Das Bekenntnis wird:

- das Bewusstsein für Disziplin schulen;
- dabei helfen, Entmutigungen jeglicher Art zu eliminieren;
- Autarkie und Entscheidungsklarheit in täglichen Lebensfragen entwickeln;
- dazu befähigen, Verzögerung zu meistern;
- die Persönlichkeit auf angenehme Art verändern, was dadurch, wie das persönliche Umfeld auf einen reagiert, fast unmittelbar bemerkbar sein wird;
- Chancen für die Selbstentwicklung eröffnen, die bei Weitem zu zahlreich sind, um alle aufzulisten; und
- dazu führen, dass man permanent auf der Hut ist vor Schwächen, denen man sich zuvor ohne Widerstand ergeben hat.

Kurz, es wird Selbstdisziplin in ihrer höchsten und nutzbarsten Form erzeugen – Selbstdisziplin, die sich in *allem,* was jemand tut und denkt, widerspiegeln wird!

Anmerkung des Herausgebers:

Autosuggestion ist ein Prozess, der einfach zu erarbeiten, aber schwierig aufrechtzuerhalten ist, bis man vollständig davon überzeugt ist.

Wir haben bereits gelernt, dass man, um mit diesem Prozess erfolgreich zu sein, die Energie, die man dafür aufwendet, um sich über die eigenen Lebensverhältnisse zu beklagen, nutzbar machen und umleiten muss. So gestaltet man konstruktiv die Lebensverhältnisse, die man am meisten begehrt. Der Prozess der Autosuggestion ist ein wunderbarer Weg, um Ihre Entschlossenheit auszutesten.

In einem inspirierenden Programm (online erhältlich) stellt der kritisch gewürdigte Autor, Redner und Pastor Dr. Eric Thomas, der als Hip-Hop-Prediger bekannt ist, dem Publikum eine simple Frage: »Wie sehr wollen Sie es?« Er erzählt eine Geschichte, um deutlich zu machen, wie wichtig es ist, die perfekte Zeit zu gestalten, anstatt darauf zu warten. In der Geschichte sagt Thomas: »Wenn Ihr Wunsch nach Erfolg so groß ist wie Ihr Drang zu atmen, dann werden Sie erfolgreich sein!«

Heute sehen wir mehr und mehr Menschen, die der Ansicht sind, es sei von Nutzen, den Tag mit irgendeiner Form von Unannehmlichkeit zu beginnen, ganz egal wie unbedeutend diese sein mag, um sich selbst das Gefühl zu geben, bereits etwas vollbracht zu haben. Ob Ihre erste Aufgabe des Tages nun die Wiederholung eines täglichen Mantras ist, ob Sie kalt duschen, meditieren, die Zeitung lesen oder das Bett machen – Ihre Haltung dieser ersten Aufgabe gegenüber wird Ihre Effektivität an diesem Tag festlegen. Wenn Sie nicht bereit sind für den Erfolg, treten Sie einen Schritt zur Seite für die Person, die es ist.

Hill:

Mr. Carnegie, haben Sie nicht die wichtigste aller Geistessektionen übersehen, die Sektion des Unterbewusstseins?

Carnegie:

Nein, ich habe das Unterbewusstsein nicht übersehen, aber es unterliegt nicht der Kontrolle des Individuums. Ich habe nur die Geistessektionen erwähnt, die der Selbstdisziplin unterstellt sind. Das Unterbewusstsein ist die Verbindung zwischen dem Bewusstsein und der Unendlichen Intelligenz, und niemand kann es disziplinieren oder kontrollieren. Es funktioniert auf seine ganz eigene Art, seine Hauptaufgabe besteht in der Aneignung von dominierenden Gedanken des Bewusstseins und im Handeln auf Basis derselben.

Sie sollten jedoch wissen, dass Selbstdisziplin eindeutig und zweifellos dazu befähigt, jemandes Bewusstsein durch welches auch immer gewünschte Ziel zu prägen, und damit den Weg bereitet, dass das Unterbewusstsein dieses Ziel übernimmt und ohne Verzögerung verfolgt.

Hill:
Was beschleunigt, wenn überhaupt, das Handeln des Unterbewusstseins?

Carnegie:
Die Intensität des Plans und des Zieles! Wenn jemand durch ein brennendes Verlangen motiviert ist, ein bestimmtes Ziel zu erreichen, so handelt das Unterbewusstsein oft unverzüglich. Die Handlung findet normalerweise in Form eines Plans für das Erreichen eines Ziels statt, der durch das, was allgemein als »Intuition« bekannt ist, an das Bewusstsein weitergereicht wird.

Das heißt, der Plan wird direkt in den Verstand katapultiert, und seine Entstehung kann als ein Gefühl von Enthusiasmus spürbar werden. Auf diese Art lässt sich die Arbeit des Unterbewusstseins leicht erkennen.

Hill:
Aus Ihren Worten schließe ich, dass der Hauptzweck der psychologischen Formel, die Sie beschrieben haben, die Konditionierung des Geistes ist, um jemandes Ziele, Pläne und Zwecke zu erreichen und danach zu handeln. Ist das der Gedanke?

Carnegie:
Präzise. Die Formel hilft dabei, den Geist von nutzlosen Hemmnissen und negativen Einflüssen zu befreien, und fördert die Präsenz von positiven Einflüssen.

Hill:

Beschleunigt die Intensität der Emotionen immer das Handeln des Unterbewusstseins, Mr. Carnegie?

Carnegie:

Nein, das Unterbewusstsein nimmt sich seine Zeit für sein Handeln, aber es gibt Zeiten, in denen es unverzüglich handelt, nachdem es einen Impuls der Begierde erhalten hat. Man weiß, dass das Unterbewusstsein zum Beispiel in Notfallsituationen, etwa bei der bevorstehenden Kollision zweier Fahrzeuge, den Fahrer sicher durch Gefahren trägt, die der Fahrer nicht bewältigen würde oder könnte, würde er sich auf sein Bewusstsein verlassen. Mir sind mehrere solcher Fälle bekannt.

Es ist eine wohlbekannte Tatsache, dass Personen, die sich in großer Gefahr, zum Beispiel in einem brennenden Haus, befinden, oft etwas entwickeln, das sowohl bezüglich der physischen Stärke als auch bezüglich der mentalen Strategie, um sich selbst aus der Gefahrensituation zu befreien, wie übermenschliche Kräfte anmutet. In solchen Fällen übernimmt das Unterbewusstsein die Kontrolle und erteilt Befehle und geht sogar so weit, dass es sowohl über den Verstand als auch über den Körper die vollständige Führung übernimmt.

Ein Charakteristikum des Unterbewusstseins ist, dass es keine Anweisungen vom Kopf annimmt. Es agiert ausschließlich nach den Anweisungen der Emotionen. Sie sehen also, warum es für uns essenziell ist, unsere positiven Emotionen zu entfalten und zu kontrollieren: weil das Unterbewusstsein die Anweisungen der negativen Emotionen ebenso schnell ausführen wird, wie es gemäß der positiven Emotionen agiert. Es macht keinen Versuch, zwischen beidem zu unterscheiden.

Hill:

Dann ist das also der Grund, warum Menschen, die sich mit dem mentalen und physischen Beweis der Armut umgeben, so oft selbst zum Opfer der Armut werden, ist es nicht so?

Carnegie:
Ja, da haben Sie den richtigen Gedanken. Das Unterbewusstsein agiert auf Basis der dominierenden Einflüsse der Emotionen einer Person. Das heißt, es handelt nach den stärksten Emotionen – denjenigen, die den Geist mit dem größeren Zeitanteil beschäftigen.

Hill:
Dürfen wir also sagen, dass wir uns buchstäblich selbst in die Armut hineindenken, wenn wir es unserem Geist gestatten, näher auf die Armut einzugehen?

Carnegie:
Genau das geschieht. Und Sie sollten noch hinzufügen, dass ein unstrukturierter und nicht durch ein strenges System der Selbstdisziplin strikt zielgerichteter Geist sich selbst für die Infiltration durch äußere Einflüsse offenhält.

Der Geist ist alles. Was du denkst, das wirst du.
– Buddha

Hill:
Aber ein Geist, der kontinuierlich mit einem bestimmten Hauptziel auf der Basis von Opulenz und Reichtum beschäftigt ist, tendiert dazu, die Wege und Mittel anzuziehen, durch die Reichtum erlangt werden kann. Ist das der Gedanke?

Carnegie:
Ja, aber ein Geist, der derartig mit der Bestimmtheit eines Ziels geladen ist, hat mehr, viel mehr, als nur die bloße Tendenz, diesen Zielgegenstand anzulocken. Er zieht alle Register und zieht diesen Gegenstand tatsächlich an. Zeigen Sie mir die tägliche mentale Nahrung des Geistes irgendeiner Person, und ich werde Ihnen akkurat erklären, was der Inhaber dieses Geistes vom Leben zu erwarten hat.

Hill:
Haben Sie in Bezug auf dieses Prinzip irgendeinen Gedanken im Kopf, den Sie als Höhepunkt des Gesprächs besonders betonen möchten?

Carnegie:
Ja, den habe ich! Und dieser ist so wichtig, dass er gut als Höhepunkt dieser ganzen Philosophie dienen könnte. Ich habe schon darauf gewartet, dass Sie mir eine Frage stellen, die diesen Gedanken, den ich im Sinn habe, ans Tageslicht bringen wird, das haben Sie aber bisher nicht. Bitte verstehen Sie, dass ich Sie nicht dafür kritisiere, diesen übersehen zu haben, weil es ganz normal ist, dass der Gedanke, den ich im Sinne habe, sich nur dem zeigt, der menschlich gereift und erfahren ist.

Jetzt werde ich Ihnen sagen, was mein Gedanke ist. Ich habe ein deutliches Bild der sechs Geistessektionen gezeichnet, die Funktionen einer jeden Sektion werden ausführlich beschrieben. Allerdings gibt es da eine Sektion, die alle anderen in derart gewaltigem Ausmaß überstrahlt, dass sie besondere Betonung verdient. Ich beziehe mich auf das Ich, den Sitz der Willenskraft.

Die sechs Sektionen des Geistes

Um aufzuzeigen, wie Selbstdisziplin erlangt werden kann, nummeriert nach der Reihenfolge ihrer relativen Wichtigkeit.

Unterbewusstsein:
Die Verbindung zwischen dem Geist und der Unendlichen Intelligenz.

1. Das Ich: Sitz der Willenskraft. Oberster Gerichtshof über all die anderen Sektionen des Geistes; sein Sitz der Macht befindet sich im Unterbewusstsein
2. Fakultät der Emotionen: Sitz der Handlungskraft des Geistes
3. Rationale Fähigkeiten: Sitz des Urteilsvermögens und der Meinungen

4. Fakultät der Vorstellungskraft: Ursprung von Ideen und Plänen
5. Bewusstsein: die moralische Führung des Geistes
6. Erinnerung: Hüter der Aufzeichnungen des Geistes

Als Vergleich könnte ich sagen, dass die Willenskraft gegenüber den anderen Geistessektionen das ist, was der Oberste Gerichtshof der USA gegenüber den US-amerikanischen Bundesgerichten ist, aber dieser Vergleich würde der Rolle, die die Willenskraft bezüglich menschlicher Angelegenheiten spielt, wohl kaum gerecht.

Physiklehrer stellen ihren Erstsemestern gern folgende Frage: »Was passiert, wenn ein unbeweglicher Körper mit einer unwiderstehlichen Kraft in Kontakt kommt?«

Wer Erfahrung auf dem Gebiet der Physik hat, weiß natürlich, dass es so etwas wie einen unbeweglichen Körper oder eine unwiderstehliche Kraft in der Realität nicht gibt. Aber das fällt in den Bereich der physikalischen Gesetze. In der Metaphysik gibt es eine unwiderstehliche Kraft, und diese ist als *Willenskraft* bekannt.

Da die Willenskraft unwiderstehlich ist, darf man wahrheitsgemäß sagen, dass die einzige Begrenzung, die jemand hat, diejenige ist, die diese Person in ihrem eigenen Geist durch die Begrenzung der Nutzung ihrer Willenskraft etabliert.

Man weiß, dass diese Kraft so groß ist, dass sie die Hand des Todes zahllose Male zurückgehalten hat!

Sie hat Meisterleistungen menschlichen Erfolges erbracht, die mangels einer besseren Erklärung als »Wunder« bezeichnet wurden. Wenn hinter den Emotionen ein unbezwingbarer Wille steht, übergibt das Unterbewusstsein, wie man weiß, Informationen, die der Menschheit zuvor noch nicht bekannt waren. Durch diese Kraft perfektionierte Thomas Edison einige seiner herausragendsten Erfindungen. Ohne Zweifel war es diese Kraft, die George Washington dazu befähigte, den überlegenen Streitkräften den Sieg zu entreißen, was dieser Nation die Freiheit gab. Die Willenskraft ist das Instrument, mit dem wir die Türe vor jeglicher Erfahrung oder jeder Gegebenheit, die wir für immer hinter uns lassen wollen, schließen können. Mit genau diesem Instrument können wir die Tür der Möglichkeiten in jede Richtung, für die wir uns entscheiden, öffnen. Wenn sich die erste Tür, die wir ausprobieren, schwer öffnen lässt, werden wir eine andere probieren und eine weitere, bis wir dann endlich die eine finden werden, die uns zu dieser unwiderstehlichen Kraft führt. Somit kann der Oberste Gerichtshof des menschlichen Geistes auch die militärische Macht werden, mit der die Gebote des Gerichts durchgesetzt werden können. Werden Sie Herr Ihres Ichs, und Sie werden Herr über jede andere Sache, die nötig ist, um sich selbst auf Ihre Weise mit Ihrem Leben zu arrangieren. Wenn Sie es diesem Gedanken gestatten, Ihrer Aufmerksamkeit zu entwischen, werden Sie den besten Teil der Philosophie verpassen. Doch Sie werden ihn nicht verpassen. Dafür werde ich sorgen, weil Sie, mehr als alles andere, Ihre Willenskraft brauchen werden, um Sie durch die langen Jahre der Forschung zur Strukturierung der Philosophie zu tragen. Ihre eigene Willenskraft wird Ihnen Türen öffnen, die Ihnen andernfalls verschlossen bleiben würden. Sie wird das Gleiche für jeden tun, der auf sie vertraut. Es schien mir schon immer so, als ob die ganze Kraft des Universums der Person zur Verfügung steht, die einen unbezwingbaren Willen hat. Sie hat mir gedient, wo Geld nutzlos war. Sie hat mir gedient, als mir nichts mehr gelingen mochte. All meiner Erfahrung nach hat sie mich niemals fallen lassen, wenn ich bedingungslos auf sie vertraut habe, obwohl es in meinem Falle, wie im Leben einer jeden Person, Zeiten gab, in denen ich nicht den vollsten Nutzen aus dieser Kraft zog.

Es gibt keine unüberwindbaren Schwierigkeiten für diejenigen, die ihre eigene Willenskraft begreifen. Sie finden einen Weg um Schwierigkeiten herum, wenngleich der Weg vielleicht nicht der sein mag, den sie sich wünschen würden.

Am Anfang meiner Karriere hatte ich ein Erlebnis, das ich wohl niemals vergessen werde. Ich wollte eine bestimmte Immobilie kaufen, was Auslagen von mehreren Millionen Dollar erforderte. Einen solchen Geldbetrag hatte ich nicht zur Verfügung. Zunächst versuchte ich, über mehrere Banken einen Kredit auszuhandeln, und bat jede Bank, mir einen Teil des Geldes zu leihen, aber alles, was ich bekam, waren Absagen.

Eine Besprechung mit dem Vorstand des Unternehmens, von dem ich das Grundstück zu kaufen wünschte, wurde für den darauffolgenden Morgen anberaumt. Auf dem Weg zur Besprechung trug ich in mir das entschlossene Gefühl, dass ich die Immobilie bekommen würde, Geld oder nicht, und in diesem Sinne nahm ich an der Konferenz teil. Bevor ich den Ort der Besprechung erreichte, formulierte ich den Plan, durch den ich wusste, ich würde die Immobilie erwerben, ohne einen einzigen Penny des Kaufpreises zu bezahlen.

Mein Plan war es, Anleihen für den gesamten Betrag auszugeben und einen freien Betrag als Bonus über den Kaufpreis hinaus als Verkaufsanreiz für die Eigentümer hinzuzufügen. Ohne ein Wort darüber zu verlieren, dass mir der Kredit durch die Banken nicht bewilligt wurde, unterbreitete ich den Eigentümern mein Angebot über die Anleihen, und sie akzeptierten, ohne zu fragen. Tatsächlich zeigten sie sich sehr erfreut über mein Angebot. »Nicht möglich!«, rief einer der Bankiers aus, als ich ihnen mitteilte, was ich getan hatte. Nichts ist unmöglich, wenn jemand mit entschlossenem Willen zum Zuge kommt. In den darauffolgenden Jahren hatte ich viele weitere Gelegenheiten, Immobilien ohne Geld zu erwerben.

Es erscheint immer unmöglich, bis es jemand getan hat.
– Nelson Mandela

Hill:
Dann ist der Ausgangspunkt für die Annäherung an die Willenskraft die Bestimmtheit des Ziels?

Carnegie:
Die Bestimmtheit des Ziels ist der Ausgangspunkt für *alles,* was die Menschheit erringt. Die Willenskraft ist das, was uns am Laufen hält, bis wir vollbracht haben, was wir uns vorgenommen haben.

Hill:
Man könnte sagen, unbezwingbare Willenskraft plus ein bestimmtes Ziel ist gleich Erfolg?

Carnegie:
Das ist die ganze Geschichte in einem kurzen Satz zusammengefasst, und würden Sie fragen, was einem ein entschiedenes Ziel gibt, so würde ich sagen, *das Motiv.*

Hill:
Dann lassen Sie es uns so sagen: Das Motiv plus ein bestimmtes Ziel plus die Kraft des unbezwingbaren Willens ist gleich Erfolg.

Carnegie:
Das ist noch besser, da Sie in diesem einen Satz die gesamte Philosophie des persönlichen Erfolgs beschrieben haben.

Hill:
Was erhält die Willenskraft, Mr. Carnegie, wenn Widerstand und Umstände sie angreifen?

Carnegie:
Das Motiv! Plus ein brennendes Verlangen nach seiner Verwirklichung. Wenn unser Motiv tief verankert und unser Wunsch, es zu erreichen, stark sind, dann ist da ein natürlicher Zufluss von Willenskraft. Wenn wir uns unter gänzlicher Selbstdisziplin befinden, haben wir die Fähigkeit, die Willenskraft, wann immer wir sie brauchen, herbeizurufen. Das ist einer der Hauptnutzen der Selbstdisziplin.

Hill:
Baut sich Willenskraft durch Nichtgebrauch ab, so wie andere Kräfte, die man nicht nutzt?

Carnegie:
Ja, die Geisteskräfte entfalten sich durch den Gebrauch, ebenso wie die physischen Kräfte des Körpers. Dies ist ein grundlegendes Gesetz, das sich über die gesamte Natur erstreckt: Das Gesetz des Wachstums durch Gebrauch. Die Natur demotiviert die Trägheit in all ihren Formen. Jedes lebende Objekt muss beständig durch Anstrengung und Aktion wachsen. In dem Moment, in dem das Handeln aufhört, beginnt der Verfall, ob man nun Gemüseabfall betrachtet oder höhere Dinge des Lebens.

Hill:
Und das ist der Grund, warum Sie die Wichtigkeit der Handlung durch unser Gespräch hindurch so betont haben, nicht wahr?

Carnegie:
Exakt! Ich habe versucht, absolut klarzumachen, dass kein Prinzip dieser Philosophie einen Wert hat, solange es nicht in Handlung ausgedrückt wird! Aus der Handlung werden Wachstum und Stärke geboren. Wenn Sie ein beeindruckendes Beispiel davon haben wollen, was passiert, wenn Menschen aufhören, ihren Geist zu nutzen, schauen Sie sich all diejenigen an, die in Rente gehen und aufhören zu arbeiten. Der Geist ist wie ein Maschinenteil, das bald beginnt zu rosten, wenn es außer Betrieb genommen wird.

Anmerkung des Herausgebers:

Carnegie fasst das erste Gespräch damit zusammen, dass er betont, wie wichtig es ist, die Komfortzone zu verlassen, weil trotz jeglichen Unbehagens oder jedweder Sorge, die wir empfinden, wenn wir sie verlassen, außerhalb dieser Zone alles Wachstum stattfindet. Durch unsere Anstrengungen werden wir stark gemacht, aber mehr denn je entscheiden wir uns – mit dem Aufkommen von Big Screens und nie enden wollenden Social Media News Feeds – dafür, nur Zuschauer zu sein, anstatt selbst aktiv zu werden. Können Sie sich an die Passage in »Hinweis an die Leser« erinnern, in der ich Sie ermahnt habe, dass dieses Buch eine Einladung sei, sich auf das Leben einzulassen? Ich hoffe, dass Sie jetzt angesichts Ihrer Chancen Aufregung verspüren und dass Sie bereits eine detaillierte Liste an Dingen haben, die Sie in Angriff nehmen wollen.

Oft sträuben wir uns gegen Möglichkeiten, unsere Komfortzone zu verlassen, aber mir anzugewöhnen, diese Chancen zu akzeptieren, führte dazu, dass ich die Beziehungen und Gelegenheiten, die mir buchstäblich jeden Erfolg eingebracht haben, den ich heute dankbar genießen darf, etablieren konnte.

Sie sind sicher in Ihrer Komfortzone, aber dort wächst nichts.

Fordern Sie sich selbst heraus, indem Sie Events besuchen, positive Menschen treffen, und erweitern Sie Ihren Horizont bei der Gestaltung eines weit großartigeren Lebens, als Sie es jemals für möglich gehalten hätten – für Sie, Ihre Familie und Ihre Gemeinschaft.

Analyse: Selbstdisziplin

Von Napoleon Hill

Vorhin habe ich eine Übersicht der sechs Sektionen des Geistes gezeigt, über die Selbstdisziplin erlangt werden kann. Die Sektionen habe ich nach meiner Einschätzung ihrer Wichtigkeit nummeriert, obwohl es schwierig ist, zu sagen, welche die absolut wichtigste dieser Sektionen ist. Alle sind notwendig.

Mr. Carnegie hat den Sitz der Willenskraft so überzeugend hervorgehoben, dass mir keine andere Wahl bleibt, als diese an den ersten Platz zu setzen. So sagt er deutlich »die Willenskraft kontrolliert all die anderen Sektionen«, und benennt sie so treffend als den Obersten Gerichtshof des Geistes.

Mir scheint, dass die Fakultät der Emotionen an nächster Stelle der Wichtigkeit rangiert, da es eine wohlbekannte Tatsache ist, dass »die Welt durch Emotionen regiert wird«.

Die rationalen Fähigkeiten nehmen sicherlich den dritten Platz ein, da sie der modifizierende Einfluss sind, durch die die emotionale Handlung für den sicheren Gebrauch vorbereitet werden kann. Der ausgeglichene Geist repräsentiert einen Kompromiss zwischen den Bereichen der Emotion und des Verstandes.

Die Fakultät der Vorstellungskraft kommt an vierter Stelle, da diese die Sektion ist, die die Ideen, Pläne sowie die Wege und Mittel erschafft, um gewünschte Ziele zu erreichen.

Die anderen beiden Sektionen Bewusstsein und Erinnerung sind notwendige Geistesattribute, und obwohl beide wichtig sind, haben sie sicher am Ende der Aufzählung ihren Platz.

Das Unterbewusstsein wurde an die oberste Position gesetzt, weil es die Superkraft ist, auf deren Kooperation der Geist Anspruch erhebt. Es wurde aufgrund seines unabhängigen Handelns nicht als Teil der Regierungsstellen des Geistes eingeordnet und kann außer der Suggestion keiner Form von Disziplin unterworfen werden. Es agiert nach eigener Art und freiwillig, obwohl sein Handeln durch die Intensivierung der Emotionen und den Einsatz der Willenskraft in hochkonzentrierter Form beschleunigt werden kann, wie Mr. Carnegie erklärt hat.

Die Beziehung zwischen dem Unterbewusstsein und den sechs Sektionen des Bewusstseins ähnelt in vielerlei Hinsicht der Beziehung eines Landwirts zu den Gesetzen der Natur, durch die die Ernte generiert wird. Der Landwirt hat gewisse Aufgaben zu verrichten, wie zum Beispiel den Boden vorzubereiten, zur richtigen Jahreszeit zu pflanzen und so weiter, wonach die entscheidende Arbeit des Landwirts erledigt ist. Ab da übernimmt die Natur, sie lässt die Saat aufgehen und reifen und liefert die Ernte.

Das Bewusstsein kann mit dem Landwirt dahingehend verglichen werden, dass es durch die Formulierung von Plänen und Zielen unter der Führung der Willenskraft den Weg bereitet. Wenn seine Arbeit sorgfältig verrichtet ist und ein klares Bild von seinen Wünschen geschaffen wurde (das Bild ist die Saat des Ziels, das das Bewusstsein zu erreichen wünscht), übernimmt das Unterbewusstsein das Bild und präsentiert dem Bewusstsein praktikable Wege und Mittel, um das Objekt des Bildes zu erreichen.

Anders als die Naturgesetze, die innerhalb einer gewissen vorausbestimmten Zeitspanne die Saat aufgehen lassen und Getreide produzieren, nimmt sich das Unterbewusstsein mit den genannten Ausnahmen stets die Zeit, die es braucht.

Mr. Carnegies Betonung der Willenskraft zeigt seinen Glauben daran, dass das hochkonzentrierte Bemühen dieser Kraft klare Resultate erzielt, er behauptet aber nicht, dass diese Resultate stets vom Handeln des Unterbewusstseins herrühren. Hierzu scheint niemand klare Informationen zu haben. Jedoch gibt es genügend Beweise, die Mr. Carnegies Behauptungen bezüglich der Willenskraft stützen – ungeachtet dessen, was die Quelle dieser Kraft sein mag.

Anmerkung des Herausgebers:

Wir sehen weiterhin die vom Tätigkeitsfeld unabhängige Relevanz der Konzentration und Intensität, um die besten Resultate zu erzielen. Sie mögen mit einem hochintelligenten Gehirn, guter Bildung, einem athletischen Körper oder einem kraftvollen sozialen Netzwerk gesegnet sein, wenn Sie jedoch unsicher sind bezüglich des Resultats, das Sie anstreben, werden Ihre Aktivitäten überflüssig sein und Sie werden schlussendlich überholt werden von denjenigen, die mehr Zielgerichtetheit, Einfallsreichtum und Resilienz vorweisen können. Vielleicht haben Sie zum Beispiel eine großartige Jacht mit teuerster Ausstattung, wenn Sie aber Ihr Ziel nicht kennen – oder schlimmer noch, gar nicht wissen, wie man dieses Schiff steuert –, bleibt Ihnen nichts anderes übrig, als im Hafen zu bleiben. Mit jedem Tag, den die Jacht ihren Zweck nicht erfüllt, werden sich mehr Seepocken an den Schiffsrumpf heften, der langsam, aber sicher rosten und womöglich untergehen wird.

Wenn man die Selbstdisziplin hat, ein bestimmtes Hauptziel zu definieren, erlaubt dies den sechs Geistessektionen, die zusammengenommen ein metaphysisches Mastermind darstellen, die Motoren für einen gemeinsamen Zweck laufen zu lassen. Dies ist die Bedeutung der Willenskraft bei dem hochkonzentrierten Bemühen, das Carnegie und Hill als Strategie benannt haben, um konkrete Resultate zu erzielen.

Denken Sie darüber nach, welche Resultate Sie wollen, was erforderlich ist, um diese zu erzielen, und wie Sie Ihr Engagement für dieses Ziel jeden Tag beweisen werden. Lassen Sie Ihre Träume groß sein, angetrieben durch konzentrierte Intensität und verstärkt durch Beständigkeit. Die Formel ist nicht gerade aufregend, aber sie ist sicherlich die potenteste Formel.

Die meisten Menschen wollen die Erfolgsformel verkomplizieren, was zur Beschuldigung anderer, zur Untätigkeit oder zur Jagd nach der Wunderwaffe führt. Unglücklicherweise haben die sozialen Medien dieses Phänomen nur noch verschlimmert.

Ist es da dann ein Wunder, dass allein in den Vereinigten Staaten jedes Jahr über 73 Milliarden Dollar für Lottoscheine ausgegeben werden? Diese Zahl ist fünfmal so hoch wie der Betrag, der für Bücher ausgegeben wird, die sehr wahrscheinlich Ihr Leben irgendwie verändern können. Wie viele Lottoscheine werden Sie aber kaufen müssen, bis Sie Ihre Investitionen zurückerhalten? Mit einer Chance von 1 zu 300 Millionen, um den Jackpot zu knacken, werden Sie wohl *niemals* einen Anlageertrag sehen.

Wie Carnegie und Hill unterstrichen haben, zeigt sich die Selbstdisziplin in der Beständigkeit: im Arbeitseinsatz, im Durchhalten angesichts widriger Umstände und im Fokussieren auf tagtägliche Handlungen statt auf bereits erzielte Resultate.

Wir alle wissen, dass wir niemals permanent besiegt sind, solange wir dies nicht akzeptieren, also solange wir in unserer Willenskraft nicht nachlassen!

Im Verkauf zum Beispiel ist es wohlbekannt, dass ein hartnäckiger Verkäufer generell die Liste der Umsätze anführt. Für die Werbung gilt dieselbe Regel: Die erfolgreichsten Werbefachleute machen immer weiter – mit Hartnäckigkeit, sie wiederholen ihre Bemühungen Monat für Monat mit nachhaltiger Regelmäßigkeit, und haben überzeugend nachgewiesen, dass dies die einzige Strategie ist, die zufriedenstellende Resultate erzeugt.

Die Pioniere, die sich in Amerika niederließen, als das Land nur weite Wildnis war, demonstrierten, was man tun kann, wenn Willenskraft mit Hartnäckigkeit angewandt wird! Später in der Geschichte des Landes – nachdem die Pioniere so etwas wie eine demokratische Gesellschaft etabliert hatten – bewiesen George Washington und seine kleine Armee unterernährter, schlecht bekleideter und ausgestatteter Soldaten einmal mehr, dass hartnäckige Willenskraft unschlagbar ist.

Dann kamen die Gründer der amerikanischen Industrie und des Handels, die mit unbezwingbarer Willenskraft und Hartnäckigkeit dem Land einen Lebensstandard einbrachten, den die Welt zuvor noch nicht gesehen hatte. Lassen Sie uns die Aufzeichnungen einiger der Anführer untersuchen, die durch ihre Willenskraft und Hartnäckigkeit enorme Beiträge zum nationalen Wohlstand der Vereinigten Staaten leisteten, ganz zu schweigen von den adäquaten Belohnungen, die sie für sich selbst angehäuft haben.

Andrew Carnegie selbst rangiert dabei ganz oben auf der Liste.

Er kam als Passagier auf dem Zwischendeck nach Amerika, als er noch sehr jung war, und begann als Hilfsarbeiter. Er hatte nur wenige Freunde, keiner davon einflussreich, und er hatte keine gute Bildung vorzuweisen, er hatte aber *sehr wohl* eine gewaltige Kapazität an Willenskraft und Ausdauer.

Tagsüber verrichtete er schwere Arbeit, nachts lernte er und brachte sich selbst die Telegrafie bei. So arbeitete er sich hoch bis zum Posten des privaten Telegrafisten für einen Abteilungsleiter der Pennsylvania Railway Company. In dieser Position zog er solch effektiven Nutzen aus einigen der Prinzipien dieser Philosophie, dass er die Aufmerksamkeit hochrangiger Funktionäre der Eisenbahn erregte.

Hier verrichtete er genau dieselbe Arbeit wie Hunderte von anderen Telegrafisten, die für die Pennsylvania Railroad Company arbeiteten. Aber er hatte etwas, das die anderen Arbeiter offensichtlich nicht hatten, oder wenn doch, so waren sie nicht in der Lage, ihren Nutzen daraus zu ziehen. Es war sein Siegeswille, gepaart mit der Hartnäckigkeit, sein Ziel zu erreichen. Soweit ich aus seinen Lebensaufzeichnungen und dem engen persönlichen Arbeitsverhältnis, das ich mit ihm über viele Jahre hatte, ersehen kann, waren seine herausragenden Qualitäten die der Hartnäckigkeit und der Willenskraft, plus strenge Selbstdisziplin, durch die diese Qualitäten kontrolliert und zu einem bestimmten Ziel geführt wurden. Darüber hinaus hatte er keine herausragenden Eigenschaften, die die meisten seiner Kollegen nicht auch besessen hätten.

Durch das Training seiner Willenskraft visierte er ein bestimmtes Hauptziel an und hielt beharrlich an diesem fest, bis er zu einer großen industriellen Leitfigur wurde und ein großes Vermögen angehäuft hatte. Aus seiner Willenskraft, die er sorgfältig selbstdiszipliniert und auf ein bestimmtes Ziel gerichtet hatte, erstand die große United States Steel Corporation, die die Stahlindustrie revolutionierte und Arbeitsstellen für ein riesiges Heer von Fachkräften und ungelernten Arbeitern generierte (und noch immer generiert), ganz zu schweigen von dem Vermögen, das er der Nation überließ – eine Summe jenseits aller Schätzungen.

Reservieren Sie eine Stunde eines jeden Tages, um still zu sein und der kleinen leisen Stimme zu lauschen, die von innen zu Ihnen spricht.
– Andrew Carnegie

Aber das ist noch nicht die ganze Geschichte des eingewanderten Jungen. Seine Willenskraft und seine Güte sind über seinen Tod hinaus in jedem Teil der Vereinigten Staaten und in vielen anderen Ländern spürbar.

Das materielle Vermögen, das er zusammentrug, wurde den Menschen in Form von schulischen Einrichtungen zurückgegeben, einiges davon über Schenkungen an öffentliche Bibliotheken, »der größere Anteil davon«, um mit seinen Worten zu sprechen, war aber das Geschenk der Erfolgsphilosophie, die nun allen Menschen in allen Lebenslagen in diesem und in anderen Ländern zur Verfügung steht.

Damit ist der Einfluss dieses Mannes jenseits jeglichen Schätzwertes! Die Prinzipien des persönlichen Erfolgs, durch die er sein Privatvermögen angehäuft hatte, sind nun für alle, die sich dieses Wissen wünschen, zugänglich. Dank seiner Voraussicht enthält diese Philosophie die Erfahrung von mehr als 500 anderen hervorragenden Führungskräften aus Industrie und Handel und ist dafür gedacht, der Zivilisation zu Diensten zu sein, solange diese besteht.

Anmerkung des Herausgebers:

Hill merkt an, dass die Erfolgsphilosophie allen zur Verfügung steht, die diese *begehren.* Fans von Hill werden dies als ein grundlegendes Thema seines gesamten Werkes erkennen, so wie *Denke nach und werde reich,* wo dies als das allererste Prinzip aufgelistet ist und Hill anmerkt: »Der Ausgangspunkt allen Erfolges ist das Begehren.«

Die frühere Formulierung der Philosophie ist viel kraftvoller, als sie auf den ersten Blick erscheint. Die von Carnegie in Auftrag gegebene und von Hill in die Welt hinausgetragene Philosophie ist nun ganz einfach über die mehr als 120 Millionen Exemplare, die in der Öffentlichkeit in Umlauf sind, verfügbar, und bis zum heutigen Tage beziehen sich Führungskräfte der Industrie, Kulturikonen und Profi-Sportler, die weiterhin die Welt verändern, darauf.

Aber wenn Menschen wissen, was zu tun ist, warum bleibt der Erfolg dann weiterhin so vielen verwehrt? Der Grund liegt im fehlenden Begehren. Deshalb sollte es die erste Aufgabe einer jeden Führungskraft sein, die andere fördern möchte, deren Begeisterung für die unendlichen Möglichkeiten der Zukunft zu entfachen und dann umfangreich zu definieren, wie Erfolg für sie aussieht.

Da Mr. Carnegie erkannt hat, dass seine Errungenschaften das Ergebnis seiner Anwendung von Willenskraft und Hartnäckigkeit waren, ist es nicht weiter verwunderlich, dass er den Schwerpunkt auf die Wichtigkeit dieser Qualitäten legt. Diese *selbst erlangten* Qualitäten sind in anderen Formen der Anwendung genauso effektiv wie in der Unternehmensführung – wir erinnern uns daran, wenn wir die Errungenschaften von Personen wie zum Beispiel Helen Keller betrachten.

Kurz nach der Geburt verlor Helen Keller ihr Gehör, ihre Sprachfähigkeit und ihr Augenlicht – Leiden, die ihr ausschließlich die Hoffnung ließen, die sie sich dadurch beschaffte, von ihrem eigenen Geist Besitz zu ergreifen. Durch Willenskraft und Hartnäckigkeit kompensierte sie ihre Leiden so effektiv, dass sie sprechen lernte und lernte, die Außenwelt nur durch ihren Tastsinn intensiver wahrzunehmen als jemand mit zwei gesunden Augen.

Mit derselben Willenskraft:

- erlangte sie weit überdurchschnittlichen Seelenfrieden;
- erlangte sie die Hoffnung, die sie benötigte, um ihr Leben in Dunkelheit zu bewältigen; und
- bildete sie sich ausreichend selbst, um sich zu befähigen, das Wesen der Welt um sich herum wahrzunehmen, genauso gut oder sogar besser als viele Menschen mit intakten Sinnen.

Wenn wir Beweise brauchen, dass die Selbstdisziplin all die Zeit, die man benötigt, um sie zu erlangen, rechtfertigt, sehen wir den Beweis in dem, was Helen Keller erreicht hat. Doch ist ihr Triumph über scheinbar unüberwindbare Hindernisse nur ein wenig größer als der von Thomas A. Edison.

Kaum in der Schule, wurde er nach Hause geschickt mit einer Nachricht seines Lehrers, die besagte, er habe einen »wirren« Verstand und könne daher nicht unterrichtet werden. Bald entwickelte er seinen »wirren« Verstand zu einem der klügsten Köpfe der Welt. Diejenigen, die ihn näher kannten, bekräftigen meinen Glauben daran, dass Edisons Hauptvermögen seine unbezwingbare Willenskraft war.

Er demonstrierte immer wieder die Wahrheit hinter Carnegies Behauptung, dass die Willenskraft unaufhaltsam sei. Nachdem er als »Wandertelegrafist« von Ort zu Ort gezogen war, übernahm der große Edison ernsthaft die Führung über seinen Geist und begann an der Erfindung zu arbeiten, die ihm weltweite Beachtung schenken sollte: die erste elektrische Glühbirne.

Die meisten Schulkinder kennen die Geschichte dieser Erfindung, aber kaum jemand hat erfasst, welche Kraft dahinterstand, die den Erfinder triumphierend durch mehr als zehntausend Fehlschläge trug, bevor die Lampe perfektioniert war. Hier sehen wir Willenskraft und Hartnäckigkeit in ihrer höchsten Form vereint, jedoch werden die Möglichkeiten dieser Qualitäten erst offensichtlich, wenn wir innehalten, um uns klarzumachen, dass eine Durchschnittsperson nach ein oder zwei Fehlversuchen entmutigt aufgibt, während sehr viele Menschen gar nicht so weit kommen, dass sie scheitern könnten, weil sie bereits vorher aufgeben, da sie fest damit rechnen zu scheitern. Anderen ist die Willenskraft dermaßen fremd, dass sie es nicht einmal probieren!

Anmerkung des Herausgebers:

Hill legt den Finger auf eines der grundlegenden Probleme unseres Bildungssystems. Wir unterrichten Mathematik, Naturwissenschaften, Geschichte und anderes; alles Fächer, die ihre Berechtigung haben. Aber in einem Zeitalter, in dem Kinder immer behüteter aufwachsen, um sie vor der Welt zu schützen, ist möglicherweise die beste Lektion, die eine Schule ein Kind lehren kann, die Freude daran, nach mehr Herausforderung zu streben, für welches Themengebiet er oder sie sich auch immer entscheiden mag. Auf diese Weise wird eine Niederlage von einer Möglichkeit zu einer Wahrscheinlichkeit. Das befähigt das Kind, aus der Situation zu lernen, die Vorgehensweise neu zu bewerten, und dann stärker und resilienter voranzukommen als jemals zuvor.

Wenn man sich der Niederlage aussetzt, festigt dies den Geist, stärkt die Entschlossenheit und hilft uns, exakt festzulegen, was wir wollen. Wenn wir lösungshungrig sind, sind unsere Erfolgschancen – im Beruflichen wie im Privaten – weitaus größer, weil wir erkennen, dass jede Herausforderung eine Lösung hat. Außerdem sind wir durch das Streben nach mehr Herausforderung bestens ausgerüstet, um diese Lösung zu finden.

Als er von seinen Niederlagen in Verbindung mit seinen Experimenten mit der Glühbirne sprach, sagte Edison, dass er mit der Entschlossenheit ans Werk ging, es zu schaffen, und sollte es sein ganzes Leben dauern. Ein Wort wie »unmöglich« existiert nicht im Vokabular einer solchen Person. Wenn Edisons Freunde ihn als »Genie« bezeichneten, lächelte er stets nachsichtig und antwortete: »Genie ist zu einem Prozent Inspiration und zu 99 Prozent Transpiration.« Und das war keine bloße Geste der Bescheidenheit seinerseits. Er meinte jedes Wort so.

Als Mr. Carnegie sagte, die Willenskraft sei eine unaufhaltsame Kraft, meinte er zweifellos, dass sie unaufhaltsam ist, wenn sie sauber strukturiert und im Geiste der Zuversicht auf ein bestimmtes Ziel gerichtet wird. Offensichtlich hebt diese Definition drei Prinzipien dieser Philosophie als den Sitz ihrer enormen Kraft hervor. Hier sind also die drei Prinzipien, die auf die »Muss«-Liste all derer müssen, deren Ziele herausragende Errungenschaften sind.

Der Nachweis für diese Definition von »Genie« kann gefunden werden, wenn man die Aufzeichnungen von Personen untersucht, die nennenswerten Erfolg erzielt haben. Wie sehr wir es auch versuchen, es ist unausweichlich, dass jemandes Erfolgsniveau sich direkt proportional zum Grad der Strukturierung und intelligenten Anwendung dieser drei Prinzipien verhält:

1. Bestimmtheit des Ziels
2. Angewandtes Vertrauen
3. Selbstdisziplin über die Willenskraft

Die Herrschaft über die Prinzipien kann nur auf diese Art erlangt werden: die beständige *Anwendung* dieser Prinzipien.

Willenskraft reagiert nur auf ein hartnäckig verfolgtes Motiv. Sie wird auf die exakt gleiche Weise stark, wie ein Muskel stark wird: durch systematischen Gebrauch. Dasselbe Gesetz, das starke Muskeln entwickelt, entwickelt ebenso starke Willenskraft.

Beherrschung verlangt alles von einer Person.
– Albert Einstein

In seiner frühen Geschichte gab es einen Großbrand in der Innenstadt von Chicago. Ein paar Kaufleute betrachteten danach die Ruinen ihrer Läden. Einer nach dem anderen schüttelte entmutigt den Kopf, drehte sich um und ging davon. Ihre Hoffnungen waren zerstört, und sie entschieden sich, Chicago zu verlassen und anderswo noch einmal neu anzufangen.

Ein Mann drehte sich nicht weg. Er blickte geradewegs auf die schwelenden Glutnester seines Ladens, zeigte mit dem Finger darauf und rief aus: »Genau hier werde ich den größten Laden der Welt bauen!« Sein Name war Marshall Field, und bis heute steht der reale Beweis seiner Willenskraft an genau jenem Platz. Man sagt, der Geist des großen Kaufmannes manifestiere sich immer noch in der Persönlichkeit eines jeden Mitarbeiters des weltberühmten Field Stores.

Während des Amerikanischen Bürgerkrieges stand ein bescheidener Anführer vor einem Heer von Soldaten, das gerade vernichtend geschlagen worden war. Er hatte allen Grund, entmutigt zu sein: Der Krieg drehte sich gegen ihn, und ihm waren die scheinbar unüberwindbaren Hindernisse, die vor ihnen lagen, durchaus bewusst. Als einer seiner Offiziere die düsteren Aussichten ansprach, blickte General Grant erschöpft zum Himmel, schloss seine Augen, ballte die Fäuste und rief aus: »Ich schwöre, ich werde es entlang dieser Linie ausfechten, und wenn es den ganzen Sommer dauert!«

Dieser eine Entschluss, hinter dem ein unbezwingbarer Wille stand, führte zum Sieg, der die Einheit der Staaten bewahrte.

Ein Denkmodell besagt: »Recht schafft Macht«, während ein anderes sagt: »Macht schafft Recht«. Ich aber sage: »Willenskraft schafft Macht« – ob richtig oder falsch, die Geschichte der Zivilisation gibt mir recht. Untersuchen Sie außergewöhnliche Erfolgsmenschen, wo auch immer Sie auf welche treffen, und Sie werden Beweise finden, dass Willenskraft, strukturiert und hartnäckig angewandt, der dominierende Faktor ihres Erfolges ist.

Sie werden ebenso feststellen, dass erfolgreiche Menschen sich einem weitaus strikteren System von Selbstdisziplin unterwerfen, als es ihnen durch äußere Umstände jenseits ihrer Kontrolle aufgezwungen werden könnte. Sie arbeiten, wenn andere spielen oder schlafen, sie gehen die Extrameile und geben niemals auf, bis sie das Höchstmögliche geleistet haben.

Folgen Sie einen einzigen Tag ihren Fußspuren und Sie werden sehen, dass sie keinen Zuchtmeister brauchen, um sich anzutreiben:

- Sie mögen Lob schätzen, aber sie brauchen es nicht, um sich zu stützen.
- Sie hören auf Kritik, aber sie fürchten sie nicht.
- Sie scheitern wie andere auch, aber Niederlagen spornen sie zu noch größeren Taten an.
- Sie stoßen wie jeder andere auf Hindernisse, aber sie verwandeln diese in Trittsteine, über die sie höher in Richtung ihres auserwählten Zieles klettern.
- Sie erleben genau wie andere Entmutigungen, aber sie verschließen fest die Tür hinter unerfreulichen Erfahrungen und wandeln ihre Enttäuschungen in neue Energie um, mit der sie weiterkämpfen.
- Gibt es einen Todesfall in ihrer Familie, so begraben sie den Verstorbenen, nicht aber ihren unbezwingbaren Willen.
- Sie suchen bei anderen Rat, ziehen ihren Nutzen daraus und verwerfen den Rest, auch wenn alle Welt sie für ihre Entscheidung kritisieren wird.
- Sie wissen, dass sie nicht all ihre Lebensumstände kontrollieren können, kontrollieren aber ihren eigenen Geisteszustand, indem sie diesen frei von negativen Einflüssen halten.
- Sie verstehen ihre eigenen Emotionen als eine Quelle großer Kraft, die durch Selbstdisziplin strukturiert und geführt werden muss, sie setzen diese Kraft aber hinter ihre Bestrebungen, nicht davor.
- Sie werden wie alle Menschen durch ihre eigenen negativen Emotionen geprüft, aber sie behalten die Oberhand, indem sie diese verhängnisvollen Geisteszustände zu pflichtschuldigen Dienern machen.

Erinnern wir uns daran, dass uns Selbstdisziplin dazu befähigt, zwei wichtige Dinge zu tun, die beide grundlegend für herausragenden Erfolg sind. Erstens können wir die negativen Emotionen vollständig kontrollieren, indem wir ihre Kraft in konstruktives Bemühen umwandeln. Und zweitens können wir die positiven Emotionen fördern und auf jedes gewünschte Ziel lenken. Durch die Kontrolle über sowohl die negativen als auch die positiven Emotionen geben wir den rationalen Fähigkeiten – und der Fakultät der Vorstellungskraft – die Möglichkeit, frei zu arbeiten.

Kontrolle über die Emotionen wird Stück für Stück durch die Entwicklung guter Gewohnheiten erlangt. Solche Gewohnheiten sollten in Verbindung mit den kleinen, unwichtigen Details des Alltags gebildet werden. Nach und nach können die sechs Geistessektionen unter vollständige Selbstdisziplin gebracht werden, zu Beginn aber sollte man sich angewöhnen, seine Emotionen zu kontrollieren, da die meisten Menschen ihr ganzes Leben hindurch zu Opfern ihrer Emotionen werden. Sie sind die Bediensteten, nicht die Herren ihrer Emotionen, weil sie niemals klare, systematische Kontrollgewohnheiten etabliert haben.

Alle, die sich entschieden haben, die sechs Sektionen ihres eigenen Geistes durch ein striktes System von Selbstdisziplin zu kontrollieren, sollten einen klaren Plan formulieren, der ihnen dieses Vorhaben stets vor Augen führt, diesem folgen und gleichzeitig tägliche Gewohnheiten der Selbstdisziplin entwickeln. Ein Anhänger dieser Philosophie hat einen Glaubenssatz verfasst, dem er so erfolgreich folgte, dass ich ihn anderen, die davon profitieren könnten, zur Verfügung stellen möchte.

Das Credo wurde geschrieben, unterzeichnet und zweimal täglich laut wiederholt – einmal nach dem Aufstehen am Morgen und noch einmal abends beim Zubettgehen. So konnte der Anwender das Prinzip der Autosuggestion für sich nutzen, durch die der Zweck des Credos klar an sein Unterbewusstsein übermittelt wurde und dort automatisch seine Wirkung tat.

Das Credo lautete:

Mein tägliches Credo

Willenskraft:

Da ich die Willenskraft als den Obersten Gerichtshof über alle anderen Geistessektionen anerkenne, werde ich sie täglich trainieren, wenn ich Handlungsdrang für jeglichen Zweck benötige, und ich werde Gewohnheiten etablieren, die dazu dienen, die Willenskraft mindestens einmal täglich in Aktion zu bringen.

Emotionen:

Da mir bewusst ist, dass meine Emotionen sowohl positiv als auch negativ sind, werde ich tägliche Gewohnheiten etablieren, die die Entwicklung der positiven Emotionen bestärken und mich dabei unterstützen, die negativen Emotionen in eine Form nutzbaren Bemühens zu konvertieren.

Verstand:

Da mir bewusst ist, dass sowohl die positiven als auch die negativen Emotionen gefährlich sein können, wenn sie nicht kontrolliert und zu erstrebenswerten Zielen geführt werden, werde ich alle Begehren, Ziele und Zwecke meinen rationalen Fähigkeiten unterwerfen, und ich werde mich von diesen leiten lassen, wenn ich ihnen Ausdruck verleihe.

Vorstellungskraft:

Da mir die Notwendigkeit fundierter Pläne und Gedanken bewusst ist, um meine Begehren zu erreichen, werde ich meine Vorstellungskraft weiterentwickeln, indem ich sie tagtäglich für die Erstellung all meiner Pläne um Hilfe ersuche.

Bewusstsein:

Da ich erkannt habe, dass Emotionen in ihrem Überenthusiasmus oft irren und dass das logische Denken oft ohne die Wärme des Gefühls bleibt, das ich benötige, um in meinen Urteilen Recht mit

Gnade zu verbinden, werde ich mein Bewusstsein ermutigen, mich dahingehend zu leiten, was richtig und falsch ist, aber niemals seine Urteile außer Acht lassen.

Erinnerung:
Mir ist der Wert einer wachen Erinnerung bewusst, daher werde ich die meine ermutigen, aufmerksam zu werden, indem ich dafür Sorge trage, sie mit allen Gedanken, die ich unmittelbar abrufen können möchte, zu prägen, und indem ich diese Gedanken mit passenden Objekten assoziiere, die ich mir regelmäßig ins Gedächtnis rufe.

Unterbewusstsein:
Mir ist der Einfluss meines Unterbewusstseins über meine Willenskraft bekannt, daher werde ich dafür Sorge tragen, ihm klare und eindeutige Bilder meiner konstruktiven Wünsche zu übermitteln. Dabei beginne ich stets mit der Bestimmtheit des Ziels und stütze diese durch ein brennendes Verlangen nach seiner Erfüllung.

Unterschrift: ______________________________

Disziplin erreicht man Schritt für Schritt durch die Etablierung von Gewohnheiten, die wir kontrollieren können. Gewohnheiten beginnen im Geiste; deshalb schärft die tägliche Wiederholung dieses Credos in Verbindung mit den Gewohnheiten, die notwendig sind, um die sechs Geistessektionen zu entfalten und zu kontrollieren, das Bewusstsein für sie.

Das bloße Wiederholen der Namen dieser Sektionen hat einen wichtigen Effekt. Es macht uns bewusst, dass diese Sektionen existieren; dass sie wichtig sind; dass sie durch die Etablierung von Gewohnheiten kontrolliert werden können und dass das Wesen von jemandes Gewohnheiten in Hinsicht auf die Selbstdisziplin über Erfolg oder Niederlage entscheidet.

Wenn wir erkennen, dass unser Erfolg und Scheitern durch unser ganzes Leben hindurch weitestgehend eine Sache von Kontrolle über unsere Emotionen sind, ist das ein großes Glück! Doch bevor wir diese Wahrheit erkennen, müssen wir die Existenz und die Natur unserer Emotionen erkennen, und das ist etwas, das viele Menschen ihr Leben lang nicht in Angriff nehmen.

Friede beginnt mit einem Lächeln.
– Mutter Teresa

Jeder, der den Nutzen eines täglich wiederholten Glaubenssatzes erkennt, wird, beinahe vom ersten Tag, an dem er beginnt, das Credo zu wiederholen, sehen, dass wir Emotionen haben – einige, die durch Gebrauch bestärkt werden müssen, und andere, die Kontrolle benötigen, indem man ihre Kraft auf konstruktive Ziele verlagert. All diejenigen, die dieses Credo täglich wiederholen, werden feststellen, dass dies höchstwahrscheinlich Gewohnheiten etabliert, die mit den Bekenntnissen, die es beinhaltet, im Einklang stehen, sowohl bewusst als auch unbewusst.

Militärstrategen behaupten, dass »ein erkannter Feind ein bereits fast besiegter Feind« sei. Dies gilt ebenfalls für alle Feinde im eigenen Geiste sowie für diejenigen außerhalb des Geistes, insbesondere für die feindlichen negativen Emotionen. Sind diese Feinde einmal erkannt, beginnen wir fast automatisch, Gewohnheiten zu etablieren, um ihnen entgegenzuwirken – Gewohnheiten, die ihre Kraft in etwas Konstruktives umleiten.

Dasselbe Argument gilt für die Nutzen des Geistes, da »ein erkannter Nutzen ein angewandter Nutzen ist«. Die sieben positiven Emotionen sind nützlich, aber nur, wenn sie durch Selbstdisziplin strukturiert und kontrolliert werden. Werden sie nicht kontrolliert, können sie ebenso gefährlich sein wie jede der sieben negativen Emotionen. Lassen Sie uns die Emotionen noch einmal betrachten.

Die sieben positiven Emotionen:

1. Liebe
2. Sex
3. Hoffnung
4. Zuversicht
5. Enthusiasmus
6. Loyalität
7. Begehren

Die sieben negativen Emotionen:

1. Furcht
2. Eifersucht
3. Hass
4. Rachsucht
5. Gier
6. Zorn
7. Aberglaube

Zuversicht zum Beispiel wird nur dann hilfreich, wenn sie durch strukturierte Handlung in Richtung konstruktiver Ziele zum Ausdruck gebracht wird. Zuversicht ohne Handlung ist nutzlos – sie löst sich in bloße Tagträumerei und Wünsche auf. Wenn man der Bestimmtheit des Ziels hartnäckig folgt, bekräftigt die Selbstdisziplin die Zuversicht.

Ein Mensch sollte einen disziplinierten Lebensweg einschlagen, indem er Gewohnheiten etabliert, die den Gebrauch der Willenskraft stimulieren, denn diese liegt im menschlichen Ich, dem alles Begehren entspringt. Dort vereinigen sich Begehren und Zuversicht, und stimuliert man eines davon, stimuliert man auch das andere. Wo auch immer starkes Begehren zu finden ist, wird man Zuversicht in exakt derselben Intensität finden. Kontrollieren und lenken Sie eines davon durch strukturierte Gewohnheiten, und Sie kontrollieren und lenken automatisch das andere. Und diese Kontrolle ist Selbstdisziplin in ihrer höchsten Form!

Große Führungspersönlichkeiten aus allen Lebensbereichen haben ihr Begehren und ihre Zuversicht so perfekt strukturiert und kontrolliert, dass sie sie jederzeit einsetzen können. Wenn sie etwas erreichen wollen, finden sie sich schnell im Besitz der notwendigen Zuversicht, um es zu erreichen, egal ob es um Gesundheit, medizinische Erkenntnisse, materielle Besitztümer, technische Innovation oder jegliches andere bestimmte Ziel geht.

Das Heute finden

von Agnes Martin
(frei übersetzt)

Ich schloss die Tür zu Gestern zu
vor seinen Fehlern und Sorgen;
Vergangenes Scheitern, Herzensschmerz
In düstren Wänden verborgen.

Nun werfe ich den Schlüssel fort
such' einen andren Raum,
möbliere ihn mit Hoffnung, Lachen,
und einem Frühlingsblumentraum.

Kein Gedanke soll betreten diesen Ort
Mit auch nur einem Funken Pein,
Und weder Bosheit noch Misstrauen
Soll je Regent hier sein.

Ich schloss die Tür zu Gestern zu
und warf den Schlüssel aus der Hand.
Das Morgen macht mir keine Angst,
seit ich das Heute fand.

Alice Marble ist ein tolles Beispiel für eine Person, die Selbstdisziplin und andere Prinzipien dieser Philosophie anwendete und schließlich Weltmeisterin im Tennis wurde. Marbles bemerkenswerte Geschichte begann in San Francisco, als sie im Alter von 17 Jahren ihren ersten Schritt in Richtung der Selbstdisziplin machte, die ihr Weltruhm einbringen sollte, nämlich als ihr Entschluss, Weltmeisterin im Tennis zu werden, zu ihrem bestimmten Hauptziel wurde.

Die Selbstdisziplin wurde ihr nicht auf dem Silbertablett serviert. Bevor sie diese erlangte, wurde ihr Durchhaltevermögen so auf die

Probe gestellt, dass viele ihr Vorhaben aufgegeben hätten. Zu Beginn ihrer Karriere zog Marble die Aufmerksamkeit von Eleanor Tennant, der berühmten Tennistrainerin, auf sich, die zum Golden Gate Park hinauskam, um sie spielen zu sehen.

Es war ein großer Tag für die zukünftige Weltmeisterin.

Als das Spiel vorbei war, lief sie in der Hoffnung, ihre Anerkennung und aufrichtige Zustimmung zu bekommen, zu Tennant. Die berühmte Trainerin aber blickte sie nur einige Momente in absolutem Schweigen an, bevor sie sich entschied, es ihr schwer zu machen, was definitiv zeigen würde, ob die junge Aspirantin hatte, was es brauchte, um ans Ziel zu kommen.

»Du willst also Weltmeisterin werden?«, fragte Tennant. »Das ist ein großes Vorhaben, aber eine höchst bewundernswerte Ambition. Ist dir klar, wie viel harte Arbeit vor dir liegt? Bist du bereit für den Herzschmerz und die Enttäuschungen, die deine Ambition mit sich bringen wird? Bist du bereit, jegliches Vergnügen zu opfern, das junge Mädchen in deinem Alter normalerweise so schätzen, um dir die Selbstdisziplin aufzuerlegen, die es braucht, um den Weltmeistertitel zu gewinnen?« »Ja!«, rief Alice aus. »Ich bin bereit, alles aufzugeben, was notwendig ist, und ich werde das gerne tun!« Tennant bemerkte eine große Entschlossenheit in den resoluten Worten und den leuchtenden Augen der jungen Frau und willigte ein, ihr Coach zu werden.

»Denk daran, Alice«, mahnte Tennant sie, »dass du es schaffen kannst, wenn du dich ausreichend darum bemühst. Ambitionen können real werden, wenn sie durch Fleiß, Geduld und Entschlossenheit gewissenhaft verfolgt werden, aber Selbstdisziplin muss deine Parole sein.«

In den darauffolgenden vier Monaten lernte Marble die wahre Bedeutung der Selbstdisziplin kennen. Manchmal beklagte sie sich darüber, dass ihre Trainerin sie eher wie eine Maschine als einen Menschen behandelte. Wenn Alice dachte, sie habe ein gutes Spiel gespielt, schüttelte ihr Coach nur den Kopf und sagte: »Noch nicht gut genug«.

Dann kam der Tag, an dem Tennant, ganz die fähige Psychologin, die sie war, entschied, ihre Schülerin auf sich allein zu stellen. Als sich Coach und Schülerin trennten, sagte Tennant: »Alice, vergiss, dass du jemals eine Unterrichtsstunde hattest. Du bist von Natur aus eine Athletin und Tennisspielerin. Spiele ganz selbstverständlich, und du wirst groß werden. Dein einziger Stolperstein wird mentale und physische Faulheit sein. Ein Tennis-Champion ist jemand, der gewinnt, wenn er nicht am besten spielt. Gewinnen ist einfach, wenn es geschmeidig läuft. Wenn es hart auf hart kommt, musst du eine große Kämpferin sein, um zu gewinnen.«

Und dann kam Alices große Chance: Sie wurde für ein Elite-Team ausgewählt und nach Europa geschickt. Vor der Abfahrt wurde das Team fürstlich bewirtet, erst in New York, dann auf dem Schiff, und noch einmal nach der Ankunft in Paris. Hier wurde die Selbstdisziplin des jungen Tennisstars zum ersten Mal wirklich auf die Probe gestellt – eine Probe, die so viele Möchtegern-Stars nicht bestehen, weil der erste Erfolg jemandes Selbstdisziplin oft gehörig durcheinanderbringt.

Schließlich und endlich wurde sie anerkannt, und ihre Reaktion auf diese Anerkennung sollte enthüllen, ob sie das Zeug zum Champion hatte.

Marble spielt ihr erstes Match auf dem Center Court von Roland Garros gegen Madame Henrotin. Die Amerikanerin wusste, dass sie sich durch dieses Turnier definieren würde, und so bereitete sie sich gewissenhaft vor, um sich selbst sowohl physisch als auch mental optimal in Form zu bringen, bevor sie im Match alles gab. Während des Spiels brach Marble zusammen.

Als sie zu sich kam, fand sie sich als Patientin des American Hospital in Paris wieder. Dies war wie eine erste Ahnung von dem Preis, von dem ihre ausgezeichnete Trainerin ihr gesagt hatte, dass sie ihn vielleicht für die Meisterschaft würde zahlen müssen. Mentale Wut und körperlicher Schmerz vereinten sich und stellten ihr Durchhaltevermögen auf die Probe.

Kurz darauf teilte ihr der Arzt mit, sie habe eine Rippenfellentzündung und würde nie wieder Tennis spielen können.

Was für eine gute Entschuldigung, um aufzuhören! Viele hätten diese Gelegenheit beim Schopf ergriffen, aber Marbles Sehnsüchte hatten mehr Gewicht als alle Meinungen, die sie auf ihrem Weg zu hören bekommen sollte – egal, wie qualifiziert diese Meinungen auch waren. Der Arzt hätte jede beliebige Diagnose stellen können, sie aber würde wieder Tennis spielen. Obwohl sie angeschlagen war, war Marbles Traum stärker denn je – was an ihrer Selbstdisziplin lag. Marble hatte sich seit Monaten seelisch auf einen solchen Notfall vorbereitet, und sie war bereit, sich diesem zu stellen, ohne aufzugeben.

An den Rollstuhl gefesselt, kehrte Marble in die USA zurück. Dort erwartete sie ein vertrautes Gesicht am Hafen, und bald waren Marble und Tennant auf dem Weg zurück nach Kalifornien.

»Ihre Heiterkeit auf dem Weg nach Kalifornien«, sagte Marble über ihre Mentorin, »ließ mich erkennen, dass sie meine Trübsal teilte und von mir erwartete, dass ich wieder gesund würde!«

Führende Ärzte in Paris, New York, Los Angeles und San Francisco sagten ihr alle dasselbe: »Sie werden Halbinvalidin sein, und Sie werden nie wieder Tennis spielen«, warnten sie Marble.

Nachdem sie sechs Monate lang niederschmetternde Meinungen zu hören bekommen hatte, nahm Marble ihren Fall selbst in die Hand. Sie begann ernsthaft etwas für sich zu tun, das kein Arzt und kein Medikament vollbringen konnte. Sie bat Tennant zu sich und sagte ihr, dass sie genug hatte von Ärzten und deren Ansichten, die sie für den Rest ihres Lebens ans Krankenbett fesseln würden.

Diese Entscheidung gefiel Tennant. Es war genau diese Entscheidung, auf die sie gewartet hatte, aber sie wusste sehr gut, dass dies eine Entscheidung war, die von Alice selbst hatte kommen müssen. Und auch hier kam die Selbstdisziplin wieder zur Rettung. Die Hoffnungslosigkeit wurde ersetzt durch den Willen zu gewinnen, der ein Wunder bewirkte.

Marble wies Tennant an, ihre Kleidung zu packen und sich bereit zu machen, das Krankenhaus umgehend zu verlassen. Es war neun Uhr abends, aber das war egal. Die Ärzte würden von ihrer Entscheidung zu gegebener Zeit erfahren, ihr Entschluss aber stand fest, und niemand würde diesen ändern können.

Lassen Sie uns in unserer Geschichte hier kurz innehalten, um über die Selbstdisziplin zu reflektieren. Alice Marble war an einem Wendepunkt in ihrer Karriere angekommen: Entweder konnte sie die von medizinischen Experten prognostizierte Niederlage akzeptieren, oder sie konnte ihre Willenskraft aktivieren, um ihre Gesundheit wiederherzustellen. Alles hing von diesem Kampf in ihrem eigenen Geist ab. Marble hatte geschworen, sämtliche notwendigen Opfer zu bringen, um Weltmeisterin zu werden. Das war ihr Motiv, um den Kampf aufzunehmen.

Als sie an diesem ereignisreichen Abend das Krankenhaus verließ, sagte Marble: »Ab sofort kümmere ich mich selbst um dieses Gesundheitsproblem. Schwache Gesundheit ist der Luxus reicher Leute, und ich kann mir das nicht leisten, weil ich einen guten Job abzuliefern habe, und den werde ich abliefern. Mir wird klar, dass es zwei Alices gibt – die Starke und die Schwache. Von jetzt an wirst du die starke Alice sehen, die schwache lasse ich hier im Krankenhaus zurück.«

Als sie zum wartenden Auto ging, zitterten ihre Knie, aber ihr Entschluss stand fest. Die Entscheidung war gemäß ihrem eigenen Willen gefallen, und sie würde diese mit allem, was sie hatte, verteidigen. Marble wusste damals sehr gut, was Carnegie und andere große Erfolgsmenschen wussten: dass Selbstdisziplin einem den Mut gibt, lebensverändernde Entscheidungen zu treffen, und die Willenskraft bereitstellt, um diese auszuführen. Ihr Körper blieb derselbe, ihr Geist aber war entschlossener als jemals zuvor.

Als sie zu Hause ankam, erstellte Marble einen sorgfältigen Plan, um Weltmeisterin zu werden. Ihr Plan fing ganz klein an und sah einen täglichen Spaziergang vor, zunächst ein oder zwei Häuserblöcke und dann eine tägliche Erweiterung, bis sie mindestens drei Meilen würde laufen können. Danach würde sie zusätzlich seilspringen, um ihre Beine zu kräftigen. Um sich selbst in der richtigen mentalen Gesinnung zu halten, würde sie jeden Tag singen.

Schritt für Schritt würde Marble ihrem Unterbewusstsein ein klares Bild einer Athletin, die eine sehr klare Bestimmung hat, übermitteln. Wichtig war, dass sie diesem Gedanken niemals gestattete, ihren Geist zu verlassen. Mit jedem Sprung überdachte sie ihr Hauptziel. Mit jedem kleinen Satz vorwärts bekräftigte sie dieses Ziel. Als die Tage vergingen, wurde ihr Körper allmählich stärker.

Dann nahm Marble ein paar Veränderungen vor. Nachdem sie einen temporären Sieg über ihren Körper errungen hatte, begann sie damit, einen systematischen Plan zu erarbeiten, um die Kontrolle über ihre mentalen Fähigkeiten auszubauen. Sie bat Tennant um Erlaubnis, das Management über ihr Heim zu übernehmen, das bedeutete, sie hatte die Arbeiten des Hausmädchens zu beaufsichtigen, Mahlzeiten zu bestellen und zu planen, Termine zu vereinbaren, Briefe zu tippen, Rechnungen zu bezahlen und so weiter. So beschäftigt mit konstruktiver Arbeit blieb Marble keine Zeit zum Grübeln, und dies gab ihr die Möglichkeit, die Türen fest zwischen sich und ihren vergangenen Enttäuschungen zu schließen.

Einige Monate später vereinbarte eine gespannte Marble einen Termin bei einem Arzt, der ihr – erfreut über den Fortschritt seiner Patientin – die Erlaubnis erteilte, wieder Tennis zu spielen.

Später in diesem Jahr, nach nur wenigen Monaten Vorbereitungszeit, gewann Alice Marble die nationalen Meisterschaften. 1939 stand sie auf Platz eins der Weltrangliste. Als sie rückblickend über ihre Reise auf der Gefühlsachterbahn nachdachte, sagte sie: »Wenn dir etwas wichtig ist und wenn du ein Ziel im Leben hast und bereit bist zu arbeiten, dann gibt es keine Hindernisse, die nicht überwunden werden können.«

Das Element, das entwickelt werden muss, ist die Bestimmtheit des Ziels, hinter dem ein Motiv steht! Ohne dieses darf niemand darauf hoffen, Selbstdisziplin zu erlangen. Mit diesem lässt sich Selbstdisziplin leicht erreichen.

Wir müssen noch einem anderen wichtigen Prinzip Rechnung tragen, das auf dieser außergewöhnlichen Reise hilfreich war: die Kraft des Masterminds. Es war Marbles langjährige Verbindung mit ihrer Trainerin Eleanor Tennant, die ihr den nötigen Mut gab, von ihrem eigenen Geist Besitz zu ergreifen. Kämpfe wie der, dem sich das Tennisduo gegenübersah, sind noch schwieriger, wenn man sich ihnen allein stellen muss.

Nach ihrer Genesung sagte Marble: »Meine Erkrankung war ein versteckter Segen, weil ich nun besser aufgestellt bin, dem Leben und seinen täglichen Hindernissen zu begegnen; vielleicht besser aufgestellt als jemand, der keinen gesundheitlichen Kampf austragen und nicht die Ausbremsung seiner Ziele erfahren musste.«

Ja, es ist hilfreich für uns, wenn wir von Zeit zu Zeit auf die Probe gestellt werden! Es scheint so, als habe es die Natur so eingerichtet, dass niemand jemals bezüglich seines Hauptziels im Leben triumphieren kann, ohne sich nicht einer ernsthaften Prüfung seiner Entschlossenheit unterzogen zu haben. Die meisten Menschen, die herausragenden Erfolg erzielen, müssen sich vielen solcher Tests unterziehen, aber jeder Test bringt einen stärker und mutiger hervor, wenn man die Prüfung mit der richtigen mentalen Haltung annimmt.

Nur durch die Erfahrung von Prüfung und Leiden
kann die Seele gestärkt, die Vision geklärt,
der Ehrgeiz angeregt und der Erfolg erzielt werden.
– Helen Keller

»Es ist offensichtlich«, so Marble, »dass jeglicher Erfolg, den ich glücklicherweise erreicht habe, weitestgehend durch zwei Faktoren entstand: erstens, den Willen zu gewinnen; und zweitens, die Unterstützung meiner Bemühungen durch meine Freundin, Trainerin und

Gefährtin Eleanor Tennant. Ihr bei Weitem wertvollster Beitrag zu meinem Leben war nicht die technische Kunst des Tennisspielens, obwohl das wichtig ist, sondern die Erschaffung und Ermutigung des Siegeswillens in mir.«

Hierin liegt das Geheimnis ihres Erfolgs!

Alice Marble gewann, weil sie den Willen zu gewinnen hatte. Dieser Wille erwuchs als Resultat ihrer Selbstdisziplin, der Beherrschung ihrer Emotionen, der Bestimmtheit ihres Ziels und ihrer Zielgerichtetheit, um von ihrem eigenen Geist Besitz zu ergreifen und ihr eigener Herr zu werden.

»Es gibt wirklich kaum einen Unterschied zwischen dem Sieger und dem Verlierer«, erklärte Marble. »Der Unterschied zeigt sich normalerweise in dem Augenblick, in dem die Extraprise Energie, der kleinste Unterschied in unerbittlicher Entschlossenheit, über Sieg oder Niederlage entscheiden. Es gibt wirklich nur sehr wenige technische Unterschiede in den Leistungen der ersten 20 führenden Tennisspieler. Das gilt für andere Lebensbereiche ebenso wie für den Sport. Ich könnte Hunderte meiner Mitstreiter nennen, die großartiges Talent, das beste Training und einen wachen Geist hatten, aber denen der kleine Funke fehlte, als der Showdown kam – das Herz eines Weltmeisters. Ihnen fehlte lediglich der unbezwingbare Siegeswille.«

Talent, Erfahrung und Bildung sind von nur geringem Wert, wenn man daran scheitert, sich selbst mit dem Siegeswillen zu disziplinieren. Das ist der Wendepunkt, der vor allem anderen festlegt, was man im Leben erreicht.

Anmerkung des Herausgebers:

Diese DNA vervielfacht sich in jedem Champion, in früheren und zukünftigen, in jedem Bestreben. Um diese Lektion zu veranschaulichen, lassen Sie uns ins Jahr 1953 zurückgehen, als zwei Bergsteiger begannen, den höchsten Gipfel der Erde, den Mount Everest, zu besteigen. Niemals zuvor war er bezwungen worden. Eine heimtückische Geografie, Temperaturen um den Gefrierpunkt und extreme Höhe trugen zur unermesslichen Komplexität des Vorhabens bei, während die Begeisterung darüber in der Bergsteiger-Community ihren Höhepunkt erreichte.

Nach sieben Wochen auf ihrer strapaziösen Expedition schafften es der Neuseeländer Edmund Hillary und der Nepalese Tenzing Norgay, die für ihren Mut, ihr Können und die vermeintliche Unmöglichkeit des Unterfangens in die Geschichte eingingen, mit einem athletischen Kunststück zum Gipfel.

Woran machten die gefeierten Bergsteiger ihren Erfolg fest? Sicherlich an Vorbereitung, physischem Können und vielleicht sogar stupidem Glück? Falsch. Sie schrieben es der mentalen Stärke zu: dem Siegeswillen. »Wir bezwingen nicht den Berg«, sagte Sir Edmund Hillary, »sondern uns selbst.«

Die Box-Ikone Muhammad Ali teilte die gleiche Ansicht: »Champions entstehen nicht in Fitnessstudios«, sagte Ali, »Champions entstehen durch etwas, das sie tief in sich tragen – ein Begehren, einen Traum, eine Vision. Sie müssen das Können haben und den Willen. Aber der Wille muss stärker sein als das Können.«

Bezüglich der Omnipräsenz der Willenskraft, die ebenso oft destruktive wie produktive Gewohnheiten hervorbringt, warnt der Pionier des Big Wave Surfing Laird Hamilton: »Vergewissern Sie sich, dass Ihr schlimmster Feind nicht zwischen Ihren Ohren sitzt.«

Dementsprechend sagte Serena Williams: »Ich mag es nicht zu verlieren – überhaupt nicht. Jedoch wuchs ich nicht durch Siege am meisten, sondern durch Rückschläge. Wenn das Gewinnen Gottes Belohnung ist, dann ist das Verlieren seine Art, uns zu lehren.«

Kommt die Stunde, kommt der Champion.

Die sorgfältige Überprüfung aller großen Führungspersönlichkeiten enthüllt, dass jede von ihnen durch den Siegeswillen inspiriert wurde. Dazu kommt, dass ihr Durchhaltevermögen durch irgendein Hindernis auf die Probe gestellt wurde, bevor sie zum Erfolg fanden.

Benjamin Disraeli, von dem viele glauben, er sei der größte Premierminister in der Geschichte des Vereinigten Königreichs, erlangte diese hohe Position durch die pure Kraft seines Siegeswillens. Er begann seine Karriere als Autor, aber er war nicht besonders erfolgreich auf diesem Gebiet. Er veröffentlichte ein Dutzend Bücher, aber keines davon beeindruckte die Öffentlichkeit. Er akzeptierte diese Niederlage als Herausforderung und trat in die Politik ein, wobei er seinen Geist klar darauf ausrichtete, Premierminister zu werden.

1837 wurde er Mitglied des Parlaments von Maidstone, aber seine erste Rede im Parlament wurde allgemein verrissen. Erneut nahm er den Fehlschlag als Herausforderung an, um sich noch mehr zu bemühen und höhere Ambitionen zu verfolgen. Er dachte nie darüber nach aufzugeben und wurde 1858 Vorsitzender des House of Commons, später Finanzminister, 1868 Premierminister und damit der mächtigste Mann im Britischen Empire.

Hier traf Disraeli auf überwältigenden Widerstand, der zu seinem Rücktritt führte. Dennoch war er weit davon entfernt, dieses temporäre Scheitern als permanente Niederlage zu akzeptieren, und so inszenierte der entschlossene Staatsmann sein Comeback und wurde zum zweiten Male zum Premierminister gewählt. Während seiner zweiten Amtszeit wurde er zu einem großen Baumeister des gewaltigen britischen Empires und weitete seinen Einfluss in viele Richtungen aus. Dennoch war Disraelis größte Errungenschaft vielleicht der Bau des Suezkanals; ein Kunststück, das dafür bestimmt war, dem Königreich noch nie da gewesene wirtschaftliche Vorteile zu verschaffen.

Das Leitmotiv seiner Karriere war *Selbstdisziplin.* Als er seine Errungenschaften in einem kurzen Satz zusammenfasste, sagte Disraeli: »Das Geheimnis des Erfolgs ist die Beständigkeit des Ziels.«

Theodore Roosevelt ist ein weiteres Beispiel dafür, was Siegeswillen bewirken kann. In ganz früher Jugend war Roosevelt durch chronisches Asthma und schlechte Augen ernsthaft eingeschränkt. Seine Freunde zweifelten daran, dass er jemals wieder gesund werden würde, aber Roosevelt teilte ihre Ansicht nicht. Er schloss sich einer Gruppe Arbeiter, die draußen arbeiteten, an und unterwarf sich selbst einem klaren System von Selbstdisziplin, durch das er seinen Körper stärkte. Die Ärzte sagten ihm, er könne es nicht schaffen, er aber sagte, er könne es und tat es!

Im Kampf darum, seine Gesundheit zurückzuerlangen, erlangte Roosevelt solch derartig perfekte Disziplin über seinen Geist, dass er in die Politik einstieg und vorwärtsstrebte, bis ihn sein Siegeswille zum Präsidenten der Vereinigten Staaten machte. Diejenigen, die ihn am besten kannten, sagten, dass seine herausragende Qualität sein Wille war, der sich weigerte, die Niederlage als mehr als einen Stolperstein anzusehen.

Darüber hinaus besaß Roosevelt weder größeres Talent, höhere Bildung noch mehr Erfahrung als seine Mitarbeiter.

Während seiner Präsidentschaftszeit beklagten sich einige Funktionäre des Militärs über einen Befehl, den er dem Heer gegeben hatte, damit es körperlich in Form blieb. Um zu zeigen, dass er wusste, wovon er sprach, ritt Roosevelt 100 Meilen über unwegsame Straßen in Virginia. Die Einwohner von Washington amüsierten sich ständig über seine Gewohnheit, die Mitarbeiter des Secret Service zu ermüden, die ihn immer begleiten mussten, wenn er wandern ging. Bei einer Gelegenheit hängte der Präsident den Secret Service so weit ab, dass er ihn im Rock Creek Park komplett verlor.

Hinter all diesen körperlichen Aktivitäten stand ein aktiver Geist, der darauf ausgerichtet war, nicht durch physische Schwäche behindert zu sein. Diese mentale Aktivität spiegelte sich während seiner gesamten Regierungszeit wider. Wenn der Geist »Geh vorwärts« sagt, reagiert der Körper auf diesen Befehl und beweist damit, dass Andrew Carnegie recht hatte, als er sagte: »Unsere einzigen Begrenzungen sind diejenigen, die wir uns selbst im Geiste setzen«.

Persönliche Kraft wird vom Siegeswillen umhüllt! Der Siegeswille wird nur durch Selbstdisziplin erlangt – er ist das Ergebnis von bewusst etablierten Gewohnheiten, die die sechs Geistessektionen kontrollieren. Jede Gewohnheit spielt eine Rolle für die Selbstdisziplin, egal wie unbedeutend die Gewohnheit oder der Grund für ihre Aneignung sein mag.

Erinnern Sie sich auch daran, dass Gewohnheiten sich leichter etablieren lassen, wenn sie auf verlockenden Motiven basieren und durch die Bestimmtheit des Ziels gestützt werden.

Niemand kann mich ohne meine Erlaubnis verletzen.
– Mahatma Gandhi

Seit dem Tag seiner Geburt war Robert Louis Stevenson schwächlich. Seine Gesundheit hinderte ihn bis zu seinem 17. Lebensjahr daran, regelmäßig die Schule zu besuchen. Als er 23 war, stand es so schlecht um seinen Gesundheitszustand, dass ihn seine Ärzte in der Hoffnung, dass er sich erholen würde, auf Reisen schickten. In Frankreich traf Stevenson die Frau, in die er sich verliebte. Stevensons Liebe zu ihr war so groß, dass er zu schreiben begann, und obwohl sein Körper kaum stark genug war, um weiterzumachen, gelang es ihm, die ganze Welt mit seinen Schriften zu bereichern, die heute allgemein als Meisterwerke angesehen werden. Seine motivierende Kraft war die Liebe. Dasselbe Motiv gab den Gedanken vieler anderer Flügel, die wie Robert Louis Stevenson durch ihr Werk die Welt reicher gemacht haben. Ohne dieses Motiv wäre Stevenson zweifellos gestorben, ohne seinen Beitrag der Liebe und der Texte, die so viele inspiriert haben, zu leisten. Stevenson wandelte die Liebe zu einer Frau in literarische Werke um, die ihn unsterblich machten.

Auf diese Art und Weise drückte er seine Selbstdisziplin in Handlungen aus, die der ganzen Welt zugutekamen, was uns daran erinnert, dass es keine Selbstdisziplin ohne irgendeine Form von adäquater Handlung gibt. Bloßes Hoffen und Wünschen kann und wird niemandem Selbstdisziplin einbringen. Selbstdisziplin beginnt mit einem Motiv, hinter dem die Bestimmtheit des Ziels steht, das durch klare Gewohnheiten, die die sechs Geistessektionen unter Kontrolle bringen, zum Ausdruck kommt.

Auf ganz ähnliche Weise konvertierte Charles Dickens eine Liebestragödie in weltweit anerkannte literarische Werke. Anstatt an enttäuschter Liebe zusammenzubrechen, fokussierte er sich aufs Schreiben als äußerst kreatives Ventil. Diese zielgerichtete Handlung schloss die Tür hinter einer Erfahrung, die viele als eine Entschuldigung für eine permanente Niederlage genutzt hätten. Durch seine Selbstdisziplin verwandelte Dickens seinen größten Schmerz in sein größtes Gut.

Es gibt eine unschlagbare Regel zur Beherrschung von Kummer und Enttäuschung, nämlich, emotionale Turbulenzen durch zielgerichtete Arbeit zu transformieren. Diese Regel ist einzigartig, erfordert jedoch Selbstdisziplin höchster Güte. Nebenbei kann man sich Schmerz und Enttäuschungen zunutze machen, statt sich von ihnen zerstören zu lassen.

Anmerkung des Herausgebers:

Napoleon Hills Fans erinnern sich bestimmt an eines seiner berühmtesten Zitate, zu dem er durch Carnegies Führung inspiriert wurde: »Jede Widrigkeit, jede Niederlage, jeder Herzschmerz trägt in sich den Samen eines gleichwertigen oder größeren Vorteils.« Es hat einige der erfolgreichsten Menschen aller Zeiten zum Erfolg katapultiert.

Wir alle kennen Menschen, die nach einer gescheiterten Ehe, einer beruflichen Notlage oder einem anderen persönlichen Unglück mit einer stetig wachsenden Last auf den Schultern durchs Leben gehen. Beschweren sie sich darüber, verhindern sie, dass zu einem späteren Zeitpunkt ein viel größeres Gut in ihr Leben gelangen kann, das ihnen endlich erlauben würde, die Türe zur Vergangenheit zu schließen. Dieselbe Energie, die sie aufwenden, um sich über die Vergangenheit und das, was sie nicht haben, zu beklagen, könnte dahingehend umgelenkt werden, vorteilhaftere Umstände in der Gegenwart zu erschaffen.

Genau diese Energie festigte Barbara Corcorans Entschlossenheit, ein Immobilien-Imperium aufzubauen, nachdem ihr Freund und Geschäftspartner sie für seine Sekretärin verlassen hatte. Heute ist sie eine der weltweit bekanntesten Unternehmerinnen, hat die Corcoran Group für 66 Millionen Dollar verkauft, moderierte die erfolgreiche Fernsehsendung *Shark Tank* (das amerikanische Pendant zu »Die Höhle der Löwen«, Anm. d. Ü.) und tat sich mit Dutzenden Start-ups, die weltweit in ihren Branchen für frischen Wind sorgen, zusammen.

Wir alle werden mit Widrigkeiten konfrontiert, aber seien Sie sich darüber im Klaren – es ist die Art und Weise, wie ein Individuum auf unvermeidbar auftretende Widrigkeiten reagiert, die eine durchschnittliche Person von einer außergewöhnlich erfolgreichen Person unterscheidet.

Wie man in der Lage ist, emotionalen Schmerz in nützliche Handlung umzuwandeln, lässt sich auch auf die Gewohnheiten der Zügellosigkeit übertragen, durch die sich so viele Menschen selbst zum Scheitern bringen.

Alkoholabhängigkeit zum Beispiel, die in den USA die Ausmaße einer nationalen Tragödie angenommen hat, kann nur durch Selbstdisziplin, hinter der pure Willenskraft steht, gemeistert werden. Medizinische Heilmethoden funktionieren meist nicht, solange sie nicht mit dem Willen, das Übel zu meistern, einhergehen. Der Gedanke, dass Menschen ihren Kummer in Alkohol ertränken können, ist auf tragische Weise unzutreffend. Wir müssen die Gesellschaft so lange aufklären, bis jeder versteht, dass man Sorgen einzig und allein durch ihre Umwandlung in eine Form von nutzbarer Handlung in den Griff bekommt.

Wenn Menschen sich eifrig an eine Arbeit machen, die sie gerne tun, und zwar so, dass sie dieser Arbeit all ihre Zeit widmen, etablieren sie Gewohnheiten, die keinen Raum lassen für entmutigende Gedanken.

Diejenigen, die vollkommen selbstdiszipliniert sind, laufen niemals vor etwas weg, das sie fürchten. Stattdessen zerren sie das Objekt ihrer Angst ans Licht, wandeln ihre Furcht in Zuversicht um und überwältigen oder vernichten das Objekt ihrer Angst nicht nur, sondern generieren große mentale Stärke während dieses Prozesses. Jedes Mal, wenn wir unsere Willenskraft einsetzen, stärken wir sie.

Machen Sie sich unbedingt mit dem Begriff »Umwandlung« vertraut! Er ist der Schlüssel, der die Tür zu den Lösungen fast aller Probleme im Leben aufschließt. Um jegliche Furcht, Enttäuschung oder Sorge zu beherrschen, wandeln Sie diese in eine Form von intensiver Aktivität um, die Ihren Geist so sehr beschäftigt, dass er neue Gedanken und Gewohnheiten bildet, die mit Selbstbewusstsein, Zuversicht, Hoffnung und Mut verbunden sind.

Vor unangenehmen Erfahrungen davonzulaufen, ist sinnlos – egal in welche Richtung. Noch sinnloser ist es, zu versuchen, sie mit Rauschzuständen zu betäuben, weil das nur die Willenskraft schwächt, ohne dabei das Objekt, das den Schmerz verursacht, den wir zu betäuben versuchen, zu eliminieren! Der Versuch, Schwierigkeiten mit Alkohol oder Drogen zu überwinden, ist genauso töricht und gefährlich wie der Versuch, ein Feuer mit Benzin zu löschen.

Willenskraft, die durch Handlung zum Ausdruck gebracht wird, ist das einzig bekannte Heilmittel für Furcht und Kummer. Die Willenskraft ersetzt Miesmacherei durch Mut. Es hat niemals einen großen Athleten gegeben, der seine Errungenschaften nicht seinem eigenen Siegeswillen zu verdanken gehabt hätte.

Gestern war ich klug und wollte die Welt verändern.
Heute bin ich weise und möchte mich verändern.
– Rumi

Der Boxer Gene Tunney nahm dem legendären Champion Jack Dempsey den Weltmeistertitel im Schwergewicht ab – durch den bloßen Einsatz seines Siegeswillens und nicht durch seine überlegene physische Stärke. Es herrscht ein allgemeiner Konsens darüber, dass Dempsey deutlich stärker gewesen sei, Tunney übertraf ihn aber im Gebrauch seiner Geisteskraft. Ein Jahr später trafen sie sich zu einer Revanche, aus der Tunney wiederum als Sieger hervorging. Nach dieser Runde riss Dempsey Tunneys Arm nach oben und sagte: »Du warst der Beste. Du hast einen cleveren Kampf geführt, Bursche.«

Alice Marbles Triumphgeschichte über ihre körperliche Erkrankung während ihres Aufstiegs zum Tennisruhm ist voll von Beweisen dafür, dass das Geheimnis ihres Erfolgs ihr Siegeswille war. Sie betont diese Tatsache in jedem Detail ihrer Geschichte. Sehen Sie sich ihre Geschichte an und Sie werden den präzisen Zeitpunkt erkennen, als es zum Wendepunkt in ihrer Karriere kam: Das war natürlich, als sie in ihrem eigenen Geiste entschied, das Krankenhaus zu verlassen und ihr Schicksal selbst in die Hand zu nehmen.

Es gibt Hunderttausende wahrer Champions in allen Lebensbereichen, die sich wie die hier genannten durch ihren Willen zu gewinnen selbst zum Sieger gekürt haben. Sie erreichten ihre Meistertitel dadurch, dass sie zuerst ihre Schwächen erkannten und diese Schwächen dann durch die Kraft ihres Siegeswillens in Stärke umwandelten. Es gibt keine Niederlage für diejenigen, die sich aneignen, ihre Schwächen in Stärken umzuwandeln, und es gibt jede Menge Beweise dafür, dass solche Umwandlungen gelingen, ob die Schwäche nun mental oder physisch ist. Es ist eine Frage der *Selbstdisziplin*.

Kein Problem ist zu groß für die Willenskraft, wenn diese Kraft durch Selbstdisziplin unter Kontrolle gebracht und auf ein bestimmtes Ziel gerichtet worden ist. Wenn wir durch unsere eigene Willenskraft Kontrolle über unsere stärksten Emotionen erlangen können, denken Sie nur, wozu wir durch die Steuerung unserer weniger bedeutenden Emotionen fähig wären.

Wenn wir Kontrolle über diese Emotionen erlangt und gelernt haben, diese großen Antriebskräfte in Verbindung mit unserer gewählten Beschäftigung in organisierte Bemühungen umzuwandeln, werden wir keinerlei Schwierigkeiten haben, ebenso unsere negativen Emotionen in nützliche Dienste zu transformieren.

Einige, die dieses Kapitel lesen, werden fähig sein, in ihrer Erinnerung zurückzugehen und sich Erfahrungen unerwiderter Liebe ins Gedächtnis zurückzurufen. Nur diejenigen, die eine solche Erfahrung gemacht haben, werden unsere Behauptung nachvollziehen können, dass dies die Art von Prüfung ist, die tief in die menschliche Seele eindringt und einen dem »anderen Ich« gegenüberstellt, das man unter normalen Umständen selten trifft.

Manchmal übersteht man diese Prüfung mit bloßer Willenskraft und kommt als eine großmütigere und stärkere Person daraus hervor. Dies aber verlangt nach einer Selbstdisziplin, die unter anderen Lebensumständen nicht erforderlich ist.

Berufliches Scheitern, Geldverlust, der Verlust eines Arbeitsplatzes, der einem viel wert ist – das alles sind hohe Anforderungen an die Reserven der Willenskraft, jedoch sind diese tatsächlich nur gering im Vergleich zu denen, die durch den Verlust einer großen Liebe gestellt werden. Die Kompensation eines solchen Verlustes besteht aber in den spirituellen Kräften, die angezapft und verfügbar gemacht werden können, sofern man sich durch Selbstdisziplin darauf vorbereitet hat, verletzte Emotionen in eine Form von nützlichem Dienst umzuwandeln. Die Umwandlung erfolgt durch Willenskraft, durch nichts anderes.

Menschen, die eine große Liebe erlebt haben, können durch tragische Lebensereignisse oder auf andere Art und Weise mental und physisch getrennt werden, die spirituelle Einheit aber, die durch ihre Verbindung besteht, kann niemals gebrochen werden. Der Schöpfer hat es so eingerichtet! Zu welchem Zweck? Es ist weder unser Privileg noch unser Recht, dies zu wissen. Aber es ist sowohl unser Recht als auch unsere Pflicht, die spirituelle Kraft einer solchen Verbindung in nutzbare Aktivität umzuwandeln, die uns, wenn wir sie nutzen, zu den großartigen Höhen des Begreifens und der Weisheit emporheben kann.

Deshalb können wir in den Widrigkeiten der Liebe den Samen eines gleichwertigen Vorteils finden, den wir andernfalls nicht entdecken würden. Jedoch ist dieser Vorteil nur eine Möglichkeit, bis die Selbstdisziplin uns die Willenskraft gibt, ihn real zu machen. Es gibt nur ein sicheres Heilmittel für eine zerrissene oder unerfüllte Liebe, und das ist die *Umwandlung* dieser Emotion in eine andere konstruktive Aktivität.

Wir alle haben Probleme, über die wir keine Kontrolle haben, und die Kontrolle über unsere mentalen Reaktionen auf unsere Probleme zu üben, ist schwierig. Wir können nicht anderer Leute Handlungen uns gegenüber kontrollieren, aber wir können unsere mentale Reaktion auf diese Aktivitäten kontrollieren.

Wir können unsere Gefühle nicht eliminieren, ob sie nun positiv oder negativ sind, aber wir können diese Gefühle zügeln und sie in eine Form intensiver Handlung nützlicher Natur umwandeln.

Wir können Fehlschläge nicht immer vermeiden, und manchmal können wir auch temporäre Niederlagen nicht vermeiden, aber so können wir das Gefühl, aus solchen Erfahrungen zu wachsen, generieren, damit es in einen entsprechenden Vorteil transformiert werden kann.

Verstehen Sie diese Wahrheit, und Ihnen wird klar werden, was Andrew Carnegie meinte, als er sagte: »Jede Widrigkeit trägt den Samen eines gleichwertigen Vorteils in sich.« Mit dieser Aussage drückte er eine der tiefsten Wahrheiten überhaupt aus, aber sie nutzt nur denjenigen, die sich selbst so vollständig diszipliniert haben, dass sie ihre Emotionen unter die Führung ihrer Willenskraft stellen können.

Das Leben ist so voll von Tragödien und Enttäuschungen, dass niemand wirklich glücklich sein kann, wenn er nicht ausreichend Kenntnisse über das Prinzip, emotionale Energie umzuwandeln, erlangt hat.

Sie ist der Hauptschlüssel zu allen großen Errungenschaften. Mit ihr kann man sowohl die Türen der Chancen öffnen als auch die Türen schließen, die Sorge, Verzweiflung, Entmutigung, Furcht und alle anderen Unannehmlichkeiten aussperren.

Bleiben Sie bei diesem Kapitel, bis Sie sich diesen Schlüssel angeeignet und zu dem Ihren gemacht haben. Mit diesem Schlüssel in Ihrem Besitz werden Ihnen die sechs Sektionen Ihres Geistes zu Diensten sein, wenn Sie sie brauchen.

Mit seiner Hilfe kann jeder verirrte Gedanke, der den Weg in Ihren Geist findet, gezügelt und zur Arbeit gezwungen werden. Jede Sorge kann in einen unbezahlbaren Schatz verwandelt werden. Neid, Gier, Zorn und Aberglaube können transformiert werden, um Gewinn zu erzielen. Feinde können nutzbringend eingesetzt werden, ohne dass Sie das etwas kostet.

Und rufen Sie sich, auch wenn wir diesen Gedanken bereits auf verschiedene Art und Weise wiederholt haben, ins Gedächtnis, dass die beste Methode, Emotionen umzuwandeln, darin besteht, sich ein bestimmtes Ziel zu setzen, das man beharrlich durch Arbeit verfolgt. Arbeit ist durch nichts zu ersetzen. Es gibt keinen Segen, der der Arbeit gleichkommt. Es gibt kein Heilmittel gegen Kummer und Entmutigung, das ihr gleichkommt. Wenn Arbeit aber ein Segen sein soll, so muss sie eine nutzenbringende Bemühung sein, die mit einer positiven mentalen Haltung ausgeführt wird.

Es gibt nur eine Sache, die den Platz der Arbeit einnehmen kann, nämlich die Niederlage. Man könnte umgekehrt sagen, dass nur die Arbeit den Platz der Niederlage einnehmen kann. Diese beiden sind schlechte Kameraden. Wo das eine existiert, gibt es das andere nicht. Wir haben während der Großen Depression erkannt, dass es eine Sache gibt, die schlimmer ist, als zur Arbeit gezwungen zu werden: gezwungen zu werden, *nicht* zu arbeiten. Arbeit ist die absolute Grundlage der Selbstdisziplin, vorausgesetzt, sie wird im Geiste eines ernsthaften Verlangens, nützlich zu sein, ausgeführt.

Arbeit ist der Beginn allen materiellen Reichtums. Sie ist die einzige Sache, die ein mittelloses Individuum als Gegenleistung für Geld geben kann. Ebendiese Tatsache, dass das ganze Universum so geplant ist und geführt wird, dass jedes Lebewesen gezwungen ist, zu arbeiten oder zugrunde zu gehen, ist hochgradig bedeutsam. Sie ist das Medium von größter Bedeutsamkeit, durch das wir in jeder Phase des persönlichen Aufstiegs die Extrameile gehen können. Sie ist das einzige Medium, mit dem wir Sorgen und Enttäuschungen in den Griff bekommen können, ohne dabei Schaden zu nehmen.

Die Arbeit offenbart denjenigen ihren größten Segen, die sie bereitwillig ausführen. Ihr großartiger Segen wird nur denjenigen zuteil, die im Geiste des Enthusiasmus bei der Arbeit die Extrameile gehen. Arbeit ist entweder Schufterei oder Vergnügen, abhängig vom Motiv, durch das sie inspiriert ist. Ich habe erfahrene Menschen sagen hören, dass die größte aller Freuden die ist, die jemand bei einer geliebten Arbeit erfährt, wo sich jemand der Arbeit verschreibt, die auf dem Stolz des Erreichten basiert oder darauf, Freunden und geliebten Menschen zu dienen.

Niemand kann auf intelligente Weise Anweisungen erteilen, bis er lernt, Anweisungen höflich anzunehmen und effizient auszuführen.
– Andrew Carnegie

Arbeit dieser Art wird niemals ohne Vergütung ausgeführt. Wenn die Vergütung nicht in materieller Form kommt, kommt sie in persönlicher Befriedigung, die nicht in materiellen Dingen gemessen werden kann. Sie kann dann in Form eines gestärkten Charakters, größerer Selbstdisziplin oder eines besseren Verständnisses für seine Mitmenschen kommen.

Sollte es Ihnen so vorkommen, als würde ich die Wichtigkeit der Arbeit übertreiben, seien Sie versichert, der Grund dafür ist meine Erkenntnis, dass ein Mangel an Arbeitswillen eines der größten Übel unserer Zeit ist. Die Menschen in den USA sind verflucht, durch irgendeinen seltsamen Einfluss, der dazu geführt hat, dass Millionen von Männern und Frauen Dinge umsonst fordern.

Dieser Einfluss hatte den Effekt, den Geist der Miesmacherei zu verbreiten. Er zerstört den Geist der persönlichen Initiative, der dieses Land zum reichsten und freiesten der Welt gemacht hat. Er hat dazu geführt, dass eine große Anzahl an Menschen den traditionellen amerikanischen Geist der Selbstbestimmung durch die Bereitschaft, staatliche Zuwendungen anzunehmen, ersetzt haben – nein, sie zu *verlangen*! Das ist ein ungesundes Zeichen.

Anmerkung des Herausgebers:

Dieser Absatz erinnert mich an die Achterbahnfahrt, auf der sich der berühmte Pädagoge Dr. Dennis Kimbro befand, bevor *Think and Grow Rich: A Black Choice* herauskam. Kimbro fühlte den Druck von allen Seiten: Ihm fehlte die Inspiration für das Manuskript, er fühlte, dass er als Versorger seiner jungen Familie scheitern würde, und musste trotz dieses Drucks optimistisch bleiben.

Eines Tages brach Kimbro unter der unerbittlichen Last zusammen. Weil er sich nirgends sonst hinwenden konnte, warf er alle professionelle Förmlichkeit über Bord und schüttete dem Finanztitan Arthur George Gaston mitten im Vorstellungsgespräch sein Herz aus. Gaston erwiderte unmissverständlich, dass jede Person, die in irgendeinem Bereich Großes leisten wird, »erst in der Feuerprobe der Widrigkeit geprüft werden muss«. Sogar noch deutlicher teilte er Kimbro mit, dass dieser, wenn er nicht bereit sei für den Erfolg, zur Seite treten solle für die Person, die es ist.

Gastons direkter Rat traf Kimbro wie ein Blitz. Der 39-Jährige deutete seine scheinbar katastrophale Situation um und kehrte nach Hause nach Atlanta zurück, wo sein liegen gebliebenes Manuskript als ein Ventil für seinen neu gewonnenen Enthusiasmus diente. Nach der Fertigstellung sandte Kimbro das Manuskript an die Napoleon-Hill-Stiftung, deren Hauptsitz sich zu dieser Zeit in Chicago befand – zuversichtlich, dass seine Bemühungen dieses Mal ausreichend sein würden, und dennoch in nervöser Erwartung.

Kurz darauf flog man Kimbro in Chicago ein, damit er an einer Vorstandssitzung mit der Stiftung teilnehmen konnte. Als er eintrat, bemerkte er, dass alle, die um den Tisch saßen, ein Exemplar seines Buches vor sich hatten.

Der große Versicherungsmagnat W. Clement Stone stand auf, ging zu ihm und fragte: »Junger Mann, was haben Sie über Erfolg und Leistung gelernt?« »Nun, auf dem Ladentisch des Erfolgs gibt es keine Schnäppchen«, antwortete Kimbro, »man muss den ganzen Preis zahlen, und zwar im Voraus.«

In seinen dunkelsten Momenten wurde Dr. Dennis Kimbro das Licht gezeigt, das ihn für den Rest seines Lebens zum Erfolg begleitete.

Die Bereitschaft, etwas umsonst anzunehmen – ganz zu schweigen von der unverblümten Forderung danach –, ist genau das Gegenteil von Selbstdisziplin. Diejenigen, die ihren Geist unter Kontrolle haben, haben nicht nur das Verlangen, für alles, das sie bekommen, etwas von Wert zu geben, sie fordern dieses Privileg vielmehr für sich selbst und geben mehr, als von ihnen verlangt wird.

Diejenigen, die etwas umsonst annehmen, sind jedem ausgeliefert, der sie ausbeuten möchte. Persönliche Freiheit und Unabhängigkeit gehören nur denjenigen, die durch eigenes Bemühen ihren Geist so weit entwickelt haben, dass er ihren Bedürfnissen dient, mit oder ohne den Konsens anderer. Es gibt keine zuverlässige Form persönlicher Unabhängigkeit, außer derjenigen, die eine Person durch ihre eigene Willenskraft erlangt.

Gelingt es Ihnen nicht, den Gedanken, den ich hier ausführe, zu teilen, schlage ich vor, Sie besuchen eine Obdachlosenunterkunft und beobachten diejenigen, die durch Umstände, über die sie keine Kontrolle haben, gezwungen sind, staatliche Zuwendungen anzunehmen. Sehen Sie sich die Gesichter dieser Unglücklichen genau an, beobachten Sie ihren fehlenden Enthusiasmus, nehmen Sie den Geist der Hoffnungslosigkeit, in dem sie sich bewegen, wahr, und dann werden Sie verstehen, warum ich sage, dass der größte aller Segen der von Personen ist, die das Privileg haben, ihre eigene Geisteskraft in jegliche von ihnen gewünschten materiellen oder spirituellen Werte umzuwandeln.

Asylbewerberheime und Obdachlosenunterkünfte sind Einrichtungen der Barmherzigkeit. Eine zivilisierte Welt macht ihre Errichtung notwendig, aber wir haben noch niemals eine Person zu Gesicht bekommen, die diese Art der Barmherzigkeit dem Frieden vorziehen würde, den sich die meisten Menschen selbst beschaffen, indem sie sich in Eigeninitiative üben. Und wir vermuten, dass es nur wenige Menschen gibt, die es nicht vorziehen würden, ihr eigenes Leben in der bescheidensten Holzhütte zu leben, anstatt staatliche Zuwendungen annehmen zu müssen, nicht einmal, wenn ihnen dies ermöglichen würde, in der schönsten Villa zu leben.

Freiheit, Unabhängigkeit und wirtschaftliche Sicherheit sind die Resultate von Eigeninitiative, die auf Selbstdisziplin basiert. Auf keine andere Weise können diese universellen Begehren der Menschheit erlangt werden. Lässt die Selbstdisziplin nach, lässt die persönliche Freiheit proportional dazu nach.

Hin und wieder beschwert sich jemand, dass ich bei der Präsentation dieser Philosophie die Anwendung der Philosophie als Mittel zur Beschaffung der *materiellen* Notwendigkeiten des Lebens überbetone. Einige haben sich beschwert, dass ich die spirituellen Werte der Philosophie hätte stärker betonen sollen. Das Einzige, was ich meinen Kritikern erwidere, ist, dass spirituelle Werte und Armut nicht zusammenpassen. Spirituelle Werte gehören Menschen, die persönliche Freiheit durch Selbstdisziplin erworben haben – nicht denjenigen, die aus welchen Gründen auch immer gezwungen sind, Almosen anzunehmen.

Ich vermute, dass, würden Sie Menschen ohne Arbeit und Einkommensquelle aufsuchen und deren Interesse für spirituelle Werte wecken wollen, diese Ihnen ganz schnell sagen würden, dass ihre größte Sorge ist, eine Einkommensquelle zu finden, durch die sie unabhängig werden können.

Wollen wir uns noch einmal kurz ins Gedächtnis rufen, dass der größte Nutzen der Selbstdisziplin derjenige ist, den wir durch die Umwandlung unserer Emotionen (sowohl der negativen als auch der positiven) in alle von uns gewünschten Ziele erlangen können. Erinnern Sie sich auch daran, dass alle Geisteskraft nutzbar ist, wenn sie unter strikte Selbstdisziplin gebracht und auf klare Ziele ausgerichtet wird. Richten Sie Ihre Aufmerksamkeit auf dieses Objekt der Umwandlung und beherrschen Sie es. Dann können Sie Herr über viele Umstände werden, über die Sie sonst keinerlei Kontrolle hätten.

Erwarten Sie nicht, gleich beim ersten Versuch ein Meister der Umwandlung zu werden – die Emotionen können erst gelenkt werden, wenn sie erobert wurden. Das ist eine Frage der Gewohnheit. Versuchen Sie es weiter und geben Sie keinen Zentimeter Boden mehr her, wenn Sie sich diese einmal angeeignet haben.

Denken, Bildung, Wissen, Begabung – nur leere Worte,
bis sie in die Tat umgesetzt werden.
– Napoleon Hill

Der Ausgangspunkt ist die Bestimmtheit des Ziels, hinter dem ein adäquates Motiv steht. Sie können jede Ihrer Emotionen lenken, wenn Ihr Motiv stark genug dafür ist. Ohne ein bestimmtes Ziel, das durch ein starkes Motiv unterstützt wird, werden Sie keine Fortschritte darin machen, Kontrolle über Ihre Emotionen zu gewinnen.

Und vergessen Sie nicht, dass ein Ziel ohne Handlung Ihnen nichts nützen wird. Die beste aller Methoden, um Kontrolle über unsere Emotionen zu erlangen, ist die der enthusiastischen Bemühung in Verbindung mit Arbeit, in die wir uns mit Herz und Seele stürzen. Die Selbstdisziplin ist der Hauptschlüssel dazu, aktiv zu werden, was Ihr Motiv und Ihr Ziel in Erfolg umwandelt.

TEIL II

AUS NIEDERLAGEN LERNEN JEDE WIDRIGKEIT BIRGT DEN SAMEN EINES GLEICHWERTIGEN VORTEILS IN SICH

Der Antrieb unseres Denkens ist mentales Dynamit, und es kann so konstruktiv organisiert und eingesetzt werden, dass bestimmte Ziele erreichbar sind. Wird es nicht durch geführte Handlungen organisiert und eingesetzt, kann es zu einem mentalen Sprengstoff werden, der die Hoffnungen auf Erfolg zerstört und zum unvermeidlichen Scheitern führt.

– Andrew Carnegie

Aus Niederlagen lernen

Jede Widrigkeit birgt den Samen eines gleichwertigen Vorteils in sich

Zwei wichtige Fakten stechen deutlich heraus:

1. Die Umstände des Lebens sind dergestalt, dass jeder unvermeidlich scheitert, auf die eine oder andere Weise, das eine oder das andere Mal.
2. Jede Widrigkeit birgt den Samen eines gleichwertigen Vorteils in sich!

Suchen Sie, wo Sie wollen, aber Sie werden keine einzige Ausnahme zu einem dieser beiden Umstände finden, weder in Ihrer Erfahrung noch in der von anderen.

Die Aufgabe dieses Kapitels ist daher, zu beschreiben, wie Niederlagen genutzt werden können, um »den Samen eines gleichwertigen Vorteils« zu liefern, zu erklären, wie dieser zu einem Sprungbrett für größere Erfolge werden kann, und deutlich zu machen, dass es nicht nötig ist, Niederlagen als parate Entschuldigung für Misserfolge zu akzeptieren.

Dieses Kapitel beginnt im Arbeitszimmer von Andrew Carnegie. Lehnen Sie sich zurück und erfahren Sie, was der große Stahl-Tycoon über Niederlagen dachte.

Hill:

Mr. Carnegie, vorhin haben Sie gesagt, dass nur wir selbst unserer mentalen Kapazität Grenzen setzen, und das dadurch erklärt, dass eine Niederlage in einen unbezahlbaren Trumpf umgewandelt werden kann, wenn man ihr mit der richtigen Einstellung begegnet. Können Sie uns nun erklären, was die richtige Einstellung ist?

Carnegie:
Zuerst möchte ich feststellen, dass die richtige Einstellung gegenüber der Niederlage ist, nicht zu akzeptieren, dass sie mehr ist als etwas Vorübergehendes, und diese Haltung können wir am besten einnehmen, wenn wir eine solche Willenskraft entwickeln, dass wir die Niederlage als Herausforderung zur Prüfung unserer Resilienz betrachten. Diese Herausforderung sollte als Signal akzeptiert werden, das bewusst gegeben wurde, um uns darüber in Kenntnis zu setzen, dass unsere Pläne nachgebessert werden müssen.

Eine Niederlage sollte man ebenso betrachten wie das unschöne Erlebnis körperlicher Schmerzen. So informiert uns die Natur darüber, dass eine Sache Aufmerksamkeit erfordert. Schmerzen können also ein Segen sein und sind nicht als Fluch zu betrachten!

Dasselbe gilt für die mentale Anspannung, die wir spüren, wenn wir scheitern. Das Gefühl, so unerfreulich es sein mag, ist dennoch auch vorteilhaft, weil es uns als Signal dient und uns davon abhält, uns in die falsche Richtung zu bewegen.

Hill:
Ich erkenne Ihre Logik, aber manche Niederlagen sind so eindeutig und heftig, dass sie unseren Antrieb und unsere Selbstständigkeit vernichten. Was ist in so einem Fall zu tun?

Carnegie:
Hier kommt uns das Prinzip der Selbstdisziplin zu Hilfe. Disziplinierte Menschen gestatten es keinem Umstand, den Glauben an sich selbst zu zerstören, und nichts hält sie davon ab, ihre Pläne zu ändern und sich vorwärtszubewegen, wenn sie eine Niederlage erleiden.

Hill:
Ich nehme an, eine Niederlage sollte als eine Art mentale Stärkung angenommen werden, die dazu dienen kann, unsere Willenskraft anzuregen. Ist das die Idee dahinter?

Carnegie:
Das haben Sie richtig gesagt. Jede negative Emotion kann in konstruktive Stärke verwandelt und für das Erreichen wünschenswerter Ziele eingesetzt werden. Selbstdisziplin ermöglicht uns, unschöne Emotionen zu einer Antriebskraft umzuwandeln, und jedes Mal, wenn das passiert, hilft uns das bei der Entwicklung unserer Willenskraft.

Denken Sie auch daran, dass der unterbewusste Verstand unsere »mentale Einstellung« akzeptiert und nach dieser handelt. Wenn eine Niederlage als dauerhaft angesehen wird anstatt als reine Stimulation dafür, etwas zu unternehmen, agiert das Unterbewusstsein entsprechend und macht sie zu etwas Dauerhaftem. Erkennen Sie jetzt, wie wichtig es ist, dass wir uns angewöhnen, in *jeder* Form der Niederlage das Gute, das ihr innewohnt, zu suchen? Dieses Vorgehen wird die beste Trainingsform für die Willenskraft und dient gleichzeitig dazu, das Unterbewusstsein für sich selbst aktiv werden zu lassen.

Egal wie viele Niederlagen du erleidest, du bist geboren, um zu siegen.
– Ralph Waldo Emerson

Hill:
Ja, natürlich! Sie meinen, dass das Unterbewusstsein unsere mentale Einstellung zu ihrer logischen Schlussfolgerung führt, egal welcher Umstand sie auf den Plan ruft?

Carnegie:
Ja, aber Sie haben nicht das ganze Ausmaß des Themas erfasst. Das Unterbewusstsein antwortet immer auf die in unserem Verstand vorherrschenden Gedanken. Überdies hat es sich angewöhnt, schnell auf die am häufigsten wiederholten Gedanken zu reagieren. Wenn wir es uns zum Beispiel zur Gewohnheit machen, Niederlagen negativ abzuspeichern, macht das Unterbewusstsein denselben Fehler und bildet ähnliche Gewohnheiten.

Unsere mentale Einstellung zur Niederlage wird irgendwann zur Gewohnheit, und zwar zu einer, die kontrolliert werden muss, wenn wir aus der Niederlage einen Trumpf statt eine Bürde machen wollen. Sie haben bestimmt schon Menschen getroffen, die durch ihre unmittelbaren Reaktionen Niederlagen automatisch zu akzeptieren scheinen und so zu eingefleischten Pessimisten werden.

Hill:
Ja, ich verstehe, was Sie meinen. Der »Samen des gleichwertigen Vorteils«, der in jedem Widerstand zu finden ist, besteht in der Möglichkeit, die wir haben, die Erfahrung dazu zu nutzen, unsere Willenskraft zu entwickeln, indem wir die Widrigkeit als mentales Stimulans annehmen, etwas zu unternehmen. Entspricht das Ihrer Idee, Mr. Carnegie?

Carnegie:
Das spiegelt die Idee teilweise wider, aber Sie haben nicht erwähnt, dass wir durch die Akzeptanz einer Niederlage mit positiver mentaler Einstellung das Unterbewusstsein derart beeinflussen, dass es sich angewöhnt, es ebenso zu machen. Nach einer Weile wird das eine ständige Angewohnheit, und von da an wird das Unterbewusstsein nur widerwillig etwas anderes als eine positive Einstellung akzeptieren.

Mit anderen Worten, das Unterbewusstsein kann darauf trainiert werden, alle negativen Erfahrungen in einen Antrieb umzuwandeln, der Inspiration zu mehr Anstrengung ist. Das ist der Punkt, den ich hervorheben möchte.

Anmerkung des Herausgebers:

Der frühere US-Navy-SEAL-Kommandeur Jocko Willink verwendete eine simple Antwort, um das Mindset der unter seinem Befehl stehenden Soldaten zu verändern. Wann immer einer von ihnen sich bei ihm über eine Verletzung, Widrigkeit oder eine schwierige Gegebenheit beklagte, antwortete Willink: »Gut!«

»Wenn die Dinge schlecht laufen«, erklärte Willink auf seinem Podcast, »gibt es immer etwas Gutes, das daraus entsteht.« Ein kleines Wort half dabei, die absolute Wahrheit zu enthüllen, dass jedes Problem nur eine Gelegenheit dafür ist, eine Lösung zu ersinnen, und genau da entsteht wahres Wachstum. Je mehr Lösungen Sie zur Verfügung haben, desto wahrscheinlicher werden Sie bei Ihrem Vorhaben Erfolg haben, egal ob auf dem Schlachtfeld oder in der Führungsetage. »Wenn Sie das Wort ›gut‹ sagen können, heißt das, dass Sie noch am Leben sind«, erläuterte Willink seinen Führungsstil. »Es bedeutet, dass Sie noch atmen. Und wenn Sie noch atmen, haben Sie noch nicht aufgegeben.«

Wenn Sie vor Ihrem nächsten Problem stehen, geben Sie nicht auf. Sehen Sie es stattdessen als inspirierenden Hinweis darauf, dass es Zeit ist, Ihre Anstrengung zu vergrößern.

Hill:
Scheinbar gibt es kein Entkommen vor dem Gesetz, dass man sich Verhaltensweisen zur Gewohnheit macht. Wenn ich Sie richtig verstehe, Mr. Carnegie, kann Scheitern eine Angewohnheit werden.

Carnegie:
Nicht nur Scheitern kann eine Angewohnheit werden, das Gleiche gilt für Armut, Sorgen und Pessimismus in jeglicher Form. Jeder Bewusstseinszustand, egal ob positiv oder negativ, wird in dem Moment zur Gewohnheit, in dem er anfängt, den Verstand zu beherrschen.

Hill:
Armut habe ich noch nie als Angewohnheit betrachtet.

Carnegie:
Überlegen Sie mal: Es ist eine Angewohnheit! Wenn irgendjemand den Zustand der Armut akzeptiert, wird dieser Geisteszustand zur Gewohnheit, und die Person ist und bleibt arm.

Hill:

Was meinen Sie mit »Armut akzeptieren«? Wie zeigt sich die Akzeptanz eines so wenig wünschenswerten Zustands wie Armut in einem Land wie dem unseren, in dem es jeglichen Reichtum in Hülle und Fülle gibt?

Carnegie:

Wir akzeptieren Armut, weil wir keinen Plan machen, um zu Wohlstand zu gelangen. Es mag sein, dass wir, wie es häufig der Fall ist, nichts aktiv dazu beitragen, und es uns nur an einem eindeutigen Zweck mangelt. Vielleicht sind wir uns dieser Akzeptanz gar nicht bewusst, aber das Ergebnis ist dasselbe. Unser Unterbewusstsein handelt gemäß unserer vorherrschenden mentalen Einstellung.

Scheitern ist so wichtig.
Die ganze Zeit sprechen wir über Erfolg,
aber die Fähigkeit, sich dem Scheitern entgegenzustellen oder
es für sich zu nutzen, führt oft zu größerem Erfolg.
Ich habe Menschen getroffen, die aus Angst,
zu scheitern, nichts wagen wollen.
– J. K. Rowling

Hill:

Demnach ist Erfolg auch eine Angewohnheit?

Carnegie:

Jetzt haben Sie's! Natürlich ist Erfolg eine Angewohnheit. Wir machen ihn dazu, indem wir ein klares Ziel verfolgen, uns einen Plan für die Erreichung dieses Ziels zurechtlegen und uns mit Feuereifer an seine Umsetzung machen. Darüber hinaus kommt uns unser Unterbewusstsein zur Hilfe und liefert uns inspirierende Ideen, durch welche das Ziel unseres Bestrebens erreicht werden kann.

Hill:

Stimmt es dann also, dass die, die in Armut geboren wurden, nichts als Armut sehen oder hören und täglich mit denen zu tun haben, die die Armut akzeptiert haben, sich von Anfang an doppelt anstrengen müssen?

Carnegie:

Das ist völlig korrekt, aber denken Sie jetzt nicht, dass man an so einem Umstand nichts ändern kann! Denn es ist eine allgemein bekannte Tatsache, dass die meisten erfolgreichen Menschen in Amerika unter genau solchen Voraussetzungen, wie Sie sie beschrieben haben, geboren wurden.

Hill:

Hm, was können wir tun, um die Voraussetzungen, die dazu führen, dass in unserem Land die meisten Kinder in einem Umfeld der Armut auf die Welt kommen, zu verändern? Gibt es niemanden, der dafür verantwortlich ist, diese Voraussetzungen zu ändern? Sollen hilflose Kinder ihrem Schicksal überlassen sein, einfach nur, weil sie in der falschen Umgebung auf die Welt kamen?

Carnegie:

Jetzt stoßen Sie zum Kern der Sache vor. Das hatte ich im Sinn, als ich Sie damit beauftragt habe, diese Erfolgsphilosophie zu strukturieren, und es freut mich, zu sehen, wie enthusiastisch Sie angesichts dieses vitalen Themas werden. Mein Vorschlag, gegen die Armut vorzugehen, ist es, Sie darauf vorzubereiten, Menschen beim Meistern der Armut zu helfen.

Ich habe es Ihnen schon gesagt, ich gebe das Geld weg, das ich angesammelt habe, aber das ist für keinen Teil des von Ihnen erwähnten Problems die Lösung. Was die Menschen brauchen, ist nicht das Geschenk des Geldes, sondern ein Geschenk des Wissens, mit dem sie selbstbestimmt werden können. Hierzu gehört nicht nur das Anhäufen von Geld, viel wichtiger ist es, dass sie lernen, in ihren Beziehungen mit anderen glücklich zu werden.

Amerika ist das begehrenswerteste Land, das die Zivilisation je hervorgebracht hat, aber es ist noch viel zu tun, bevor es das Paradies wird, das es werden könnte. Paradies und Armut vertragen sich nicht! Die Seelen der Menschen können nicht wachsen, wenn ihre Mägen leer sind. Der menschliche Fortschritt kann nicht schnell geschehen, wenn die meisten Leute wegen ihrer Angst vor Armut Minderwertigkeitskomplexe haben.

Und ich möchte Sie hier und jetzt darauf aufmerksam machen, dass es für die wenigen Wohlhabenden kein dauerhaftes Glück geben kann, wenn die meisten ihrer Nachbarn weniger zum Leben haben als das Existenzminimum.

Schließen Sie daraus jetzt nicht fälschlicherweise, dass ich ein System befürworte, indem wir alle sozialistisch werden und unsere Besitztümer mit unseren Nachbarn teilen. Das würde die Voraussetzungen für Armut nicht verändern, denn wir wissen ja, dass Armut ein Geisteszustand, eine Gewohnheit, ist! Materielle Geschenke werden niemanden vor Armut schützen. Die Veränderung passiert im Kopf, also muss man die Menschen dazu inspirieren, ihren Verstand zu benutzen: kreativ zu werden und etwas Sinnvolles zu tun, um zu erhalten, was sie sich wünschen.

Diese Art Geschenk kann niemandem schaden und ist genau das, was ich Sie dem amerikanischen Volk geben lassen möchte.

Hill:
Sie glauben also, dass wir den größtmöglichen materiellen Wohlstand nur erlangen können, wenn wir ihn uns selbst verdienen. Ist das Ihre Idee, Mr. Carnegie?

Carnegie:
Genau! Das höchste Ziel der Menschen ist ein Bewusstseinszustand, der als Glück bekannt ist. Ich habe noch nie von jemandem gehört,

der anhaltendes Glück findet, ohne anderen etwas Gutes getan zu haben. Wissen Sie, das Erreichen von Wohlstand, wenn es mit dem richtigen Antrieb geschieht, stellt uns nicht nur die Notwendigkeiten und Annehmlichkeiten zur Verfügung, die wir brauchen, sondern es führt auch dazu, dass wir unseren Tätigkeiten mit Freude nachgehen. Es liegt in der Natur der Menschen, etwas bauen, erschaffen und in sich selbst verwirklichen zu wollen, materiellen Wohlstand zu besitzen, der über die reine Notwendigkeit hinausgeht, und in dem Maße Glück zu erleben, wie man etwas Gutes getan hat.

Hill:
Das finde ich ziemlich heikel, Mr. Carnegie, aber ich verstehe, was Sie meinen. Besitz und Eigentum materieller Dinge kann nicht glücklich machen, aber die Verwendung dieser Dinge schon. Ist es das, was Sie glauben?

Carnegie:
Nicht nur das, was ich glaube, sondern eine Tatsache! Ich sollte es wissen, denn ich habe beides erlebt. Ich war arm und habe mir meinen Wohlstand erarbeitet. Daher spreche ich aus Erfahrung, wenn ich sage, dass wirklicher Reichtum nicht im Materiellen liegt, sondern in dem, was ich damit anfange. Daher trenne ich mich vom Großteil meines materiellen Wohlstands. Aber wohlgemerkt, ich gebe ihn nicht an Menschen, ich platziere ihn da, wo er Menschen inspirieren kann, *sich selbst* zu helfen.

Hill:
Ist das Ihre Idee, das amerikanische Volk mit einer praktischen Philosophie auszustatten, die ihm dabei hilft, so wie Sie durch eigene Anstrengung Reichtümer zu erwerben?

Carnegie:
Das ist der einzige sichere Weg für jeden, irgendetwas zu erreichen!

Mein Ziel ist es, das amerikanische Volk mit einer Philosophie auszustatten, die es erfolgsbewusst macht. Soweit ich weiß, kann man nur auf diese Weise das Armutsbewusstsein, von dem Sie gesprochen haben, meistern. Es kann sicher nicht durch ein System, das materielle Dinge schenkt, eliminiert werden. Ein solches System würde die Menschen nur weich und noch abhängiger machen.

Was dieses Land braucht, ist eine Philosophie, die der der Pioniere ähnelt, die dieses Land besiedelt haben – eine Philosophie der Entschlossenheit, die jedem Einzelnen einen Anreiz gibt, selbst wohlhabend zu werden, und ein praktisches Werkzeug, um dieses Ziel zu erreichen.

Hill:
Heißt das, Sie glauben nicht an Barmherzigkeit, Mr. Carnegie?

Carnegie:
Natürlich glaube ich an Barmherzigkeit, aber beachten Sie, dass die vernünftigste Barmherzigkeit die ist, die Menschen hilft, sich selbst zu helfen. Diese Art der Hilfe fängt da an, wo sie Menschen hilft, ihre Denkweise zu strukturieren. Jeder normale Verstand trägt sowohl den Samen des Erfolgs als auch den des Misserfolgs in sich. Meine Vorstellung von Barmherzigkeit ist ein System, das Erfolge wachsen und Misserfolge schrumpfen lässt.

Ich glaube, man sollte nur materielle Dinge verschenken, wenn die Personen aufgrund einer geistigen oder körperlichen Behinderung nicht in der Lage sind, sich selbst zu helfen. Aber wir machen oft den Fehler, körperliche Behinderung durch Geschenke anzuerkennen, und ignorieren dabei die Möglichkeit, diese Menschen zur Anwendung ihres Verstandes zu ermutigen. Ich kenne viele Leute, deren körperliche Beschwerden es rechtfertigen würden, dass sie Barmherzigkeit erwarten, aber sie lehnen diese Hilfe ab, weil sie ihr Geld durch den Einsatz ihres Verstandes verdienen. So entgehen sie der Demütigung, Hilfe von anderen annehmen zu müssen.

Der einzige einfache Tag war gestern.
– US Navy SEALs

Hill:
Aber Sie glauben schon, dass Armenhäuser für die Alten und Bedürftigen, die ihren Unterhalt nicht selbst finanzieren können, eine gute Sache sind?

Carnegie:
Nein – ganz und gar nicht! Allein schon das Wort »Armenhaus« ruft Assoziationen hervor, die zur Entwicklung von Minderwertigkeitskomplexen führen.

Ich glaube jedoch an ein Prinzip, das den Alten und Bedürftigen einen Ausgleich bietet, vorausgesetzt, der Einzelne kann in einem Umfeld leben, das er sich selbst ausgesucht hat.

Es sollte ein sorgfältig überwachtes System einer wöchentlichen oder monatlichen finanziellen Unterstützung geben, bei dem die Person in ihrem häuslichen Umfeld bleiben kann. Es sollte aber nicht bei einer rein finanziellen Zuwendung bleiben. Es sollte eine Art der mentalen Aktivität fördern, wenn die Person geistig fit ist, und wenn es nur Lesen ist. Es ist das Schlimmste, das man jemandem antun kann, ihm kein »geistiges Futter« zu geben, sodass er für alle Zeiten faul wird. Immer wenn ich höre, dass Leute in den »Ruhestand« gehen, bedauere ich sie, weil ich weiß, dass sie nicht dafür gemacht sind, faul zu sein, solange sie einen funktionierenden Geist besitzen. Ich weiß auch, dass kein fauler Mensch glücklich ist.

Hill:
Dann halten Sie auch nichts vom Gefängnisprinzip, das Leute ihrer Freiheit beraubt, ohne ihnen angemessene Gelegenheiten zu bieten, ihren Geist und ihren Körper konstruktiv zu nutzen?

Carnegie:

Nein, tue ich nicht! Dieses Prinzip ist brutal, denn manche Menschen haben kriminelle Tendenzen, und man kann ihnen nicht trauen. Jedes Gefängnis sollte Geist und Körper vielfältige Aktivitäten ermöglichen. Durch Bestrafung oder Faulheit werden Inhaftierte nicht verändert, das passiert nur durch sorgfältig angeleitete Tätigkeiten, wenn es sein muss, erzwungenermaßen, was zur Entwicklung der richtigen Angewohnheiten führt.

Die Geißel unseres Gefängnissystems ist die Tatsache, dass es allgemein als eine Form der »Bestrafung« und nicht zur Wiederherstellung verwendet wird! Sie können jemanden in die Normalität zurückholen, wenn Sie seine Denkweise verändern. Das gilt sowohl für die, die ihre Strafe abgesessen haben, als auch für die, die noch in Haft sind.

Es gibt Millionen Menschen in imaginären Gefängnissen, die keines Verbrechens beschuldigt wurden. Sie sind Gefangene ihres Geistes, durch ihre selbst gezogenen Grenzen, weil sie Armut und zeitweise Niederlagen akzeptieren. Diese Art Gefangene möchte ich durch die Erfolgsphilosophie befreien.

Hill:

Ich habe freie Menschen nie als Gefangene angesehen, aber nach Ihrer Analyse trifft das auf viele zu.

Carnegie:

Ja, und das Schlimmste an dieser Geschichte ist, dass Millionen dieser Unglückswürmer kleine Kinder sind, die in dieses Gefängnis hineingeboren wurden – Kinder, die nicht um ihre Geburt gebeten haben, aber trotzdem hier sind, in einem so mächtigen und tödlichen Gefängnis wie jedem, das aus Eisenstangen und Steinmauern errichtet wurde. Diese kleinen Gefangenen müssen gerettet werden! Die Rettung muss damit beginnen, dass wir sie erwecken und über die Macht ihres eigenen Verstandes in Kenntnis setzen.

Erfinden wir lieber das Morgen, als uns Sorgen über das zu machen, was gestern passiert ist.
– Steve Jobs

Hill:
Wo und wie soll diese Erweckung stattfinden, Mr. Carnegie?

Carnegie:
Sie sollte zu Hause beginnen und auch als Teil des öffentlichen Schulsystems weitergeführt werden. Aber in dieser Richtung wird nichts passieren, solange niemand einen konkreten Plan entwickelt, der öffentliche Unterstützung erfährt.

Hill:
Und Sie glauben, es gibt einen landesweiten Bedarf an einer zusätzlichen Erziehungsform, die den Schulkindern die Grundlagen dessen, was sie erreichen können, je nach ihrem persönlichen Antrieb, beibringt?

Carnegie:
Das ist eines der Dinge, die Amerika am nötigsten hat. Merken Sie sich, was ich Ihnen jetzt sage: Wenn ein solches System nicht eingeführt wird, wird die Zeit kommen, und zwar sehr bald, wo dieses Land nicht mehr das Land der Pioniere sein wird, das es früher war. Die Menschen werden sich nicht mehr um Gelegenheiten scheren; sie werden aufhören, aus eigenem Antrieb heraus zu handeln; sie werden leichte Beute für selbst die leichteste Form der Niederlage werden.

Hill:
Sie denken also, dass Sparsamkeit und Selbstbestimmung Eigenschaften sind, die in der Schule unterrichtet werden sollten?

Carnegie:
Ja, und zu Hause auch. Das Problem bei den meisten Familien ist aber, dass die Eltern diese Art Unterricht ebenso nötig haben wie die Kinder. Die Eltern sind die Hauptverantwortlichen, denn sie beeinflussen die Kinder bei der Akzeptanz der Armut maßgeblich. Es ist nur natürlich, dass Kinder alle Umstände hinnehmen, die ihre Eltern hinnehmen.

Hill:
Selbstdisziplin sollte also zu Hause beginnen und von den Eltern in Form von Sparsamkeit, Ehrgeiz und Selbstvertrauen demonstriert werden?

Carnegie:
Ja, denn zu Hause erhält das Kind den ersten Eindruck vom Leben, und dort wird oft das Scheitern zur Angewohnheit, die ein Leben lang bleibt. Verfolgen Sie das Leben irgendeiner erfolgreichen Person zurück, und Sie werden feststellen, dass sie irgendwann, vermutlich in der frühen Kindheit, von einer erfolgsbewussten Person beeinflusst wurde, vielleicht einem Familienmitglied oder nahen Verwandten.

Diejenigen, die ein Erfolgsbewusstsein entwickeln, lassen sich dieses selten von Niederlagen schmälern. Man könnte sagen, dass Erfolgsbewusstsein einem eine Art Immunität gegen jegliche Form des Scheiterns verleiht.

Hill:
Mr. Carnegie, aus Ihren zahlreichen und vielfältigen Erlebnissen mit Menschen müssen Sie die Erkenntnis gewonnen haben, was die Hauptursachen von Misserfolgen sind?

Carnegie:
Ja, dazu wollte ich in wenigen Minuten kommen, denn es ist essenziell, dass eine praktische Philosophie persönlichen Erfolgs sowohl die Ursachen für Erfolg als auch für Misserfolg beinhaltet. Es wird

Sie überraschen, aber es gibt mehr als doppelt so viele Ursachen für Misserfolg wie für Erfolg.

Hill:
Werden Sie diese Ursachen in der Reihenfolge ihrer Bedeutung nennen?

Carnegie:
Nein, das wäre nicht zu bewerkstelligen, aber ich werde einige nennen und an den Anfang der Liste setze ich die häufigste aller Ursachen für Misserfolg:

1. Die Angewohnheit, sich ohne klares Ziel durchs Leben treiben zu lassen. Das ist eine der Hauptursachen für Misserfolge, weil sie zu anderen Ursachen führt.
2. Ungünstige körperliche genetische Veranlagung. Das ist die einzige Ursache für Misserfolg, die nicht beseitigt werden kann, doch selbst hier gibt es für kluge Köpfe die Chance auf Erfolg.
3. Die Angewohnheit, sich in die Angelegenheiten anderer Leute einzumischen, was eine Verschwendung von Zeit und Energie bedeutet.
4. Unzulängliche Ausbildung für die Arbeit, die jemand macht, beispielsweise eine nicht ausreichende Schulbildung.
5. Der Mangel an Selbstdisziplin, der sich meist durch zu viel Essen, Alkohol und Sex zeigt.
6. Gleichgültigkeit gegenüber Gelegenheiten, voranzukommen.
7. Der Mangel an Ehrgeiz, sich Ziele oberhalb der Mittelmäßigkeit zu stecken.
8. Schlechte Gesundheit, oft verursacht durch falsches Denken, falsches Essen und zu wenig Sport.
9. Ungünstige Umwelteinflüsse in frühester Kindheit.
10. Mangelnde Ausdauer, etwas zu Ende zu bringen, was man angefangen hat (hauptsächlich aufgrund des Fehlens eines klaren Ziels und mangelnder Selbstdisziplin).

11. Die Angewohnheit, dem Leben gegenüber eine negative mentale Einstellung zu haben.
12. Mangelnde Kontrolle über die Emotionen durch absichtliche und wohltätige Angewohnheiten.
13. Der Wunsch, etwas zu bekommen, ohne etwas zu geben, was sich meist beim Glücksspiel und in anderen unehrenwerten Angewohnheiten zeigt.
14. Entscheidungsunfähigkeit und Unbestimmtheit.
15. Eine oder mehr der sieben Grundängste: Angst vor Armut, vor Kritik, vor schlechter Gesundheit, vor Verlust von Liebe, vor dem Alter, vor Verlust von Freiheit und vor dem Tod.
16. Die Wahl des falschen Ehepartners.
17. Zu viel Vorsicht in geschäftlichen und beruflichen Beziehungen.
18. Zu vieles dem Zufall überlassen.
19. Die Wahl falscher Geschäftspartner.
20. Falsche oder gar keine Berufswahl.
21. Mangel an konzentriertem Aufwand, der zur Verschwendung von Zeit und Energie führt.
22. Die Angewohnheit, verschwenderisch zu sein, ohne Kontrolle über Einkommen und Ausgaben.
23. Die Unfähigkeit, ein Budget zu verwalten und Zeit effektiv zu nutzen.
24. Mangel an kontrolliertem Enthusiasmus.
25. Intoleranz – ein unflexibler, ignoranter und vorurteilsbelasteter Geist in Bezug auf Religion, Politik und Wirtschaft.
26. Die Unfähigkeit, mit anderen harmonisch zu kooperieren.
27. Ein Verlangen nach Wohlstand, der nicht selbst erarbeitet wurde oder auf Leistung basiert.
28. Mangel an Loyalität, wo diese vonnöten ist.
29. Unkontrollierter Egoismus und Eitelkeit.
30. Übertriebene Selbstsucht.
31. Die Angewohnheit, Meinungen zu bilden und Pläne zu machen, ohne diese faktisch zu untermauern.

32. Mangel an Vision und Vorstellungskraft.
33. Unfähigkeit, sich mit denen zu verbünden, deren Erfahrung, Bildung und angeborene Talente benötigt werden.
34. Unfähigkeit, die Existenz der Macht der Unendlichen Intelligenz anzuerkennen und sich ihr anzupassen.
35. Profane Ausdrucksweise, die von einem unklaren und undisziplinierten Verstand und einem unzulänglichen Vokabular zeugt.
36. Sprechen, ohne vorher nachgedacht zu haben. Zu viel reden.
37. Habgier, Rache und Gier.
38. Die Angewohnheit des Hinauszögerns, die oft auf schlichter Faulheit basiert, aber generell daraus resultiert, dass auf kein klares großes Ziel hingearbeitet wird.
39. Schlecht über andere Leute sprechen, egal ob mit oder ohne Grund.
40. Unwissen über die Macht der Gedanken und mangelnde Kenntnis der Prinzipien, nach denen der Verstand arbeitet.
41. Mangelnder persönlicher Antrieb, meist aufgrund des fehlenden klaren großen Ziels.
42. Mangelnde Selbstständigkeit, die auch auf das Fehlen eines Antriebs hin zu einem klaren großen Ziel zurückzuführen ist.
43. Mangelndes Vertrauen in sich selbst, in die Zukunft, in seine Mitmenschen, in Gott.
44. Keine anziehende Persönlichkeit.
45. Unfähigkeit, Willenskraft durch bewusste, kontrollierte Gedanken zu entwickeln.

Das sind nicht alle Ursachen fürs Scheitern, aber sie stehen für den Großteil von ihnen. Sie alle, außer Nummer 2, können eliminiert oder durch die Anwendung der Definition eines großen Ziels und die Beherrschung der Willenskraft beeinflusst werden. Man könnte also sagen, dass die erste und die letzte dieser Ursachen, bis auf eine, alle anderen beeinflussen.

Anmerkung des Herausgebers:

Ich bin total beeindruckt, wie effizient Carnegie und Hill mit einer einfachen Liste genau den Kern der Sache treffen können. Lesen Sie all diese Gründe, und ich bin sicher, Ihnen fallen Menschen in Ihrem Leben ein, die einen oder mehrere dieser Gründe verkörpert haben, was sie in irgendeiner Form scheitern ließ. Vielleicht können Sie sich an Zeiten in Ihrem Leben erinnern, in denen Sie nicht die Ergebnisse erzielten, die Sie sich gewünscht haben, privat oder beruflich, und nun können Sie eine genau Diagnose dessen, was schiefgelaufen ist, stellen.

Der beste Teil? Die Lösung zu jeder Schwäche ist im Allgemeinen ihr Gegenteil – das macht diese Liste so kraftvoll. Die Straße zum Erfolg mag einfach sein, wie die Liste uns zeigt, aber sie ist nicht leicht zu finden. Die Anwendung beharrlicher Willenskraft, um ein klares Ziel zu erreichen, ist es, was uns ermöglicht, unsere Ziele zu erreichen, weil sie uns den Antrieb liefert, uns zu erheben, wenn sich uns unvermeidliche Widrigkeiten in den Weg stellen.

Hill:

Meinen Sie, dass man sich, wenn man die erste und die letzte dieser 45 Ursachen für Misserfolg eliminiert hat, auf der Straße zum Erfolg befindet?

Carnegie:

Ja. Wenn jemand ein klares Ziel verfolgt und seine Willenskraft so organisiert hat, dass sie die Kraft des Verstandes lenkt, würde ich sagen, diese Person ist schon im Blickkontakt mit dem Erfolg.

Hill:

Aber diese beiden Prinzipien allein genügen nicht, um einen vor einer Niederlage zu schützen, richtig, Mr. Carnegie?

Carnegie:
Nein, aber sie sind ausreichend, um einen bereit für einen erneuten Versuch zu machen und die eigenen Pläne weiterzuverfolgen. Wie ich gesagt habe, Selbstdisziplin bedeutet, dass ein Einzelner keine Niederlage als etwas anderes als eine temporäre Erfahrung ansehen wird, die als Initialzündung für mehr Anstrengung dient.

Der sicherste Weg zum Erfolg ist immer,
es mehr als einmal zu versuchen.
– Thomas Edison

Hill:
Nehmen wir an, die Niederlage hat ernsthafte körperliche Auswirkungen – zum Beispiel der Verlust von Beinen oder Händen oder ein Schlaganfall, der eine Person einschränkt oder ihr ihre Bewegungsfreiheit sogar vollständig nimmt. Wäre das nicht eine ernsthafte Behinderung?

Carnegie:
Das wäre sicherlich ein Handicap, muss aber nicht zwangsläufig als dauerhafte Niederlage angenommen werden. Manche der erfolgreichsten Menschen, die die Welt je gesehen hat, hatten ihre größten Erfolge, nachdem sie körperlich versehrt wurden. Auch hier möchte ich Sie daran erinnern, dass das Prinzip des Masterminds ausreichend ist, jemanden mit sämtlichem der Menschheit zugänglichem Wissen auszustatten, und das kann so eingesetzt werden, dass es die gesamte körperliche Anstrengung ersetzt.

Hill:
Ja, natürlich! Also wenn es Menschen nicht gelingt, das Prinzip des Masterminds anzuwenden, können sie aufgrund ihrer eigenen Nachlässigkeit besiegt werden, da es ein Mittel gibt, das ihnen zugänglich ist?

Carnegie:

Das haben Sie richtig verstanden. Das Prinzip Mastermind kann stellvertretend für alles verwendet werden, die Nutzung des Gehirns ist da die einzige Ausnahme. Solange Menschen denken können, können sie dieses Prinzip anwenden. Und manchmal kommt es vor, dass Menschen die Möglichkeiten ihres eigenen Verstandes erst entdecken, wenn sie eine wichtige Körperfunktion einbüßen. In diesen Fällen kann man ihre körperliche Behinderung als versteckten Segen bezeichnen.

Ich kenne einen Blinden, der einer der erfolgreichsten Musiklehrer der USA, wenn nicht der ganzen Welt ist. Vor seiner Erblindung verdiente er sein Geld als Mitglied eines Orchesters. Seine Behinderung eröffnete ihm ganz andere Möglichkeiten mit einem viel höheren Einkommen.

Helen Keller nutzte ihre Behinderung, um eine von Amerikas erfolgreichsten Frauen zu werden.

Hill:

Die Widrigkeiten waren also ihr versteckter Segen?

Carnegie:

Ja, und manchmal ist er gar nicht so versteckt. Wenn eine körperliche Behinderung den Effekt hat, dass Menschen mehr Willenskraft entwickeln, kann es, und das ist meistens der Fall, ein offensichtlicher Segen sein. Es hängt alles von der Haltung ab, die Menschen ihrem Handicap gegenüber einnehmen. Wenn sie wirklich Selbstdisziplin haben, werden sie es auf irgendeine Weise zum Trumpf machen.

Anmerkung des Herausgebers:

Vor einigen Jahren interviewte ich den Militärveteran Todd Love, dessen Fähigkeit, eine Widrigkeit in einen Segen umzuwandeln, außergewöhnlich war. Während seines Einsatzes in Afghanistan führte der 20-jährige Love seine Truppe auf ein leeres Gelände.

In seiner rechten Hand hielt er das Sturmgewehr Colt M4 Carbine, in der linken einen Metalldetektor. Todd trat auf ein IED, eine unkonventionelle Spreng- und Brandvorrichtung, und die Detonation warf ihn 15 Fuß nach hinten. Das IED bestand aus metallarmem Kupfer, weshalb sein Metalldetektor nicht angeschlagen hatte.

Loves erste Erinnerung nach dem Vorfall war, wie er in Deutschland im Krankenhaus erwachte. Er hatte starke Schmerzen und nahm an, dass er auf einem IED gestanden hatte, aber da er unter starken Schmerzmitteln stand, wurde ihm das Ausmaß seiner Verletzungen nicht bewusst.

Einige Tage später, als er zur weiteren Behandlung in die USA gebracht worden war, sagte Love: »Ich wurde neugierig und griff nach meinem Bein, aber es war einfach nicht da. Ich fühlte nur das Krankenhausbett.« Kurz darauf begriff er, dass seine beiden Beine durch die Explosion weggerissen worden waren.

Eine seiner Hände war bandagiert, und sie war so stark zerstört, dass die Ärzte eine Amputation am Ellbogen empfahlen. Love hielt sich an den Rat der Ärzte und hatte schließlich nur noch ein vollständiges Gliedmaß. Sein Körper war im wahrsten Sinne des Wortes in Stücke gerissen worden.

Wäre es nicht völlig verständlich gewesen, wenn Love die Welt gehasst und sein restliches Leben voller Selbstmitleid verbracht hätte? Ja, absolut, aber so weit ließ es Love nicht kommen. Der selbst erklärte Adrenalin-Junkie ist fanatischer Skydiver geworden und hat sogar fünf Mal am Spartan Race, einem äußerst strapaziösen Hindernislauf, teilgenommen. Eine Bildersuche im Netz nach »Todd Love« zeigt ein Mosaik von Inspiration und Courage.

Love beschreibt seinen Unfall als »Segen«. Er erklärte mir: »Ich begann wieder, das Leben zu lieben. Obwohl ich vor diesen Hindernissen stand, begann ich, all die Menschen, die ich wirklich liebe und die mir wichtig sind, richtig zu beachten. Darum geht es im Leben. Jeder macht in seinem Leben gerade irgendetwas durch. Meine Verletzungen sind offensichtlich für mich, aber wir alle haben es mit verschiedenen Hindernissen im Leben zu tun. Worauf es ankommt, ist, positiv zu bleiben und sich auf das zu konzentrieren, was wir kontrollieren können.«

Obwohl sein Körper beschädigt worden war, konnte Love einen Blickwinkel behalten, der mehr als seine Umstände erfasste. Wie Carnegie uns vorhin ins Gedächtnis rief: »Manchmal kommt es vor, dass Menschen die Möglichkeiten ihres eigenen Verstandes erst entdecken, wenn sie eine wichtige Körperfunktion einbüßen. In diesen Fällen kann man ihre körperliche Behinderung als versteckten Segen bezeichnen.«

Egal was wir uns selbst vormachen, es gibt nie eine gerechtfertigte Entschuldigung für dauerhaften Misserfolg.

Hill:

Aber ist es nicht so, Mr. Carnegie, dass die meisten Menschen, die ernsthaft körperlich beeinträchtigt sind, ihr Leiden auf negative Weise akzeptieren und als Entschuldigung für Versagen verwenden, statt als Herausforderung, ihren Verstand in Besitz zu nehmen?

Carnegie:

Leider ja, so ist es. Aber ein Drückeberger wird immer eine Ausrede für sein Versagen finden, egal, in welcher körperlichen Verfassung er ist. Und ich würde schätzen, es gibt mehr körperlich unversehrte Drückeberger als Menschen, die aufgrund ihrer körperlichen Beeinträchtigung aufgeben.

In einem Land wie unserem, wo die Möglichkeiten, erfolgreich zu sein, auf jedem Gebiet vielfältig sind, kann es keine zufriedenstellende Entschuldigung für völliges Versagen geben, außer für das, was von Verletzungen des Geistes herrührt.

Helen Keller hat bewiesen, dass der Verlust zwei der wichtigsten der fünf Sinne einen nicht dazu verdammt zu scheitern. Nur durch ihre Willenskraft hat sie ihre beiden körperlichen Beeinträchtigungen überbrückt. Mithilfe des Mastermind-Prinzips bietet sie einen nützlichen Dienst an, indem sie der ganzen Welt die dringend nötige Lektion erteilt, dass der Geist nicht gefangen bleiben muss, auch wenn der Körper stark beeinträchtigt ist. Beethoven demonstrierte nach dem Verlust seines Gehörs Ähnliches.

Manchmal führt der Verlust körperlicher Eigenschaften nur dazu, die mentalen Eigenschaften einer Person zu stärken, und ich habe noch nie jemanden getroffen, der erfolgreich war, ohne größeren Schwierigkeiten in Form einer temporären Niederlage begegnet zu sein und diese gemeistert zu haben. Immer wenn jemand sich nach einer Niederlage wieder berappelt, wird er mental und spirituell stärker. Es kann demnach sein, dass man sein wahres inneres Selbst durch zwischenzeitliche Misserfolge findet.

Wenn Großbritannien während der Amerikanischen Revolution nicht von den Kolonien besiegt worden wäre, hätte es im Zweiten Weltkrieg nicht von der freundlichen Kooperation der USA profitiert.
– Napoleon Hill

Hill:
Vorausgesetzt, sie nehmen die richtige mentale Einstellung gegenüber Misserfolgen ein?

Carnegie:
Selbstverständlich! Nur so kann es funktionieren. Nichts kann der Person, die im Moment des Scheiterns aufgibt, helfen. Im Umkehrschluss kann nichts die Person stoppen, die das Scheitern als Herausforderung akzeptiert, sich mehr anzustrengen. Der Wille, trotz Misserfolg zu leben und zu gewinnen, verleiht einem eine seltsame und unbekannte Kraft, die die Wissenschaft seit je verblüfft.

Diese Art Willen tritt auf, so ungünstig die Umstände auch sein mögen, und stellt einem einen mysteriösen, unsichtbaren Verbündeten an die Seite, der die Umstände nicht als Stolpersteine wahrnimmt, sondern sie in Sprungbretter verwandelt. Jede aufmerksame Person hat das schon mal beobachtet, aber bisher hat niemand die Ursache davon entdeckt.

Hill:
Wäre es besser, nie irgendeine Niederlage erlebt zu haben, oder wäre das abträglich?

Carnegie:
Ich schätze, das menschliche Ego könnte die Eitelkeit nicht ertragen, der es bei einer Person, die niemals einen Misserfolg erlebt hat, ausgesetzt wäre. Ich habe schon oft gedacht, dass ein Misserfolg ein naher Verwandter des Gesetzes der Kompensation ist, über das Emerson (Ralph Waldo, Anm. d. Ü.) schrieb: »Es trägt dazu bei, die Menschen mental im Gleichgewicht zu halten, da es ihnen beweist, dass sie am Ende des Tages doch nur Menschen sind!«

Andererseits scheint es auch, als seien Misserfolge klug arrangierte Pläne, um Menschen zu testen. Ich zog diesen Schluss aus der Tatsache, dass große Führer immer gezwungen schienen, überdurchschnittlich viele persönliche Niederlagen einzustecken. In der Welt der Industrie, in der ich mit Reaktionen auf persönliche Erfahrungen mit Niederlagen bestens vertraut bin, habe ich festgestellt, dass niemand lange eine Führungsrolle innehat, der nicht die nötige Selbstdisziplin entwickelt, um Niederlagen als Herausforderung zu mehr Einsatz anzusehen.

Meine Theorie besagt, dass immer, wenn Menschen Niederlagen als temporär ansehen, sie einen proportionalen Anteil an größerer Kontrolle über ihre Willenskraft erlangen. Daher kann jemand, angeregt durch den Effekt einer Niederlage, einen unbezwingbaren Willen entwickeln. Außerdem kann man nicht leugnen, dass die Beherrschung der Niederlage die Fähigkeit der Zuversicht vergrößert, diesem Bewusstseinszustand, der sämtliche Grenzen des Verstands eliminiert.

Hill:

Dann denken Sie, dass wir die Kraft der Zuversicht nur nutzen können, wenn wir die Angewohnheit, eine Niederlage als dauerhaftes Scheitern anzusehen, überwinden?

Carnegie:

Ja, das denke ich. Die Zuversicht ist ein Bewusstseinszustand, bei dem Menschen in ihren Gedanken so gelenkt zu werden scheinen, dass sich ihnen unerreichte Ziele offenbaren, selbst wenn sie keine materiellen Beweise haben, um diese Annahme zu stützen. Solange ihr Verstand durch die Akzeptanz der Niederlage als dauerhaftem Zustand beschränkt wird, ist er offensichtlich nicht empfänglich für den Einfluss der Zuversicht.

Man könnte also sagen, dass Selbstdisziplin in Verbindung mit unserer Einstellung gegenüber der Niederlage ein wichtiger Teil der Vorbereitung für die Anwendung der Zuversicht ist.

Die Zuversicht lässt uns unerreichte Ziele für erreichbar halten, auch wenn wir temporär bei unseren Bemühungen, diese zu erreichen, gescheitert sind.

Hill:

Niederlagen sollten also als Vorbereitung akzeptiert werden, die notwendig ist, um Zuversicht praktisch anzuwenden. Ist es das, was Sie meinen?

Carnegie:

Ja, das ist eine Sichtweise, aber viele Leute verwechseln Vertrauen fälschlicherweise mit Zuversicht. Vertrauen ist ein Bewusstseinszustand, bei dem wir an etwas glauben, weil es tatsächliche Beweise gibt oder eine vernünftige Hypothese, was seine Wahrhaftigkeit angeht. Zuversicht ist ein Bewusstseinszustand, bei dem wir an etwas glauben, ohne den geringsten materiellen Beweis seiner Wahrhaftigkeit zu haben. Vertrauen ist das Produkt der Vernunft. Die Zuversicht übergeht die Vernunft, schiebt alle materiellen Beweise beiseite und ermöglicht uns, an das Unerreichte und Unsichtbare zu glauben.

Die Zuversicht funktioniert wahrscheinlich über den unterbewussten Teil des Verstandes, der, gemäß der plausibelsten Theorie, die Verbindung zwischen dem endlichen Verstand und der Unendlichen Intelligenz ist. Wenn diese Theorie stimmt, ist die Zuversicht das enthüllte Licht der Unendlichen Intelligenz, das hell in unserem Bewusstsein leuchtet.

Sie wollten uns begraben. Sie wussten nicht, dass wir Samen waren.
– Griechisches Sprichwort

Hill:
Ich glaube, ich verstehe, was Sie meinen. Als Edison zum Beispiel die erste Sprechmaschine, den Phonographen, entwarf, hatte er keinen materiellen Beweis für den praktischen Nutzen einer solchen Maschine, da noch nie jemand eine gebaut hatte. Dennoch war die Idee für ihn so klar, dass er zuversichtlich war, dass sie funktionieren würde, und dass er an seine Fähigkeit glaubte, die Maschine herstellen zu können. Stimmt das?

Carnegie:
Nein, das würde ich anders ausdrücken. Durch seine Fähigkeit der angewandten Zuversicht offenbarte sich ihm die existierende Theorie der Sprechmaschine, und er glaubte an seine Fähigkeit, den Apparat bauen zu können, der nötig wäre, um dieser Theorie eine praktische Anwendung zu geben. Seine Erfindung war dementsprechend eine Kombination aus Selbstvertrauen oder Vertrauen und Zuversicht. Sein Vertrauen in sich selbst basierte auf seiner bekannten Fähigkeit und Erfahrung in der Erfindung mechanischer Gerätschaften. Offensichtlich war seine Zuversicht nicht das Ergebnis seines Vertrauens in seine auf Erfahrung basierende Fähigkeit, da er bis dahin nie eine Sprechmaschine gebaut hatte.

Wenn Menschen an bekannte oder beweisbare Fakten glauben, oder was sie dafür halten, ist hierfür keine Zuversicht nötig, da sie von ihrer Vernunft geleitet werden. Aber wenn Menschen an das Unbekannte, Unbewiesene und möglicherweise nicht Beweisbare glauben, wird ihr Glaube – zumindest für den Moment – zur Zuversicht. Die Unterscheidung zwischen Vertrauen und Zuversicht ist schwer zu erklären, aber es ist wichtig, diesen Unterschied zu verstehen.

Mr. Edisons Erfindung der Glühlampe geschah durch eine Kombination von Vertrauen und Zuversicht. Er hatte Vertrauen in seine Fähigkeit, Licht durch das Unter-Strom-Setzen und Erhitzen eines Drahtes zu erzeugen, weil er durch die Erfahrungen von anderen vor ihm Beweise dafür hatte, dass das möglich ist.

Doch er musste feststellen, dass sein Vertrauen allein nicht ausreichte, um eine perfekte Lampe herzustellen. Er brauchte etwas, das ihm ermöglichte, die Hitze des Drahtes zu kontrollieren, sodass der Draht leuchten würde, ohne zu verglühen.

Er hatte keinen Beweis dafür, dass der benötigte Kontrollfaktor existierte, aber er hatte *Zuversicht* darin, und diese Zuversicht trug ihn durch viele Tausende temporäre Niederlagen, bis er ihn gefunden hatte. Ohne Zuversicht hätte niemand diese vielen Rückschläge überstanden.

Man könnte also sagen, dass die Glühlampe durch Edisons Vertrauen entstand und durch seine Zuversicht perfektioniert wurde.

Ist Ihnen nun der Unterschied zwischen Vertrauen und Zuversicht klar geworden?

Hill:

Ja, Mr. Carnegie, ziemlich deutlich. Vertrauen ist das Kind der Vernunft und basiert auf materiellen Beweisen. Zuversicht ist das enthüllte Licht der Unendlichen Intelligenz und funktioniert ohne materiellen Beweis.

Carnegie:

Seien wir konservativ und sagen wir, die Zuversicht ist enthülltes Licht, das ohne materiellen Beweis funktioniert. Wir können nicht beweisen, dass es das projektierte Licht der Unendlichen Intelligenz ist, auch wenn wir die Zuversicht haben mögen, dass sie es ist. Wir können der Entlarvung der wahren Quelle der Macht der Zuversicht nicht näherkommen als dem Beweis der wahren Quelle der Elektrizität, aber wir können beide Mächte praktisch anwenden, also lassen Sie uns nicht bei ihren Definitionen Haare spalten.

Es ist eine Tatsache, dass wir nicht wissen, was das Leben ist oder wo es herkommt, aber wir können es sinnvoll anwenden, indem wir uns den bekannten Naturgesetzen anpassen. Wir können Zuversicht in die unendliche Macht haben, die Leben schafft.

Hill:

Aus Ihrer Analyse der Niederlage komme ich zu dem Eindruck, dass Sie glauben, dass alle Niederlagen ihr Gutes haben.

Carnegie:

Ja, das glaube ich nicht nur, sondern es stimmt. Das Gute besteht in der mentalen Einstellung, die man zum Scheitern hat. Eine negative Haltung kann eine Niederlage in ständiges Scheitern umwandeln und sie so zu etwas Schädlichem machen. Eine positive mentale Haltung wandelt die Niederlage in ein vorteilhaftes Mittel der Selbstdisziplin um, durch das man größere Kontrolle über seine Willenskraft erhält.

Demnach ist es leicht, nachzuvollziehen, unter welchen Bedingungen eine Niederlage entweder eine Hilfe oder ein Hindernis wird. Die Wahl ist völlig dem Einzelnen überlassen. Ich kann die Ursachen einer Niederlage nicht immer kontrollieren, aber meine Einstellung ihr gegenüber, wenn ich eine erleide. Ist das verständlich für Sie?

Hill:

Ja, sehr! Ich verstehe Ihre Analyse der Niederlage so, dass man sich bewusst angewöhnen sollte, sie als nichts anderes als die Herausforderung anzusehen, es erneut zu versuchen.

Carnegie:

Ja, aber Sie haben das Wort »Gewohnheit« nicht genug betont. Das ist das Wichtigste. Die Schwarzseherei, von der so viele betroffen sind, ist das Ergebnis der Angewohnheit, eine Niederlage als endgültig anzusehen. Man sollte diese in ihr Gegenteil umkehren. Die Einstellung gegenüber einer einzelnen Niederlage ist nicht wichtig, was zählt, ist die wiederholte Einstellung zu solchen Erfahrungen, denn Wiederholungen werden zu Angewohnheiten.

Anmerkung des Herausgebers:

»Wiederholungen werden zu Angewohnheiten.« Ich liebe es, wie kurz und bündig dieser Satz ist. Nehmen Sie sich einen Augenblick Zeit, um zu überlegen, wie Sie Ihren Tag verbracht haben oder, falls Sie das am Morgen lesen, denken Sie an den gestrigen Tag. Machen Sie eine Liste von drei Handlungen, die Sie Ihren Zielen nähergebracht haben, und drei Handlungen, die Sie weiter von Ihren Zielen entfernt haben. Auf der guten Seite könnte der Besuch einer Yoga-Stunde stehen oder das Lesen eines Buches wie diesem hier; auf der schlechten Seite könnte Junkfood essen und zwei Stunden fernsehen stehen.

Schauen Sie sich einige der berühmtesten Zitate über Angewohnheiten an, von denen einige mehrere Tausend Jahre alt sind:

- »Eine Reise von Tausend Meilen beginnt mit einem einzigen Schritt.« Chinesisches Sprichwort
- »So wie man eine Sache tut, tut man alle Sachen.« Buddhistisches Sprichwort
- »Exzellenz ist keine Handlung, sondern eine Gewohnheit.« Wird oft Aristoteles zugesprochen

- »Rom wurde nicht an einem Tag erbaut.« Französisches Sprichwort
- »Achte auf die Pennys, und die Pfund werden auf sich selbst achten.« Lord Chesterfield
- »Eine Unze Vorsorge ist so viel wert wie ein Pfund Heilung.« Benjamin Franklin
- »Erfolgreiche Menschen werden nicht so geboren. Sie werden erfolgreich, weil sie sich angewöhnen, Dinge zu tun, die erfolglose Menschen nicht tun möchten.« William Makepeace Thackeray
- »Der beste Fortschritt ist vergleichsweise langsam. Große Ergebnisse können nicht auf einmal erreicht werden; und wir müssen uns damit zufriedengeben, im Leben so voranzukommen, wie wir gehen, Schritt für Schritt.« Samuel Smiles
- »Es gibt keinen anderen Weg zum Genialen als durch bewusste Anstrengung.« Napoleon Hill
- »Die Qualität des Lebens einer Person steht in direkter Proportion zu ihrem Qualitätsanspruch, egal auf welchem Gebiet sie tätig ist.« Vince Lombardi
- »Entscheide dich zu leben oder entscheide dich zu sterben.« Andy Dufresne (*Die Verurteilten*)
- »Symphonien beginnen mit einer Note; Feuer mit einer Flamme; Gärten mit einer Blume; und Meisterwerke mit einem Pinselstrich.« Matshona Dhliwayo

Ich bin sicher, Ihnen fallen noch mehr ein. Diese Zitate machen die Tatsache deutlich, dass Erfolg nur eine Ansammlung kleiner Siege ist, so wie Scheitern die Ansammlung schrittweiser – und meist scheinbar konsequenzloser – Verluste. Die Entscheidung, bewusst zu leben, bestärkt uns darin, uns Klarheit darüber zu verschaffen, welche Aufgaben wir erledigen müssen, und gibt uns den mentalen Schubs, diese jeden Tag wieder anzupacken.

Wiederholung wird zur Gewohnheit, und eine sorgfältig durchdachte Tagesstruktur erleichtert diese Wiederholung. Falls Sie das nicht schon getan haben, verwenden Sie *The Napoleon Hill Success Journal*, um fokussiert und verantwortlich zu bleiben. Es wurde mit dem Ziel kreiert, Ihren Langzeiterfolg zu sichern.

Carnegie:
Wenn Edison nicht klar gewesen wäre, dass jede Niederlage temporär ist und nur als das angesehen werden kann, hätte er nicht weitergemacht und unzählige Rückschläge eingesteckt, bis er das unbekannte Prinzip gefunden hatte, das er brauchte, um die Glühlampe zu einem praktischen Erfolg zu machen.

Sie sehen also, dass seine Einstellung zur Niederlage exakt den Unterschied zwischen Erfolg und Misserfolg bedeutete. Er nutzte jeden Misserfolg als Stein in der Mauer der Zuversicht, und als diese Mauer höher war als die Begrenzungen des Wissens, die ihm im Weg standen, blickte er über die Mauer, sah die Lösung für sein Problem, machte sie sich zu eigen und hatte es geschafft!

Es gibt überzeugende Beweise auf der ganzen Welt, dass wir nicht aufhören müssen, nur weil wir eine Niederlage einstecken müssen. Wir nennen diese Eigenschaft »Einfallsreichtum«. Die einfallsreiche Person wird nie andauernd scheitern.

Ich kann mich nicht erinnern, jemals ein großes Unterfangen in der Stahlindustrie getätigt zu haben, ohne die eine oder andere Niederlage zu erfahren. Ganz zu Beginn meiner Laufbahn in der Stahlindustrie lag der Stahlpreis bei etwa 130 US-Dollar pro Tonne, und viele kompetente Leute in der Branche sagten, der Preis könne nicht bedeutend gesenkt werden.

Diese Ansicht akzeptierte ich nicht.

Ich hatte Zuversicht, dass ein Stahlpreis von 20 US-Dollar pro Tonne möglich wäre. Ich sage bewusst »Zuversicht«, denn ich hatte keinen Beweis dafür, dass Stahl so billig produziert werden könnte. Angetrieben von der Zuversicht machte ich mich dran, den Stahlpreis zu senken, und ich muss Ihnen wohl nicht sagen, dass ich, bevor ich mein Ziel erreichte, zahllose Niederlagen erlebte. Hätte ich diese als dauerhaft akzeptiert, wäre der Stahlpreis wahrscheinlich nicht zu senken gewesen.

Hill:
Was sehen Sie als den größten Nutzen an, den wir aus Niederlagen ziehen können, Mr. Carnegie?

Carnegie:
Nun, es gibt so viele Lektionen, die wir aus Niederlagen lernen können, dass es schwer zu sagen ist, welche wohl den größten Wert hat, aber ich kann Ihre Frage anders beantworten, nämlich indem ich sage, dass der größte mögliche Nutzen, den wir aus dieser Erfahrung ziehen können, darin besteht, dass sie unsere Willenskraft stärkt. Sie macht uns einfallsreich.

Ich sage, *möglicher* Nutzen, denn die meisten Leute gestatten es der Niederlage, ihre Willenskraft zu schwächen, statt sie zu stärken. Ein Nutzen wird sie nur durch Selbstdisziplin, die ausreicht, dass wir die Erfahrung in die Herausforderung, mit neuem und größerem Aufwand nach vorne zu blicken, umwandeln.

Hill:
Glauben Sie, unsere Einstellung zur Niederlage ist der wesentliche Faktor, der über unseren Erfolg oder unsere Niederlage entscheidet?

Carnegie:
Ich würde nicht so weit gehen, sie einen wesentlichen Faktor zu nennen, aber sie ist sicher die häufigste Ursache für Misserfolg. Immer wenn wir einen Misserfolg als endgültig akzeptieren, schwächen wir unseren Willen. Wenn wir das zulassen, wird diese Einstellung schließlich die praktische Anwendung des Willens völlig zerstören.

Hill:
Dann glauben Sie, man sollte in Zusammenhang mit jeder Form der Niederlage entsprechend handeln, auch wenn sie derart ist, dass man sich von den daraus resultierenden Verlusten nicht vollständig erholen kann? Ist es das, was Sie meinen?

Carnegie:
Ja, genau! Es gibt keine Niederlage, die nicht irgendeinen Nutzen bereithält, auch wenn sie nur eine Gelegenheit bietet, zu beweisen, dass wir die Willenskraft haben, abzulehnen, sie als dauerhaftes Scheitern anzusehen. Das stärkt nicht nur unsere Willenskraft, sondern fördert auch unsere Selbstständigkeit. Wenn wir uns angewöhnen, Niederlagen hinzunehmen, ist es nur eine Frage der Zeit, bis wir kein Selbstvertrauen mehr haben, und diese Art Schwäche ist fatal für persönlichen Erfolg.

Hill:
Hat das Alter nicht etwas mit unserer Einstellung zu Misserfolgen zu tun? Stimmt es beispielsweise nicht, dass eine ältere Person einen Misserfolg eher als dauerhaft ansieht als ein junger Mensch, der noch nicht immer wieder Niederlagen einstecken musste?

Carnegie:
Manchmal stimmt das vielleicht. Aber es muss und es sollte nicht so sein, denn mit dem Alter kommt die Weisheit. Im Durchschnitt sind finanziell erfolgreiche Personen weit über 40, bis sie wohlhabend werden.

Wenn ich sage, dass Weisheit mit dem Alter kommt, meine ich natürlich, dass sie zu denen kommt, die sich des wahren Wesens ihres Verstandes bewusst werden und sich angewöhnen, Niederlagen nicht als dauerhaft anzunehmen.

Falten sollen nur andeuten, wo das Lächeln sich zeigte.
– Mark Twain

Hill:

Dann ist nicht das Alter der entscheidende Faktor in unserer Haltung zur Niederlage. Sind es die Gewohnheiten, mit denen wir unseren Verstand disziplinieren oder vielleicht das Fehlen kontrollierter Gewohnheiten?

Carnegie:

Jetzt haben Sie es erfasst. Aber keine Geisteshaltung und kein Denkmuster können etwas an der Tatsache ändern, dass Weisheit durch Reife und praktische Erfahrung erlangt wird. Junge Menschen haben selten die Ausgewogenheit von Urteil und Vernunft zur Verfügung, die mit dem Alter und der Erfahrung gewonnen wird. Daher habe ich zwei Arten von Leuten in meiner Mastermind-Gruppe:

1. die Planer mit Reife und Erfahrung, deren Urteilsvermögen zuverlässig ist, und
2. die Action-Truppe, die die Pläne, die von erfahrenen Leuten erstellt wurden, ausführt.

Manchmal sind die Pläne natürlich das Produkt der Verstandesleistung beider Gruppen, aber die Entscheidung derjenigen mit mehr Erfahrung zählt mehr, wenn es eine Meinungsverschiedenheit gibt.

Hill:

Dann halten Sie nichts davon, ältere Menschen aufs Abstellgleis zu schieben?

Carnegie:

Das hängt ganz und gar von den Menschen selbst ab. Manche müssen aufgrund ihrer Geisteshaltung und ihrer Gewohnheiten aufs Abstellgleis. Meine Strategie war es immer, Menschen in einem gewissen Alter, soweit es die Bedingungen ermöglichen, als Aufsichts- und Beratungspersonal einzusetzen, wenn sie körperlich nicht mehr so hart arbeiten können wie jüngere Leute. So wird ihre Erfahrung zugunsten derer eingesetzt, die noch nicht über den gleichen Erfahrungsschatz verfügen.

Hill:
Ich nehme an, Ihre Strategie bezüglich der Anstellung älterer Mitarbeiter basiert nicht auf rein philanthropischen Motiven?

Carnegie:
Die moderne Industrie kann nicht nur philanthropisch motiviert betrieben werden! Diejenigen, die ihr Geschäft dadurch betreiben wollen, dass sie nur aus Nettigkeit Leute einstellen oder nur die einstellen, die Arbeit brauchen, werden sich schnell in wirtschaftlichen Schwierigkeiten wiederfinden. Die moderne Geschäftswelt ist ein starker Wettbewerb. Um erfolgreich zu sein, muss man ein Geschäft mit Vernunft führen, nicht mit Gefühl. Menschen sollten wohltätig sein, aber sie sollten dafür nicht ihr Geschäft ruinieren.

Hill:
Dann sehen Sie es als gesundes Urteilsvermögen an, Mittel und Wege zu finden, um die Vorteile der Erfahrung älterer Arbeitnehmer zu nutzen?

Carnegie:
Genau! Kein großes Unternehmen kann ohne den wegweisenden Einfluss der Erfahrung erfolgreich betrieben werden. Sich diese Erfahrungen anzueignen, kostet Zeit und Geld. Ein modernes Unternehmen kann weder warten, bis die Zeit vergangen ist, die Leute benötigen, um Erfahrung zu sammeln, noch den Verlust verkraften, der aus Unerfahrenheit entsteht. Ein erfolgreiches Geschäft verlangt also die leitende Hand der Erfahrung zur Anweisung der Unerfah-

renen. Nur so können Anfängerfehler vermieden und ausgeglichen werden.

Hill:

Für Sie ist also ein kompetenter Berater ebenso hilfreich wie energische körperliche Arbeit?

Carnegie:

Beides ist nötig. Kompetente Beratung vermeidet Fehler und teure Misserfolge. Das alte Sprichwort »Eine Unze Vorsorge ist so viel wert wie ein Pfund Heilung« ist mehr als ein Axiom, es ist eine vernünftige Geschäftsphilosophie. Und sie lässt sich auf Einzelne ebenso anwenden wie auf die Führungsebenen. Wenn sich Menschen die Zeit nehmen würden, sich gut zu informieren, bevor sie handeln, würden sie weniger Niederlagen erleiden. Vorschnelle Urteile, Ungeduld und Gleichgültigkeit gegenüber Fakten sind die Ursache vieler Misserfolge.

Jede gut geführte Fabrik sollte ein Team aus erfahrenen Leuten haben, das Fakten sammelt. Wir haben eines in unserer Recherche-Abteilung. Sie äußern keine persönlichen Meinungen und zeigen keine Gefühle. Ihr Job ist es einzig und allein, die für die Herstellung und den Verkauf von Stahl wesentlichen Fakten zusammenzustellen. Ohne ihre Hilfe könnten wir nicht profitabel arbeiten.

Wir haben ein anderes Team, das Fakten zu Arbeitsplänen zusammenstellt. Hier findet man viel Gefühl, kreative Vision, Enthusiasmus, Vorstellungskraft und all die anderen Eigenschaften, die nötig sind, um Fakten effektiv zu nutzen und einzusetzen. Dieses Team ordnet die Arbeit in unseren Betrieben an.

Wir haben noch ein Team, das als Bedienungspersonal bekannt ist. Es setzt die Pläne des Planungsteams in die Tat um. Jede Bewegung, die es macht, wurde sorgfältig geplant. Das spart ihm Zeit und Aufwand und schließt kostspielige Fehler aus.

Durch die Koordination dieser drei Teams können wir profitabel Stahl herstellen und so einen sicheren Arbeitsplatz für uns alle gewährleisten. Die Fehler, die wir vermeiden, sind direkt proportional zu dem Ausmaß, in dem wir unsere Anstrengungen harmonisch koordinieren. Wenn jeder Einzelne seine Arbeit gut macht, machen wir wenig Fehler. Meist sind das dann Unfälle, die nicht vorhersehbar waren.

Hill:
Dann ist es möglich, ein Unternehmen so zu planen, dass es Profit abwirft?

Carnegie:
O ja, das ist möglich, aber Geschäftsberichte zeigen im Allgemeinen, dass ein durchschnittliches Unternehmen nicht so geführt wird, wie ich es beschrieben habe. Menschliche Emotionen spielen eine zu große Rolle in den meisten Unternehmen. Die Geschäftsführer planen und koordinieren zu wenig und hängen sich nicht genug rein.

Vielleicht sollte ich Sie daran erinnern, dass die Anzahl von Misserfolgen einzelner Personen weitgehend auf dieselbe Ursache zurückzuführen ist. Ein sorgfältig geplantes Leben ist das einzige, dessen Aussicht auf Erfolg höher als durchschnittlich ist. Daher ist es mir so ein großes Anliegen, dem amerikanischen Volk eine zuverlässige persönliche Erfolgsphilosophie an die Hand zu geben. Ich wünschte, die Menschen wären in der Lage, ihr Privatleben so wirtschaftlich zu leben, wie erfolgreiche Unternehmen geführt werden, und das ist möglich!

Hill:
Sie meinen, persönliche Niederlagen können durch echtes Verständnis der Hauptursachen für Niederlagen und der Prinzipien des Erfolgs reduziert werden?

Carnegie:
Ja, und ich bin auch der Ansicht, dass die Niederlage selbst durch die richtige mentale Einstellung in einen Trumpf von unschätzba-

rem Wert für eine Person umgewandelt werden kann. Es gibt unvermeidliche Niederlagen, aber es gibt keine Form der Niederlage, die nicht dafür genutzt werden kann, Selbstdisziplin zu entwickeln, und das ist unbezahlbar.

Sie sehen, nur durch Selbstdisziplin ist man in der Lage, seinen Verstand voll und ganz in Besitz zu nehmen. Eine Niederlage ist oder kann ein guter Baumeister von Selbstdisziplin sein. Sie kann zum Futter für die Entwicklung von Willenskraft werden, durch welche jegliche Selbstdisziplin verwaltet wird.

Hill:
Ich verstehe, was Sie meinen. Die Niederlage wird entweder zu Öl im Feuer der Willenskraft oder zu Wasser, mit dem man das Feuer löscht, je nachdem, welche mentale Einstellung man ihr gegenüber hat.

Carnegie:
Ihr Bild veranschaulicht das Thema sehr gut. Das wäre noch eindrucksvoller gewesen, wenn Sie gesagt hätten, die Niederlage wird zum Öl im Feuer der Willenskraft oder zum Wasser, mit dem man das Feuer löscht, je nachdem, mit welcher angewöhnten mentalen Einstellung sie akzeptiert wird. Gewohnheit ist hier das, worauf es ankommt. Man könnte sagen, Selbstdisziplin ist die Entwicklung und Kontrolle der Gewohnheiten der Gedanken und der Handlung.

Hill:
Alles klar. Selbstdisziplin ist das Werkzeug der Willenskraft, denn nur durch die Willenskraft werden Gewohnheiten bewusst geformt und kontrolliert?

Carnegie:
An das Prinzip habe ich gedacht. Ich möchte sichergehen, dass Sie begreifen, dass Selbstdisziplin eine Methode ist, ein Mittel

zum Zweck, durch die Bildung und Kontrolle der Gewohnheiten von Gedanken und Handlung, dass sie der Willenskraft völlig unterworfen ist. Das kann man in wenigen Worten sagen, und zwar, wenn man sagt, dass Selbstdisziplin ausgeübte Willenskraft ist.

Hill:

Stimmt es nicht, Mr. Carnegie, dass eine temporäre Niederlage, die durch Krankheit oder körperliche Versehrtheit einer Person verursacht wird, manchmal dazu führt, dass diese Person sich größere spirituelle Macht aneignet?

Carnegie:

Es ist mir bekannt, dass das vorkommt. Ich habe immer vermutet, dass Thomas A. Edisons unglaubliche Fähigkeit, Misserfolge hinter sich zu lassen, von der spirituellen Macht herrührte, die er aus der Selbstdisziplin in Zusammenhang mit dem Verlust seines Hörsinns gewann.

Es ist wohlbekannt, dass der Verlust oder die Beeinträchtigung eines Sinnes einen oder mehrere andere stärken kann. So gleicht die Natur einen unvermeidlichen Verlust aus.

Wenn wir uns bemühen, mit körperlichen Leiden zurechtzukommen, stärken wir dadurch dauerhaft unseren Willen. Die Natur hat uns mit einem Mittel ausgestattet, mit dem wir körperliche Handicaps ausgleichen können. Aber Willenskraft kann durch viele Handlungen gestärkt werden. Was zählt, ist die Handlung selbst – nicht das, was einen zu dieser Handlung inspiriert.

Hill:

Wenn ich Ihre Theorie richtig verstehe, sind Sie der Meinung, dass jeder sich, um eine mentale Entwicklung zu durchlaufen, geistig und körperlich betätigen sollte.

Carnegie:

Ja, das stimmt, und sie basiert auf meinen Beobachtungen derjenigen, die kämpfen und sich bemühen mussten und sich weiterentwickelt haben, und derjenigen, die es aufgrund ihrer wirtschaftlichen Unabhängigkeit nicht nötig hatten, sich zu bemühen. Notwendigkeit zwingt einen zu handeln.

Es ist gefährlich, seinen Verstand nicht anwenden zu müssen, da der Verstand, wie der Körper, nur durch Benutzung stark und wachsam bleibt.

Was immer ich im Leben versucht habe,
wollte ich von ganzem Herzen gut machen;
allem, dem ich mich gewidmet habe,
habe ich mich voll und ganz gewidmet.
– Charles Dickens

Hill:

Sie empfinden es so, dass die Menschen von Natur aus dazu neigen, den Weg des geringsten Widerstands zu gehen und dass das zur Gewohnheit des Hinauszögerns führt, wenn keine entgegengesetzten Gewohnheiten entwickelt werden?

Carnegie:

Ja, alle menschlichen Anstrengungen haben einen Grund! Manchmal ist dieser negativ, manchmal positiv, aber ohne Grund gibt es keinen Einsatz. Es ist viel besser für einen Menschen, bewusst seine Gründe zu wählen, denn er tut das, was er gern tut, am besten.

Hill:

Also denken Sie, dass die, die ihr Bestreben nach persönlicher Verwirklichung antreibt, bessere Ergebnisse erzielen als die, die etwas nur machen, um ihren Unterhalt zu verdienen?

Carnegie:
Keine Frage, so ist es. Genau aus diesem Grund sollte jeder bereit sein, große Opfer zu bringen, wenn nötig, um das zu tun, was ihm am meisten Spaß macht.

Anmerkung des Herausgebers:

Steve Jobs, Mitgründer und ehemaliger Apple-CEO, war einer der Innovatoren moderner Informationstechnologie. In den 1970er- und -80er-Jahren wirkte er an der Entwicklung von PCs und der Informationstechnologie mit. 1985 kündigte Apple ihm, und er musste sich neuen Herausforderungen stellen.

Aber wie Carnegie sagte: »Nichts kann die Person stoppen, die eine Niederlage als Herausforderung für noch mehr Mühe annimmt.« Statt sich in seinem Pech zu suhlen, lernte er aus seiner Niederlage. Er begann, für ein Unternehmen namens NeXT zu arbeiten, das 1997 so wertvoll wurde, dass Apple es für 429 Millionen US-Dollar und mehr als eine Million Apple-Aktien kaufte. Ein paar Monate später wurde Jobs erneut CEO bei Apple.

Von da an änderte sich während seiner gesamten Amtszeit bis zu seinem traurigen Tod 2011 die Welt auf ebenso revolutionäre wie vielfältige Weise. Von seinem vielgepriesenen kreativen Output sagte Jobs: »Um tolle Arbeit zu leisten, musst du lieben, was du tust. Wenn du das noch nicht gefunden hast, such weiter. Bleib da nicht stehen.«

Hill:
Wie sieht es mit »angeborenen Fähigkeiten« aus? Sind manche Menschen nicht von Natur aus nur für bestimmte Berufe geeignet?

Carnegie:
Das trifft zum Teil zu, aber zu diesem Thema wurde viel Falsches berichtet. Meiner Erfahrung nach sind die meisten Menschen gut in dem, was sie tun möchten. Die mentale Einstellung eines Menschen

zu seiner Arbeit ist viel wichtiger als seine geerbten Eigenschaften, und diese Einstellung kann er kontrollieren.

Hill:

Es gibt ein altes Sprichwort: »Zum Verkäufer wird man geboren, nicht gemacht.« Können Sie das unterschreiben, Mr. Carnegie?

Carnegie:

Wahrscheinlich gibt es Menschen, die bestimmte Eigenschaften haben, die ihnen beim Verkaufen helfen, wie Flexibilität, Enthusiasmus, Vorstellungskraft, Selbstvertrauen und Beharrlichkeit. Aber sie alle sind angeeignete Eigenschaften. Ich kannte Menschen, die so schüchtern waren, dass sie bei jeder Gelegenheit der Verpflichtung, Fremde kennenzulernen, aus dem Weg gingen. Doch dann, durch persönliches Interesse angetrieben, wurden sie fähige Verkäufer.

Nein, ich würde dieses alte Sprichwort umdrehen und sagen: »Zum Verkäufer wird man gemacht, nicht geboren.« Jeder, der sich die Zeit nimmt, alles über das Produkt zu lernen, das er verkaufen möchte, und der den leidenschaftlichen Wunsch hat, es zu verkaufen, kann ein erfolgreicher Verkäufer werden. Dasselbe gilt für fast alle anderen Berufe.

Hill:

Würden Sie so weit gehen, zu sagen, dass alle Menschen gleich geboren werden?

Carnegie:

Selbstverständlich nicht! Wer das gesagt hat, wollte ausdrücken, dass in Amerika alle Menschen mit denselben *Rechten* geboren werden. Es war nicht beabsichtigt, zu behaupten, dass alle Menschen körperlich und mental gleich sind, denn es ist offensichtlich, dass das nicht stimmt.

Aus demselben Grund ist es offensichtlich, dass nicht alle Menschen in der Lage sind, eine Arbeit ebenso gut zu machen, wie andere sie machen würden.

Es gibt zum Beispiel Menschen, die körperlich und geistig so veranlagt sind, dass sie schlecht in Mathematik, Sprachen oder anderen Fächern sind. Die Berufe, in denen sie glänzen können, sind begrenzt, egal was ihr Antrieb ist oder welche Art von Arbeit sie bevorzugen würden.

Ich ging mit einem jungen Mann zur Schule, der doppelt so alt war wie ich, aber er schaffte nie die fünfte Klasse, weil er mental nicht dazu in der Lage war, weiterzukommen. So ein Mensch könnte nie eine Arbeit verrichten, die einen wachen Verstand erfordert.

Als ich sagte, dass meiner Erfahrung nach die meisten Menschen in dem gut sind, was sie tun möchten, bezog ich mich selbstverständlich auf Menschen mit normalen mentalen Fähigkeiten. Es gibt geistig beeinträchtigte Personen, und kein Anreiz der Welt kann sie zu etwas anderem machen. Das, was sie erreichen können, ist von Natur aus begrenzt.

Hill:
Es gibt eine Form der Niederlage, an der eine Person nichts ändern kann, und sie kann auch nicht in einen Trumpf umgewandelt werden. Es ist die Niederlage, die jemand aufgrund schlechter Gene erleidet. Stimmt das?

Carnegie:
Einem Teil Ihrer Aussage stimme ich zu, aber nicht allem. Diejenigen mit begrenzten mentalen Fähigkeiten oder körperlicher Beeinträchtigung können diese Defizite immer durch das Mastermind-Prinzip überbrücken, indem sie sich die Bildung, Erfahrung und angeborenen Fähigkeiten anderer aneignen. Natürlich haben nicht alle mit diesem Handicap die Willenskraft, den Antrieb oder die Vision, das Mastermind anzuwenden, aber dennoch hat jeder die Möglichkeit

dazu. Sie sehen, die Natur gleicht bei allen die Dinge aus, über die sie nicht verfügen.

Am besten macht man vor einer Niederlage eine Inventur bei sich selbst, um diese zu vermeiden; aber nach einer Niederlage ist es absolut essenziell, um eine Wiederholung zu vermeiden.
– Andrew Carnegie

Hill:
Allgemein ausgedrückt, glauben Sie also, dass Niederlagen nur schädlich sind, wenn wir sie als permanent akzeptieren und als Entschuldigung verwenden, etwas nicht erneut zu versuchen?

Carnegie:
Im Moment kann ich mir keine Umstände einer Niederlage vorstellen, die nicht durch die richtige mentale Einstellung ihr gegenüber zu einem Trumpf umgewandelt werden könnte.

Thomas A. Edison hätte eine der überzeugendsten Entschuldigungen für Versagen gehabt, die man sich vorstellen kann, wenn er sich entschlossen hätte, diese zu benutzen. Er hatte praktisch keine Schulbildung. Er war praktisch stocktaub. Er hatte kein Geld und keine einflussreichen Freunde. Wenn er also nach den ersten Dutzend Fehlversuchen mit der elektrischen Glühlampe aufgegeben hätte, hätte er das Übliche gemacht.

Die Tatsache, dass er nicht aufhörte, sondern trotz Tausender temporärer Niederlagen – manche hätten sie als Scheitern bezeichnet – weitermachte, zeigt den wesentlichen Unterschied zwischen Edison und Tausenden anderer Möchtegern-Erfinder, deren Namen niemals außerhalb der kleinen Gemeinden, in denen sie leben, bekannt werden. Sie zeigt auch den Hauptunterschied zwischen Erfolg und Misserfolg in allen Lebensbereichen – dieses Weitermachen angesichts temporärer Niederlage. Man nennt es Beharrlichkeit oder Einfallsreichtum, aber die Ursache steckt in der Willenskraft.

Hill:
Ist es nicht schwierig, weiterzuarbeiten, wenn unser Verstand uns sagt, dass unsere Bemühungen vergeblich sind?

Carnegie:
Die meisten Menschen haben ein sehr praktisches Werkzeug in ihrem Verstand, verwenden es aber als *Mitverschwörer* statt als Hilfe beim Erreichen eines Erfolgs. Sie trainieren ihre Vernunft durch die Gewohnheit, Niederlagen als dauerhaft zu akzeptieren. Sie geben auf, indem sie ihre Willenskraft vernichten. Ich habe noch niemanden gesehen, dessen Feinde von außerhalb ihn auch nur ansatzweise so verletzen, wie er es selbst durch seine mentalen Gewohnheiten tut.

Nicht alle Feinde der Welt können so viel Schaden anrichten wie der, den wir unserem Verstand dadurch antun, dass wir unsere Willenskraft nicht für das Erreichen unserer Wünsche einsetzen. Dies kann jede Person zum Scheitern bringen, egal wie intelligent oder kompetent sie sein mag.

Hill:
Mr. Carnegie, für mich sieht es so aus, als hätten Sie definitiv die Gründe für Erfolg und Misserfolg aufgespürt, sodass es keine Entschuldigungen mehr für die, die scheitern, gibt.

Carnegie:
Nun, das würde viele Leute in eine prekäre Lage bringen, aber ich würde Ihre Aussage etwas verändern und sagen, dass es sehr wenig entschuldbares Scheitern in einem Land wie unserem gibt, außer, man wird körperlich oder geistig beeinträchtigt geboren. Praktisch alle anderen Entschuldigungen sollten für unzulässig erklärt werden.

Hill:
Ich habe sagen hören, dass eine durchschnittliche Person nie mehr als 50 Prozent ihrer Fähigkeiten nutzt. Können Sie dem zustimmen?

Carnegie:

Ja, mit der Ausnahme, dass Ihr geschätzter Prozentsatz sehr hoch ist. Ich würde sagen, die durchschnittliche Person nutzt nie mehr als einen kleinen Teil ihrer innewohnenden Fähigkeiten. Auch die Ausnahmen zu dieser Regel – die, die Führungskräfte werden und das werden, was die Welt als »erfolgreich« bezeichnet – nutzen wahrscheinlich nie 50 Prozent, außer ein paar wenige.

Hill:

Was ist mit der Person, die sagt: »Ich würde dieses oder jenes machen, wenn ich die Zeit dafür hätte«? Wie kann es sein, dass erfolgreiche Menschen die Zeit zu haben scheinen, die nötig ist, tolle Leistungen zu vollbringen, während erfolglose Menschen sich über Zeitmangel beschweren?

Carnegie:

Da sprechen Sie eins meiner Lieblingsthemen an. Meiner Erfahrung nach haben erfolgreiche Leute keine Sekunde mehr Zeit als erfolglose, aber der Unterschied ist der: Erfolgreiche Menschen haben gelernt, sparsam und effizient mit ihrer Zeit umzugehen, wohingegen erfolglose Menschen ihre Zeit dafür verschwenden, Niederlagen zu erleiden und diese zu rechtfertigen.

Wenn Menschen ihre Bemühungen nicht koordinieren und nach einem festen Zeitplan arbeiten, ist es fast zwangsläufig so, dass es ihnen vorkommt, als hätten sie nicht genug Zeit. Der Schein trügt – zumindest für die, die diese Entschuldigung verwenden, für die anderen nicht.

Wenn Menschen zu mir sagen: »Ich hatte keine Zeit«, ist mir sofort klar, dass ich es mit jemandem zu tun habe, der bei sich selbst nicht das Prinzip der organisierten Herangehensweise anwendet. Ich selbst gestatte mir niemals, in eine Lage zu geraten, in der ich meine Aufmerksamkeit nicht jederzeit von dem, was ich gerade tue, zu was auch immer gerade getan werden muss lenken kann. Befassen

Sie sich mit erfolgreichen Menschen aus aller Welt, und Sie werden überrascht sein, wie viel Zeit ihnen für alles, was sie tun wollen, zur Verfügung steht.

Durch das Mastermind-Prinzip gelingt es sehr erfolgreichen Menschen, ihre Zeit zu »verlängern«. Sie delegieren Details an andere und halten sich dadurch für größere Aufgaben Zeit frei. Zeigen Sie mir jemanden, der wirklich keine Zeit dafür hat, das zu tun, das nötig ist, um seine Interessen zu verfolgen, und ich zeige Ihnen jemanden, der seine Zeit nicht bestmöglich nutzt.

Niemand ist wirklich frei, es sei denn, er ist so organisiert, dass er genug Zeit hat, seine persönliche Initiative in egal welcher Richtung auszuwählen. Durch mangelnde Organisation kann jeder ein Gefangener seines eigenen Verstandes werden.

Erfolg heißt, 100 Prozent seiner Bemühungen,
seines Körpers, seines Verstandes und seiner Seele zu geben.
– John Wooden

Hill:

Sie haben mir einen ganz anderen Blickwinkel auf die Frage der Zeit gezeigt, und ich fürchte, Sie haben eine meiner besten Entschuldigungen infrage gestellt, Mr. Carnegie. Ich habe gerade überlegt, wie ich Zeit finden soll, die über 500 Personen zu interviewen, deren Kooperation ich brauche, um die Erfolgsphilosophie zu organisieren, aber Ihre Analyse zum Zeitthema hat mich in Verlegenheit gebracht.

Carnegie:

Ja, ich bin sicher, das hat sie. Tja, wenn ein Autor sich hinsetzen und aus dem Stand eine praktische Philosophie persönlichen Erfolgs verfassen könnte, ohne dafür recherchiert zu haben, wäre diese schon vor langer Zeit verfasst worden. Sie haben einen großen ausgleichenden Vorteil in Bezug auf die Zeit, die Sie brauchen, um die Informationen zu sammeln, die für diese Philosophie benötigt werden.

Und zwar, dass Sie wenige, wenn nicht gar keine, Wettbewerber haben werden.

Ich vermute, der Hauptgrund, wieso die Welt nie eine Philosophie persönlichen Erfolgs gesehen hat, die auf die Bedürfnisse der breiten Masse abgestimmt ist, ist der, dass die Zusammenstellung einer solchen Jahre ständige Bemühungen und die Analyse Tausender Menschen erfordern würde, sowohl erfolgreicher als auch solcher, die gescheitert sind, und das zusätzlich zu der Tatsache, dass diese Art Recherche, während man daran arbeitet, nicht bezahlt wird.

Hill:
Ich verstehe, was Sie meinen, und sehe das ganz genauso, obwohl Ihre Ansichten gleichermaßen Hoffnung machen als auch entmutigen.

Carnegie:
Hoffnung ist sehr berechtigt, Entmutigung jedoch keinesfalls, denn Sie haben sich eine Lebensaufgabe gestellt, in der Sie keinen wirklichen Wettbewerber haben, angesichts der Beharrlichkeit, die gefordert ist. Andererseits ist das Versprechen, das in ihr steckt, genauso groß wie die Gefahr, die Sie vermuten, wenn Sie diese anpacken. Sie riskieren alles, aber im Gegenzug wird Ihnen alles versprochen, das sich ein Mensch nur wünschen kann.

In Ihrem Fall wird die temporäre Niederlage sich doppelt auszahlen, denn es wird Teil Ihrer Verantwortung sein, alles über Niederlagen und wie man sie in Trümpfe umwandeln kann zu lernen. Das ist die Hauptlast der Philosophie, an der Sie arbeiten. Und ich glaube, ich sollte Sie warnen, dass Ihre eigenen Reaktionen auf Niederlagen mehr als alles andere die Vernunft und Anwendbarkeit der Philosophie des persönlichen Erfolgs beeinflussen werden. Sie können anderen nicht beibringen, wie man sich Niederlagen zunutze macht, wenn Sie es nicht selbst lernen. Behalten Sie das im Kopf, und es wird Sie begleiten, wenn Sie Niederlagen erleiden, was fast unvermeidbar ist.

Hill:
Und ich bekomme von dem, was Sie gesagt haben, den Eindruck, dass eines der ersten Dinge, die ich lernen muss, ist, Niederlagen gefasst hinzunehmen!

Carnegie:
Das ist das Erste, was jeder in Bezug auf Niederlagen lernen sollte. Das heißt aber nicht, dass wir sie einfach nur hinnehmen sollten. Sie sollten mit Bestimmtheit akzeptiert werden, um unseren Siegeswillen nicht zu beeinträchtigen, aber nie mit Angst oder Ablehnung.

Hill:
Wie sollte unsere Einstellung gegenüber Feinden, die unsere Niederlage verursachen, sein? Sollte sie trotzig sein? Sollten wir zurückschlagen?

Carnegie:
Jetzt möchte ich Ihnen gern etwas über sogenannte Feinde erzählen, das Ihnen sehr nützlich sein kann, wenn Sie richtig zuhören. Feinde – also Menschen, die sich uns entgegenstellen und uns manchmal besiegen – können auf vielfältige Weise hilfreich sein. Zunächst können sie uns davon abhalten, bei der Arbeit einzuschlafen. Zweitens sind sie die Ursache dafür, dass wir uns besser disziplinieren, um nicht etwas zu tun, für das wir korrekterweise kritisiert werden könnten.

Hill:
Aber Mr. Carnegie, manche Feinde sind böse und zerstörerisch, und es genügt nicht, nur ihre Bemühungen, uns zu schaden, abzulehnen. Passiver Widerstand mag ausreichen, wenn man es mit jemandem zu tun hat, der sich uns wie ein Sportsmann widersetzt, aber was ist, wenn derjenige wirklich vorhat, einen zu vernichten? Der Lügen über einen verbreitet! Soll man nur lächeln und es vergessen, wenn man so einen Gegner hat?

Carnegie:

Nein, es gibt etwas, das man gegen diese Art Feinde tun kann, aber es dürfte Sie überraschen, zu erfahren, was es ist. Es hat allerdings überhaupt nichts mit den Feinden zu tun. Aber es hat etwas mit einem selbst zu tun.

Die Zeit, die die meisten Menschen darauf verwenden, sich gegen Feinde zu wehren, könnte viel effektiver genutzt werden, wenn wir sie damit verbrächten, uns zu verbessern, sodass nichts, was Feinde gegen uns sagen könnten, irgendeine Auswirkung hätte. Ich glaube nicht, dass Sie die Macht des passiven Widerstands voll und ganz verstehen, denn diese Art Widerstand trägt zu unserer Charakterstärke bei, zu unserer Willenskraft und zu allen Bemühungen, die wir darauf verwenden, uns zu wehren.

Kurz gesagt, empfehle ich das: Gehen Sie mit Feinden so um, dass Sie überhaupt nicht mit Ihnen umgehen! Verwenden Sie sie als Anreiz, sich zu verbessern – sich jenseits ihrer Macht, Ihnen zu schaden, zu platzieren. Ignorieren Sie sie völlig, bis auf den Funken, der Sie dazu animiert, sich Ihren Verstand stärker zu eigen zu machen.

So können Sie sich in eine Decke spirituellen Schutzes wickeln, die kein Feind durchdringen kann! Denken Sie an meine Worte, denn es wird die Zeit kommen, wo Sie deren Stichhaltigkeit an eigenen Erfahrungen testen können.

Jemanden zu verachten,
lässt diese Person mietfrei in Ihrem Kopf wohnen.
– Ann Landers

Hill:

Das ist schwer zu akzeptieren, Mr. Carnegie. Ich bin in einem Teil des Landes aufgewachsen, wo das Erste, was ein Junge lernt, ist, wie er sich selbst durch körperliche Gewalt verteidigen kann. Es kommt mir so vor, als würde man weich und jedem unterlegen werden, der auf einem herumtrampeln möchte, wenn man sich nicht verteidigt.

Carnegie:
Ja, ich weiß, was Sie meinen, und ich kenne auch viele Menschen, die im selben Teil des Landes aufgewachsen sind wie Sie. Einer Ihrer Nachbarn arbeitet in einer unserer größten Fabriken. Als er vor vielen Jahren begann, für uns zu arbeiten, war er so besessen von der Idee, sich selbst durch körperliche Gewalt zu verteidigen, dass er nie ohne Pistole aus dem Haus ging.

Aber er trägt diese Pistole nicht mehr bei sich! Sie zu besitzen, kostete ihn vor einigen Jahren fast seine Freiheit, wäre ich ihm nicht zu Hilfe gekommen. Er wollte damit seine Position gegen einen Feind verteidigen, wobei es viel besser gewesen wäre, die richtige mentale Einstellung zu haben. Ich brachte ihn dazu, mir die Pistole zu geben, durch das Versprechen, dass ich ihm einen besseren Weg zeigen würde, Streitigkeiten beizulegen, wenn er sie nie wieder tragen würde. Das war der Beginn einer Wendung in seiner Laufbahn, die ihn schließlich zu einem unserer wichtigsten Mitarbeiter machte.

Sie sehen, dieser Mann wollte durch körperliche Gewalt etwas erreichen, das so viel leichter durch mentale Stärke erreichbar ist. Er lernte, seinen Verstand zu nutzen, und dieser Sieg über ihn selbst verhalf ihm zu vielen anderen Siegen. Jetzt hat er selten Feinde, aber wenn, wendet er seinen Verstand statt körperlicher Gewalt an, mit dem Ergebnis, dass er diesen dadurch, dass er ihn nutzt, so verbessert hat, dass er nun 12 000 US-Dollar pro Jahr [300 000 US-Dollar heutzutage] verdient anstatt der drei US-Dollar pro Tag wie zur Zeit der Pistolen-Episode.

Hill:
Ja, natürlich! Aber gibt es nicht viele Umstände im Leben, in denen es nicht ohne körperliche Gewalt geht?

Carnegie:
Vielleicht gibt es diese hin und wieder im Leben derer, die nicht gelernt haben, dass sie sich einer größeren Macht bedienen können,

aber ich kann davon nicht aus persönlicher Erfahrung berichten, da ich nie auf körperliche Gewalt zurückgegriffen habe, um ein Missverständnis mit jemandem zu klären.

Hill:
Nun, da erzählen Sie mir etwas völlig Neues. Erzählen Sie mir von der »Decke des spirituellen Schutzes«, die wir, wie Sie sagen, verwenden können, um uns zu schützen. Was ist das, und wie wird sie angewendet?

Carnegie:
Was es ist, kann ich Ihnen nicht sagen. Aber ich kann Ihnen erzählen, wie sie *verwendet* wird. Sie funktioniert, wenn Sie sich durch Selbstdisziplin vollständig Ihres eigenen Verstandes bemächtigen. Sie werden feststellen, dass Sie durch Worte und Ihre mentale Einstellung Missverständnisse klären können, die Sie früher mit körperlicher Gewalt geregelt hätten.

Hill:
Oh, ich weiß, was Sie meinen! Wenn wir solche Kontrolle über unseren Verstand haben, dass wir unseren Feinden gegenüber eine passive Haltung einnehmen, nehmen sie unsere überlegene mentale Stärke wahr und respektieren diese?

Carnegie:
Jetzt verstehen Sie allmählich, worauf ich hinauswill! In meiner Laufbahn bin ich immer wieder Männern begegnet, die auf mich wütend waren und ihre tatsächliche oder eingebildete Beschwerde durch körperliche Gewalt äußern wollten, aber es ist noch nie vorgekommen, dass jemand einen Streit auf diese Weise mit mir austragen wollte.

Wenn ich mich duellieren muss, möchte ich meine Waffen selbst wählen, und das habe ich immer so gehalten. Früher regelten Männer persönliche Differenzen mit Pistolenduellen, aber in so einem

Kampf hätte ich keine Chance, da ich nichts über Waffen weiß. Daher habe ich es immer geschafft, Meinungsverschiedenheiten auf für mich sicheren Boden zu verlegen, auf dem ich mich mit einer mir vertrauten Waffe verteidigen konnte.

Generell ist derjenige, der nur Gewalt kennt, dem, der die Kraft seines Verstandes versteht, nicht gewachsen und hat einen Kampf auf dieser Basis bereits verloren, noch ehe dieser begonnen hat.

Hill:

Aber Mr. Carnegie, spirituelle Stärke reicht doch nicht aus, wenn man von einem Wegelagerer angegriffen wird, der einem die Pistole zwischen die Rippen hält und verlangt, ihm sein Geld zu geben, oder?

Carnegie:

Ihre Frage erinnert mich an etwas, das vor vielen Jahren in einer unserer Mühlen passierte. Eines Nachmittags, als die Arbeiter in der Schlange standen, um ihre Lohnschecks zu erhalten, trat ein Mann ans Fenster, steckte eine Pistole herein, zielte auf den Zahlmeister und verlangte, dass er ihm die Lohnschecks übergab. Der Zahlmeister gehorchte nicht, sondern saß ruhig da und sah den Mann mit der Pistole direkt an.

Einer der Wachmänner sah, was geschah, und ging langsam, ohne Anstalten zu machen, seine Pistole zu ziehen, auf den Mann mit der Pistole zu. Kein Wort wurde gesprochen, aber der Mann drehte sich um und zielte direkt auf die Wache. Der Wachmann zögerte nicht, sondern ging entschlossen auf den Mann zu, bis er etwa eine Armlänge vor ihm stand. Zur Überraschung aller ließ der Mann seine Waffe fallen, sagte »Bitte nicht schießen. Ich gebe auf« und hielt seine Hände in die Höhe.

Wissen Sie, er hatte Angst, erschossen zu werden. Nicht mit einer Pistole, denn es war keine zu sehen, aber mit etwas, das er irgendwie mit einer Pistole assoziierte. Nur nahm er das als viel mächtiger wahr als eine Pistole. Es war die Courage des Wachmanns, der so offen gezeigt hatte, dass er sich vor Pistolen nicht fürchtete. Ich sage Ihnen, jeden von uns, der sich auf die Kraft seines Verstandes verlässt, umgibt eine »schützende Decke«, und niemand kann sagen, unter welchen Bedingungen dieser Umstand körperliche Gewalt beherrscht oder eben nicht.

Hill:
Haben Sie je herausgefunden, weshalb sich der Wachmann so unvorsichtig verhielt, Mr. Carnegie?

Carnegie:
Unvorsichtig? Wieso, ich finde nicht, dass er sich unvorsichtig verhielt. Im Gegenteil, er urteilte vernünftig, denn sein gesunder Menschenverstand sagte ihm, dass er überhaupt keine Chance hätte, wenn er sich auf einen Kampf mit einem bewaffneten Räuber einließ, der auf ihn mit dieser Waffe zielte, es sei denn, er würde eine Kraft einsetzen, mit der der Bewaffnete weniger vertraut war.

Sie sehen, die psychologische Komponente, wie ein unbewaffneter Mann wortlos und ohne zu zögern auf den Lauf einer Pistole zuging und nicht versuchte, seine eigene Waffe zu ziehen, reichte aus, diesen Bewaffneten zu verunsichern und brachte ihn dazu, die Nerven zu verlieren.

Hill:
Dann war es die Tatsache, dass der Mann die Nerven verlor, und nicht die »Decke des spirituellen Schutzes«, die den mutigen Wachmann rettete?

Carnegie:
Weder Sie noch ich können das ganz genau herausfinden, denn spirituelle Macht arbeitet still. Es ist eine unberührbare Macht. Wie oder warum sie funktioniert, weiß niemand. In diesem Fall wissen wir nur, dass ein Mann ohne Waffe einen Mann mit auf ihn gerichteter Waffe

im Griff hatte. Wir können nur erahnen, was in den Köpfen dieser beiden Männer vorging. Vielleicht könnte keiner von ihnen uns sagen, was wirklich vorgefallen ist.

Der Wachmann erzählte mir hinterher, dass er keine Angst hatte, bis er sich bückte und die Pistole aufhob, die der Räuber hatte fallen lassen. Dann, sagte er, merkte er, dass er etwas sehr Dummes getan hatte. »Aber«, sagte er, »irgendetwas in mir drin sagte mir, dass, wenn ich meine Pistole zöge, jemand getötet werden würde«, und so nah wie in diesem Moment kam ich dem Grund, wieso der Wachmann sich dem Räuber mit Courage anstatt Waffengewalt genähert hatte, nie wieder.

Hill:
Sie meinen also, dass Menschen spirituelle Stärke entwickeln können, wenn sie Kontrolle über sich gewinnen?

Carnegie:
Nicht nur spirituelle Stärke, sondern auch mentale und körperliche. Diejenigen, die die Kontrolle über sich gewinnen, sind nicht länger Opfer der Angst. Sie sind nicht länger die Opfer ihrer eigenen Gefühle, sondern wandeln ihre emotionale Stärke in alles um, was sie möchten. Niederlagen machen ihnen nichts mehr aus, denn sie wandeln sie durch neue Kraft und mehr Willensstärke in Siege um.

Spüre die Angst und tue es trotzdem.
– Susan Jeffers

Hill:
Wenn Menschen in den Besitz dieser Stärke gelangen, besteht das Risiko, dass sie sie durch eine Niederlage, über die sie keine Kontrolle haben, verlieren?

Carnegie:

Es ist unwahrscheinlich, dass Menschen, die gelernt haben, ihren Verstand zu benutzen, sich einer Niederlage gegenübersehen werden, über die sie keine Kontrolle haben. Wenn das passiert, werden sie zumindest ihre Reaktionen unter Kontrolle haben und nicht den Mut verlieren. Wissen Sie, Menschen, die sich aus ihren selbst gesetzten Grenzen befreit haben, gehen eine Verbindung mit ihrem spirituellen Ich ein, die sie den meisten Ursachen von Niederlagen gegenüber immun macht.

Hill:

Meinen Sie, dass großer Kummer, der durch Umstände außerhalb ihrer eigenen Kontrolle verursacht wurde, die spirituelle Kraft von Menschen nicht brechen könnte, wenn diese Macht über ihren Verstand haben?

Carnegie:

Ja. Menschen, die sich unter Kontrolle haben, wissen, wie sie sich gegen jedweden Kummer wappnen können. Das ist eins der ersten Dinge, die sie lernen.

Hill:

Das ist eine seltsame Macht, mit der Sie mich bekannt gemacht haben, Mr. Carnegie. Ich hoffe daher, Sie verzeihen mir, wenn meine Fragen banal erscheinen.

Carnegie:

Die Macht, durch die Menschen sich selbst beherrschen lernen, ist den meisten Menschen fremd. Wäre das nicht der Fall, gäbe es nicht so viele Menschen auf der Welt, die Niederlagen einfach kampflos hinnehmen. Und es gäbe in einem Land wie unserem, wo es alles, was Menschen brauchen oder verwenden können, im Überfluss gibt, keine Armut.

Hill:

Sie sind also der Ansicht, dass jede normale Person genug Gedankenkraft hat, um alle ihre Probleme zu lösen und ihre Bedürfnisse zu stillen.

Sehe ich das richtig?

Carnegie:

Ja genau, und ich habe demonstriert, wie gut das funktioniert. Mein Problem ist, dass ich dem amerikanischen Volk klarmachen möchte, dass es eine Macht gibt, die es besitzt, aber nicht anwendet. Das ist die große Bürde der Erfolgsphilosophie.

Niemand, der sich diese Philosophie aneignet und sie dann auch praktisch anwendet, wird jemals etwas brauchen, das er nicht mit minimalem Aufwand bekommen kann. Aber erinnern Sie sich, diese Philosophie verspricht nichts umsonst, denn so etwas gibt es nicht.

Hill:

Denken Sie, dass Emersons Essay *Kompensation* mehr war als eine reine literarische Leistung?

Carnegie:

Ja, viel mehr! Emerson beschrieb ein großes universelles Gesetz, das in direktem Zusammenhang zu unserem Thema steht. Durch dieses Gesetz hat alles einen entsprechenden Wert in etwas anderem. Wenn das nicht der Fall wäre, gäbe es keine Möglichkeit, aus einer Niederlage einen Trumpf zu machen.

Aber trotz des Ausgleichsgesetzes kann eine Niederlage nicht zu einem Trumpf werden, wenn die Person sich nicht anstrengt. Wir profitieren von der Niederlage durch unsere Reaktionen auf sie. Die Mühe ist der Preis, den wir für den Nutzen, die sie bereithalten kann, bezahlen. Daher ist eindeutig, dass eine Niederlage nichts umsonst verspricht.

Hill:
Sie meinen natürlich, dass der mögliche Nutzen der Erfahrung verloren ist, wenn wir auf eine erlittene Niederlage nicht reagieren?

Carnegie:
Genau das meine ich, und auf diese Weise versagen sich die meisten Menschen, von der Niederlage zu profitieren. Sie nehmen sie einfach mit negativer Einstellung hin und lassen sie ihre Willenskraft unterminieren, statt diese zu vergrößern. Man kann es sich nicht leisten, die Erfahrung einer Niederlage auszusitzen, denn wenn sie nicht in eine konstruktive Handlung umgewandelt wird, wird sie destruktiv, und jede solche Erfahrung entfernt einen noch weiter davon, seinen Verstand unter Kontrolle zu haben.

Hill:
Dann könnte man also sagen, dass eine Niederlage immer ein Trumpf oder eine Bürde ist, ein Segen oder ein Fluch, je nachdem, wie man darauf reagiert?

Carnegie:
Ja, dazwischen gibt es nichts. Entweder sie hilft oder sie behindert, ihr Effekt ist nie neutral.

Hill:
Mit anderen Worten, nach einer Niederlage bewegen wir uns immer entweder vorwärts oder rückwärts?

Carnegie:
Genau! Erfreulicherweise liegt die Entscheidung darüber bei jedem selbst.

Es gibt ein unbekanntes Naturgesetz, das dem Charakter einer Person jeden ihrer Gedanken und jede ihrer körperlichen Betätigungen hinzufügt, egal wodurch diese initiiert wurden. Wenn also die

Mehrzahl unserer Gedanken und Handlungen negativ sind, ist klar, wie sich das auf unseren Charakter auswirkt.

Hill:
Wollen Sie damit sagen, dass wir nie einen Gedanken denken können, ohne seine Entsprechung unserem Charakter hinzuzufügen?

Carnegie:
So ist es! Sie sehen also, weshalb wir uns kontrollierte Gewohnheiten aneignen sollten, um unseren Charakter nach Wunsch zu formen. Tun wir das nicht, passiert das ohne unser Zutun, mithilfe dieses Gesetzes, von dem ich gesprochen habe. Die Bausteine werden aus willkürlichen Einflüssen bestehen, die sich in unseren Verstand verirren.

Hill:
Dann ist unser Charakter nie derselbe wie am Tag zuvor, wenn jeder Gedanke, der uns durch den Kopf geht, dazukommt?

Carnegie:
Man könnte sogar sagen, dass unser Charakter nicht mal für zwei Minuten derselbe ist. Jeder Gedanke macht uns stärker oder schwächer, je nachdem, welcher Art diese Gedanken sind.

Hill:
Die Zeit ist also ein Vermögen oder eine Verbindlichkeit der Menschheit, je nachdem, was wir damit machen?

Carnegie:
Das stimmt. Jeder Mensch speichert im wahrsten Sinne des Wortes Vermögen oder Verbindlichkeiten in jeder Sekunde seines Lebens, durch seine angewöhnten Gedanken. Wenn wir unsere Gedanken dadurch kontrollieren, dass wir die wichtigeren von ihnen in angemessenen, konstruktiven Handlungen ausdrücken, wird die Zeit

unser Freund. Wenn wir uns nicht auf diese Weise um unseren Verstand kümmern, wird sie zu unserem Feind.

Aus diesen Schlussfolgerungen gibt es kein Entkommen.

Hill:

Ihre Theorie bringt mich zu der Überlegung, ob sie nicht teilweise erklärt, warum Menschen selten wirklich erfolgreich sind, bevor sie 40 geworden sind, wie Sie behauptet haben.

Carnegie:

Das ist eine logische Schlussfolgerung. Bevor wir in irgendetwas erfolgreich sein können, müssen wir »erfolgsbewusst« werden. Was bedeutet das? Ich denke, dass wir erfolgsbewusst werden, wenn wir unseren Verstand von allen Gedanken des Scheiterns befreien und ihn ständig mit Erfolgsgedanken füttern. So verkaufen wir uns selbst die Idee von Erfolg und lernen, daran zu glauben, dass wir erfolgreich sein können; dann führt unser Glauben uns wie von selbst zu den entsprechenden Gelegenheiten.

Jeder Gedanke wird Teil unseres Charakters. Daher entfernen wir zu gegebener Zeit alle selbst gezogenen Grenzen und finden uns auf dem Highway zum Erfolg wieder, auf dem uns nichts im Weg steht.

Hill:

Aber wir können uns ebenso die Idee von Armut oder Scheitern verkaufen?

Carnegie:

Unser Verstand agiert gemäß den vorherrschenden Gedanken, die wir auf ihn projizieren, und arbeitet mit allen zur Verfügung stehenden natürlichen und logischen Mitteln auf das Ziel hin, diese Gedanken in die Realität umzusetzen. Es wird uns ebenso schnell und entschieden eine Gelegenheit geben zu scheitern wie eine Gelegenheit, erfolgreich zu sein.

Der unterbewusste Teil unseres Verstands schnappt sich unsere vorherrschenden Gedanken, wenn sie zu Denkgewohnheiten geworden sind, und verfolgt das Ziel, diese in die Tat umzusetzen, egal welcher Art sie sind. Die Menschen haben keine Kontrolle über die Aktivitäten des Unterbewusstseins, aber wir besitzen das Privileg, unsere vorherrschenden Gedanken zu kontrollieren, und können so von unserem Unterbewusstsein *profitieren.*

So wie du denkst, wirst du werden.
– Bruce Lee

Hill:
Manche Menschen stellen die Existenz des Unterbewusstseins infrage. Gibt es irgendeinen handfesten Beweis für seine Existenz?

Carnegie:
Manche Menschen stellen die Existenz der Unendlichen Intelligenz infrage. Wenn wir unseren Verstand begrenzen – durch Angst, Zweifel und Unentschlossenheit –, bis diese Gedanken ein fester Teil unseres Charakters geworden sind, ist es nur natürlich, dass wir viele Dinge infrage stellen, die wir zu unserem Vorteil nutzen könnten, wenn wir nur an sie glauben könnten.

Es gibt so viele Beweise für die Existenz eines unterbewussten Teils des Verstandes wie für die Existenz von Elektrizität! Ich werde nicht versuchen, herauszufinden, was Elektrizität ist oder was die Quelle ihrer Macht sein könnte, aber ich werde weiterhin Elektrizität benutzen, wann immer sie mir nützlich ist – und dasselbe kann ich mit meinem Unterbewusstsein tun.

Ich weiß nicht, in welchem Teil des Verstandes es sitzt oder was es dazu veranlasst, so zu arbeiten, wie es das tut, aber ich weiß, dass es genauso funktioniert, wie ich beschrieben habe, und dass ich es weiterhin verwenden werde, um meine Pläne und Wünsche in die Tat umzusetzen, so wie ich das bisher auch getan habe.

Es gibt nur eine Möglichkeit, Menschen von der Existenz eines unterbewussten Teils des Verstandes zu überzeugen, und zwar durch Experimentieren, durch die Anwendung der von mir im Laufe dieser Philosophie erwähnten Anweisungen.

Die Macht, die durch den unterbewussten Teil des Verstandes zur Verfügung steht, ist nicht greifbar. Niemand kann erklären, wo sie herkommt. Aber es ist eine Quelle großer Macht, die jedem Menschen zur Verfügung steht. Diejenigen, die durch Skepsis oder Gleichgültigkeit darauf verzichten, sie einzusetzen, werden niemals wirklich erfolgreich sein.

Hill:
Ich verstehe, was Sie bezüglich der Konsequenzen für das Nicht-daran-Glauben gesagt haben, aber, Mr. Carnegie, wir bereiten diese Philosophie ja für Menschen auf, die nicht daran glauben. Wir wollen Menschen helfen, die nie adäquat über die Möglichkeiten ihres Verstandes informiert wurden, und ich habe Fragen aus so vielen verschiedenen Blickwinkeln wie möglich gestellt, nicht, weil ich nicht daran glaube, sondern damit wir keine Gelegenheit übersehen, für andere begreifbar zu machen, wie sie sich der Macht ihrer Gedanken bedienen können.

Es ist schwer für Menschen, an etwas zu glauben, das sie nicht verstehen. Daher habe ich Sie bewusst dazu gebracht, Ihre Ansichten des Unterbewusstseins wieder und wieder darzulegen, mit der Hoffnung, dass in jeder Aussage eine Idee oder Inspiration von Ihnen zum Ausdruck käme, die den Schülern dieser Philosophie dabei hilft, einen ebenso starken Glauben an diese faszinierende Machtquelle zu entwickeln.

Carnegie:
Natürlich. Ich verstehe, warum Sie Ihre Fragen so oft wiederholt haben, und es ist durchaus sinnvoll. Und ich stimme Ihnen zu, dass es schwer für Menschen ist, an etwas zu glauben, das sie nicht verste-

hen. Daher schlage ich vor, dass jeder Schüler dieser Philosophie die Vorschläge annimmt, die ich angeboten habe, und so auf demselben Weg den Glauben an die Macht des unterbewussten Verstandes gewinnt wie ich – eben durch persönliche Erfahrung! So vergrößert sich dann die Wahrscheinlichkeit, dass man wirklich dauerhaft an etwas glaubt.

Hill:
Wenn ich Sie richtig verstehe, sind sowohl Glaube als auch Ungläubigkeit Neigungen, die sich von selbst durch Denkgewohnheiten entwickeln?

Carnegie:
Das stimmt. Es ist für Zyniker schwer, etwas zu glauben, das den überzeugendsten Beweis schuldig bleibt, und sie verlangen meistens greifbare Beweise. Natürlich werden Zyniker nie Reiche gründen oder Unternehmen leiten oder sonstigen herausstechenden Erfolg in irgendetwas haben, denn Zynismus ist nur ein anderer Name für einen verschlossenen Verstand. Zyniker sperren die Tür ab und werfen den Schlüssel weg.

Zynismus ist selbstverständlich keine natürliche Eigenschaft. Man erhält sie durch die Anhäufung negativer Gedanken, die dem Charakter hinzugefügt werden, bis die Fähigkeit des Menschen zu glauben zumindest unterminiert wird.

Hill:
Wie kann ein Zyniker von seinen selbst gesetzten Grenzen befreit werden?

Carnegie:
Normalerweise durch irgendeinen Schicksalsschlag, der die Wand aus negativen Gedanken einschlägt, die der Zyniker um sich herum aufgebaut hat. Eine Krankheit oder der Verlust von etwas Wertvol-

lem hat manchmal den Effekt, einen Zyniker die Macht nicht greifbarer Dinge besser verstehen zu lassen.

Ich kannte einmal einen Zyniker, der sich selbst so in seine Ungläubigkeit zurückzog, dass er Atheist wurde. Er glaubte nur seiner Frau. Als sie sehr krank wurde und verstarb, war er sehr nah dran, derselben Krankheit zu erliegen.

Ein knappes Jahr lang befand er sich an der Grenze zwischen Leben und Tod, erholte sich aber schließlich. Durch den Schock, seine Frau verloren zu haben und so krank zu sein, wurde er »wiedergeboren«. Er kam zu der Überzeugung, dass ihm seine Frau genommen worden war, um ihn von seiner Ungläubigkeit an den Schöpfer zu befreien.

Nachdem er sich erholt hatte, wurde er zum Geistlichen und ist heute einer der einflussreichsten Menschen auf diesem Gebiet. Seine Ungläubigkeit hat sich ins Gegenteil umgewandelt.

Hill:
Dann hatte sein Unglück auch etwas Gutes!

Carnegie:
Ja, wenn man es Unglück nennen kann. Ich persönlich würde sagen, dass seine Erfahrung ein reines Glück war, da es für jeden, der ihn kannte, offensichtlich war, auch für ihn selbst, dass er sich und sein positives »anderes Ich« durch seinen Kummer und sein Leid gefunden hat.

Hill:
Also glauben Sie, dass Kummer positive Auswirkungen haben kann?

Carnegie:
Ja, manche Menschen scheinen nie die unsichtbare Macht ihres Verstandes zu entdecken, bis sie eine persönliche Erfahrung machen, die sehr tief reicht und ihre angeeigneten Denkgewohnheiten aufbricht.

Du weißt nicht, wie stark du bist, bis stark sein deine einzige Wahl ist.
– Bob Marley

Hill:
Sie sprachen von einem Naturgesetz, das unsere Denkgewohnheiten festigt. Könnte es sein, dass die Natur auch das Mittel stellt, durch das die Auswirkungen dieses Gesetzes da, wo sie negativ sind, aufgehoben werden können?

Carnegie:
Wahrscheinlich wurde so eine Vorkehrung getroffen. Sie ist auch nötig, damit jeder vom Kompensationsgesetz profitieren kann. Vielleicht stellt das Kompensationsgesetz selbst ein Mittel zur Verfügung, das von selbst gesetzten Grenzen befreit. Wie auch immer, es gibt keinen Zweifel daran, dass großer Kummer, der aus Niederlagen, Misserfolgen und Enttäuschungen entsteht, Menschen oft ihre Zuversicht wiedergibt und sie so noch einmal von vorn anfangen und den Segen erfahren können, der ihnen durch Glauben widerfahren kann.

Wenn es stimmt, dass die Rettung der Seelen von ihrem Glauben abhängt, muss es ebenso stimmen, dass der Schöpfer die Menschen mit den Mitteln ausgestattet hat, mit denen sie den Schaden ausgleichen können, den sie sich selbst durch Ungläubigkeit antun. Vielleicht müssen sie durch eine Katastrophe, die die Wand der Ungläubigkeit, die sie um sich herum aufgebaut haben, niederreißt, gezwungen werden, diese anzuwenden.

Anmerkung des Herausgebers:

Das Kompensationsgesetz besagt, dass wir im Leben für unsere Beiträge, egal ob positiv oder negativ, einen Ausgleich erhalten. Viele Leute nehmen dieses große Naturgesetz nicht ernst, weil sie seine Vorzüge fälschlicherweise mit kurzzeitiger Effizienz verwechseln; wenn sie es erkennen und nicht sofort das Ergebnis erhalten, auf das sie aus sind, wenden sie sich davon ab. Sie vergessen, dass, je länger die Zeitspanne ist, wir desto mehr zum Mittel zurückkehren – das gilt für jedes universelle Gesetz. Mit der Zeit erhalten wir, was wir verdienen, und das muss nicht immer das sein, was wir wollten.

Vielleicht haben Sie das Sprichwort gehört »Das Haus gewinnt immer«, das berechtigterweise verwendet wird, Menschen davon abzubringen, beim Glücksspiel Geld zu verlieren. Die grellen Lichter, die tollen Wasserspiele und die verschwenderische Ausstattung werden von den Verlusten der Spieler finanziert und locken andere an den Spieltisch. Spieler versuchen oft unbewusst, das Kompensationsgesetz auszutricksen, aber das einzig Sichere ist, dass Casinos Profis darin sind, abzuräumen; sie wissen, dass man kurzzeitig eine Gewinnsträhne haben kann, aber je länger man dortbleibt, desto größer ist die Wahrscheinlichkeit, dass das Haus gewinnt.

So ist das auch beim Zahlen mit Kreditkarte, bei dem das Prinzip des Zinseszins gegen diejenigen arbeitet, die ihr Geld nicht ordentlich verwalten. Wenn das Geld nicht auf einem Sparbuch verfügbar ist, greifen viele Menschen auf das zurück, das auf einem Kreditkonto verfügbar zu sein scheint. Auf ihrem Kontoauszug sehen sie dann ihre »Kompensation« in Form exorbitanter Zinssätze.

Findige Sparer nutzen dieselbe Macht, um finanziell unabhängig zu werden. Jeden Monat sparen sie einen festen Betrag ihres Gehalts, das proportional zu ihren Fähigkeiten wächst, um ein vielfältiges Vermögens-Portfolio aufzubauen. Das führt zu einem ständig wachsenden Depot, das sie für ihre Selbstdisziplin belohnt.

Hier greift dasselbe Gesetz, jedoch mit völlig anderen Ergebnissen. Albert Einstein sagte einst: »Der Zinseszins ist das achte Weltwunder. Wer ihn versteht, bekommt ihn. Wer ihn nicht versteht, zahlt ihn.« Diese Aussage ist der Widerhall des Kompensationsgesetzes. Man kann es kurzzeitig täuschen, aber mit der Zeit gewinnt es immer – in allen Lebensbereichen. Jeder Gedanke und jede Handlung werden Teil unseres Charakters und stärken oder schwächen uns, je nach ihrer Beschaffenheit.

Hill:

Klar! Ihre Theorie ist offensichtlich korrekt. Und sie gibt mir eine ganz neue Sicht auf Niederlagen, Kummer und die Erfahrungen, die Menschen das Herz brechen. Manchmal sind sie nur dazu da, damit Menschen ihr »anderes Ich« kennenlernen können. Es ist ermutigend, zu wissen, dass der Schöpfer die Menschen mit einem Werkzeug ausgestattet hat, durch das sie sich selbst von den Irrungen ihrer eigenen Ignoranz erlösen können.

Carnegie:

Jetzt begreifen Sie, worauf ich hinauswollte. Niemand sollte zynisch werden, wenn er Misserfolge, Krankheiten oder Katastrophen erlebt, denn in seiner schwersten Stunde könnte er seine größte Stärke finden. Das ist vielen so gegangen, die die Welt als »groß« bezeichnet hat. Vielleicht ist es das, was alle diese Menschen erlebt haben.

Niederlage und körperlicher Schmerz sind zwei große Vorteile. Sie warnen uns, dass etwas korrigiert werden muss, und wenn wir auf diese Warnung fragend und mit der richtigen mentalen Einstellung reagieren, finden wir meistens heraus, was es ist, das unsere Aufmerksamkeit braucht.

Hill:

Diese Lektion war eine große Enthüllung für mich, die Vorstellung, dass Niederlage, Scheitern und Kummer einen von Gewohnheiten ablenken können, die zu finanziellen Schwierigkeiten führen können, und viel wichtiger, dass solche Erfahrungen den Weg zum Seelenheil weisen können.

Carnegie:

Demnach würde ich Sie gern ermahnen, wie wichtig es ist, das Wissen, das Sie aus dieser Lektion erlangt haben, anzuwenden. Geben Sie sich nicht damit zufrieden, nur zu wissen! Wenden Sie es stattdessen durch Ihre Denkgewohnheiten an. Es kann nur von Dauer sein, wenn Sie es voll und ganz nutzen.

Analyse: Aus Niederlagen lernen

Von Napoleon Hill

Vielleicht stellt kein anderes Prinzip der Erfolgsphilosophie so viel Hoffnung für persönlichen Erfolg in sich bereit wie dieses. Hier haben wir überzeugende Beweise dafür, dass »jede Widrigkeit den Samen eines gleichwertigen Vorteils in sich trägt«.

Diese Aussage gilt ohne Wenn und Aber!

Außerdem kommt sie von jemandem, der jenseits allen vernünftigen Zweifels bewiesen hat, dass keine menschliche Erfahrung vergebens ist; dass eine Niederlage ein großer Vorteil werden kann; und dass Scheitern selten mehr ist als eine kurzzeitige Form der Niederlage, die in einen ebenso großen Erfolg umgewandelt werden kann.

Mit Blick darauf, wie die Welt heute ist, kommt diese Einsicht zu einer Zeit, in der es viele Gelegenheiten für ihre Anwendung gibt. Millionen Menschen sind in den letzten zehn Jahren wirtschaftlich gescheitert – sie brauchen praktische Mittel, um sich wieder hochzuarbeiten. Millionen andere sind durch den Verlust ihrer Freiheit durch den Zweiten Weltkrieg mit Niederlagen in Berührung gekommen. Über den ganzen Planeten verteilt gibt es Bedarf für ein besseres Verständnis des Modus Operandi, durch den Menschen Niederlagen als Hilfsmittel verwenden können, ihre Verluste wiedergutzumachen.

Scheitern und Schmerzen sind zwei Methoden,
durch die die Natur mit jedem Lebewesen kommuniziert,
wenn etwas schiefgeht, das Aufmerksamkeit erfordert.
– Andrew Carnegie

Ich beabsichtige nicht, Mr. Carnegies Analyse der Philosophie, wie man aus Niederlagen lernt, zu verbessern, aber ich biete Ihnen das an, was ich als gesunden Beweis zur Unterstützung seiner These zu diesem Thema ansehe.

Nirgends in dieser Philosophie habe ich ein Versprechen gefunden, das mehr Mut macht als das, was in dieser Lektion dargestellt wird. Hier haben wir die Zusicherung eines überaus praktisch veranlagten Menschen, der erklärt, dass die Erfahrung der Niederlage, die wir als Stolperstein akzeptiert haben, in ein Sprungbrett verwandelt werden kann, das uns unserem ausgewählten Ziel näherbringt.

Um eine einfache Metapher zu benutzen, könnte man sagen, dass diese Philosophie uns ermöglicht, dem Leben zu sagen: »Wenn du mir mit irgendeiner unerfreulichen Erfahrung eine saure Zitrone gibst, mache ich Limonade draus, statt zuzulassen, dadurch sauer zu werden.«

Es ist ermutigend, Scheitern als gemeinsame Sprache zu betrachten, in der die Natur zu allen Menschen spricht und sie zu Demut anregt, sodass sie Weisheit und Verständnis erlangen können. Wenn sie Scheitern und Niederlage mit dieser Einstellung begegnen, werden diese einst negativ bewerteten Ereignisse zu Trümpfen von unschätzbarem Wert, weil sie fast ausnahmslos zur Entdeckung der versteckten Kräfte führen, die in jedem von uns stecken.

Vor kurzer Zeit hatte ich die Ehre, mit einem Mann zu sprechen, der während der Großen Depression, die 1929 begann, ein großes Vermögen verloren hatte. Er war so großzügig, die Vorteile aufzuzeigen, die ihm aus seinem finanziellen Verlust entstanden waren.

Hier ist seine Geschichte, in seinen Worten:

»Durch den Verlust meines materiellen Vermögens kam ich zu einem nicht greifbaren Vermögen in solchen Ausmaßen, dass es nicht nur mit materiellen Begriffen beschrieben werden kann. Die Große Depression war gleichzeitig die Ursache meines größten Scheiterns und meines größten Sieges, da sie mich mit einer Lebensphilosophie bekannt machte, die möglichen zukünftigen Niederlagen den Schrecken nimmt.

Die Große Depression nahm mir all mein Geld, lehrte mich aber, dass die absolute Unabhängigkeit des Einzelnen nur eine Theorie ist; dass jeder auf die eine oder andere Weise von anderen abhängig ist, und zwar sein Leben lang. Sie lehrte mich, dass:

- es zwecklos ist, sich über Dinge, die man nicht kontrollieren kann, Sorgen zu machen.
- Angst ein Bewusstseinszustand ist, der im Allgemeinen keine unheilbare Ursache hat.
- das biblische Zitat ›Was der Mensch sät, das wird er ernten‹ mehr ist als ein poetischer Satz; es ist eine stichhaltige Philosophie.
- alles, das einen dazu zwingt oder anregt, seinen Antrieb zielgerichtet einzusetzen, von Vorteil ist.
- Geld, Immobilien, Staatsanleihen und materielle Dinge im Allgemeinen durch Angst und eine negative mentale Einstellung wertlos werden können.
- die vorherrschenden Gedanken, die man im Kopf hat, sich in ihrer körperlichen Entsprechung ausdrücken, egal ob sie positiv oder negativ sind.
- nichts umsonst ist, weder im Bereich der Naturgesetze noch in den Angelegenheiten der Menschen.
- es ein Kompensationsgesetz gibt, das früher oder später alle Menschen in einer verbreiteten Währung auszahlt.
- es etwas unendlich Schlimmeres gibt, als zur Arbeit gezwungen zu werden, und das ist: *nicht arbeiten zu dürfen!*
- der tatsächliche und rechtmäßige Besitz von Eigentum weder seine Dauerhaftigkeit noch seinen Wert garantiert.
- ein Geschäft, das nach dem Prinzip der Goldenen Regel abgeschlossen wurde, größere Chancen hat, eine finanzielle Depression zu überstehen, als ein anderes.
- auf Hungersnöte Festtage folgen, so sicher wie Tag auf Nacht, und auf Festtage Hungersnöte.

- ein Anzug mehrere Jahre getragen werden kann und ein Auto nicht jedes Jahr ausgetauscht werden muss.
- sich Angst wie eine Epidemie durch Gedanken und Worte der breiten Masse ausbreiten kann.
- es besser und profitabler ist, nützliche Arbeit zu verrichten, als Hilfsgelder zu verlangen, ohne etwas dafür zu tun.
- eine zeitweise Niederlage nicht als dauerhaftes Scheitern hingenommen werden muss.
- sowohl Erfolg wie auch Misserfolg im Verstand als Ergebnis der dort vorherrschenden Gedanken entstehen.
- Reichtum an materiellen Dingen ohne Reichtum des Geistes eher ein Fluch als ein Segen ist.
- der größte Segen eines Menschen in seinem größten Kummer bestehen kann.
- etwas dran ist an diesen großen Paradoxen: der Segen von Widrigkeiten, die Gesellschaft der Einsamkeit und die Stimme der Stille.
- ein gefüllter Geldbeutel ohne Demut des Herzens gefährlich sein kann.
- es eine Person gibt, auf die man sich verlassen kann und die einen auch in schweren Zeiten nicht enttäuscht, und das ist man selbst.
- auch während einer finanziellen Depression die Sonne auf- und untergeht, das Wasser bergab fließt, die Jahreszeiten regelmäßig kommen und gehen, die Sterne am Himmel stehen und die Natur geordnet ihren Gang geht. Nichts ändert sich wegen einer wirtschaftlichen Depression, nur die Gedanken der Menschen!
- Menschen auf die Stimme der Niederlage hören, wenn sie auf nichts anderes hören.
- alle Menschen sich im Geiste und in natura näherkommen, wenn sie gemeinsam eine Katastrophe erleben.
- der Besitz großen Reichtums viele anzieht, die Freundschaft anbieten, aber nicht ernst meinen, und der Verlust des Geldes die wahre Identität aller echten und unechten Freunde enthüllt.

In einem Satz gesagt, enthüllte die Große Depression mir mein ›anderes Ich‹ – das positive Selbst, das ich vernachlässigt hatte; das Selbst, das nicht akzeptiert, dass man Niederlagen oder Verluste nicht wiedergutmachen kann, indem man sie als Herausforderung ansieht, sich mehr anzustrengen.«

Anmerkung des Herausgebers:

Was für eine unglaubliche Geschichte! Was ich am meisten an den Worten von Carnegie und Hill und jetzt noch an Hills Bekanntschaft liebe, ist, wie sie die heutigen Probleme exakt an der Wurzel packen, obwohl sie bereits vor einem Dreivierteljahrhundert verfasst wurden.

Die Achterbahnfahrt dieses Mannes beinhaltet Themen, die wir viele Jahrzehnte, nachdem sie beschrieben wurde, wieder und wieder sehen. Ihre Lektionen zeigen sich am offensichtlichsten in der Wirtschaftskrise von 2007, nachdem Überschuldung sowohl den Immobilienmarkt als auch den Aktienmarkt zum Kollaps führte, was für weltweite Preisschwankungen sorgte.

Doch es gab nicht nur Schwarzmalerei. Einige findige Investoren erkannten, dass der Markt von zwei Dingen regiert wird: Angst und Gier. Das sind die Elemente, die Verluste auf dem Papier zu echten Verlusten machen und so die einen ruinieren und für andere unerwartete Gelegenheiten schaffen. Diese anderen kauften führende Unternehmen auf, oft bekannte Namen, die trotz temporären (und sehr öffentlichen) Trubels enorme Wachstumsaussichten hatten.

Der legendäre Investor Warren Buffett hat das jahrzehntelange so gemacht. In jedem Abwärtstrend, jeder Rezession oder Finanzkrise reißt er nicht verzweifelt die Hände hoch oder kauert sich unter seinen Schreibtisch. Stattdessen betrachtet er die Situation als Gelegenheit, seinen Wohlstand zu vergrößern; er kauft Firmen unter Wert und macht sie wieder flott, sodass sie im Lauf der Zeit riesige Gewinne abwerfen. Als er einmal nach seiner Strategie gefragt wurde, sagte er: »Seien Sie ängstlich, wenn andere gierig sind, und gierig, wenn andere ängstlich sind.«

Sie können darauf wetten, dass Buffett einige bedeutende Verluste erlitten hat, aber die Erfahrung daraus ermöglicht ihm, die großen Schritte zu machen, die ihm seine größten Umsätze einbringen. Obwohl wir kurzzeitig viel verlieren, verhilft uns unsere Erfahrung, wenn wir sie richtig kanalisieren, zu Gewinnen, die viel größer sind als die vorher erlittenen Verluste.

Diejenigen, die sich auf die Angst konzentrieren, die durch negative Publicity geschürt wird und ihren Profit aus der Hysterie zieht, die sie selbst schafft, stellen fest, dass ihre Handlungen und die daraus resultierende finanzielle Position sich umgekehrt verhalten wie die solch erfahrener Investoren wie Buffett.

Es kann keine dauerhafte Niederlage für Menschen geben, die Widrigkeiten so akzeptieren, wie es dieser Mann beschrieben hat.

Seine materiellen Verluste waren substanziell. Sie waren größer als die Summe, die man im Durchschnitt in seinem ganzen Leben besitzt. Dennoch fand dieser Mann durch den Verlust seines Geldes etwas unendlich Größeres als alles Geld der Welt. Er fand heraus, dass er einen Verstand hat, mit dem er mehr Geld verdienen kann, als er verloren hat. Ich vermute, er fand auch andere Dinge heraus, die für ihn noch wichtiger waren, darunter die Tatsache, dass es Menschen gibt, die viel Geld haben, aber wenig besitzen, das glücklich macht.

Dieser Mann profitierte vom Verlust des Geldes, weil er ihn als Test für seine mentale Einstellung ansah. Dadurch wurde ihm klar, dass sich in jedem Verstand eine versteckte Kraft befindet, die mit menschlichen Notfällen aller Art fertigwerden kann. Jetzt kommt er besser mit sich selbst, seinen Geschäftspartnern und der Öffentlichkeit zurecht, der er mit seinem Beruf dient.

Wie auch immer, der Geschäftspartner des Mannes sah den Verlust seines materiellen Vermögens anders, befand ihn für unwiederbringlich, gab kampflos auf und beendete die Sache durch den

Sprung von einem Gebäude. Untersuchungen der näheren Umstände ergaben, dass er in seinem Alltag die Angewohnheit hatte, Niederlagen einfach hinzunehmen. Als dann der Notfall eintrat, der große Charakterstärke erforderte, war er diesem nicht gewachsen.

Wie Mr. Carnegie so treffend festgestellt hat, sind es unsere täglichen Denkgewohnheiten, die uns mit einer dicken »Schutzdecke« ausstatten oder uns den negativen Situationen im Leben schutzlos ausliefern.

Was sind also diese negativen Denkgewohnheiten, die zum Scheitern führen? Das sind die Denkgewohnheiten:

- Armut als unvermeidbar zu akzeptieren
- nicht anzuerkennen, dass äußere Umstände unsere Gedanken nur dann beeinflussen, wenn wir das zulassen
- sich etwas zu wünschen oder zu hoffen, es zu bekommen, ohne sich aktiv und zielgerichtet darum zu bemühen
- Angst und Minderwertigkeitsgefühle zu tolerieren
- Dinge hinauszuschieben, aufgrund eines fehlenden bestimmten Zwecks
- schon vor Beginn einer Aufgabe mit dem Scheitern zu rechnen
- Pläne nicht durchziehen zu können, auch wenn man schon mittendrin steckt
- den Gefühlen mehr Macht zuzugestehen als der Willenskraft
- sich mit Menschen zu umgeben, die Niederlagen als unvermeidbar ansehen
- negative Zeitungsberichte zu lesen und diese als Fingerzeig für die eigene Situation zu sehen
- keinerlei kontrollierte Gewohnheiten zu haben
- anderen Menschen zu erlauben, für einen zu denken
- vom Leben nichts als das Nötigste zu erwarten
- sich etwas umsonst zu wünschen
- kurzzeitige Niederlagen als dauerhaftes Scheitern anzusehen
- den Weg des geringsten Widerstands zu gehen, wo und wann auch immer persönlicher Einsatz gefordert ist

- sich wegen ungünstiger Umstände zu grämen, anstatt nach deren Ursache zu suchen und sie zu entfernen
- über Vorhaben nachzudenken, die nicht funktionieren werden, und Dinge, die man nicht haben kann, anstatt realisierbare Pläne zu schmieden und den Verstand auf Dinge zu fokussieren, die erreichbar sind
- von jeder Situation die schlechte Seite zu sehen: das Loch im Donut, aber nicht den Donut
- bei Small Talk nur von Misserfolgen, Niederlagen und negativen Dingen reden
- sich der Armut statt des Erfolgs bewusst zu sein
- sich über Mangel an Gelegenheiten zu beschweren, anstatt existierende Möglichkeiten anzunehmen oder besser noch, selbst Möglichkeiten zu schaffen
- überall nach Ursachen für das Scheitern zu suchen außer im Spiegel
- diejenigen, die Erfolg haben, zu beneiden, anstatt von ihrem Beispiel zu lernen
- vorschnelle Schlüsse zu ziehen; raten, anstatt Fakten zu beurteilen
- die Geduld zu verlieren, anstatt sie für sich zu nutzen

Das alles sind tagtägliche Denkgewohnheiten von Menschen, die sich durch deren Macht selbst zum Scheitern verurteilt haben. Diese Denkgewohnheiten stellen den Verstand darauf ein, Niederlagen als permanent hinzunehmen. Diese Denkgewohnheiten bringen das Unterbewusstsein dazu, im Rückwärtsgang zu arbeiten und so Misserfolge statt Erfolge auszulösen. Diese Denkgewohnheiten unterminieren die Willenskraft und machen Menschen für den Einfluss sämtlicher Formen der Niederlage empfänglich.

Es heißt, »wenn du für etwas wirklich bereit bist, wird es auftauchen«. Die Denkgewohnheiten, die wir erwähnt haben, beweisen, dass diese Aussage zutrifft, denn sie bereiten einen auf die Niederlage vor, und diese tritt dann auch ein.

Weine nicht, weil es vorbei ist; lächle, weil es passiert ist.
– Unbekannter Verfasser

Wenn Sie von Menschen hören, bei denen »alles, was sie anfassen, zu Gold wird«, was bedeutet, dass sie bei allem, was sie anfangen, erfolgreich sind, können Sie sicher sein, dass sie sich darauf vorbereitet haben, indem sie ihren Verstand mit einem Erfolgsbewusstsein konditioniert haben.

Andrew Carnegie hat die große United States Steel Corporation nicht mit selbst gesetzten Grenzen gegründet; noch durch irgendeine der erwähnten Denkgewohnheiten. Er gründete sie, weil er früh im Leben seinen Verstand in Besitz nahm, entschied, was er wollte, und entschlossen war, es zu bekommen. Auch wenn oft etwas schiefging, nutzte er seine Reaktionen auf Niederlagen und setzte sie für seine Zwecke ein, so wie er es in diesem Kapitel bereits empfohlen hat.

Henry Ford wurde nicht zufällig zum Kopf des großen Industrie-Imperiums Ford; noch erreichte er diese Position durch seine hervorragende Ausbildung, eine einflussreiche Familie oder Geld. Er erreichte sie, weil er seinen Verstand durch Selbstdisziplin konditioniert hatte, sodass dieser von ihm erwartete und verlangte, dass er dieses Imperium aufbauen würde. Das war einzig und allein seine Idee. Er baute es Gedanke für Gedanke auf, obwohl er bei fast jedem Schritt auf dem Weg mit Niederlagen verschiedenster Art zu tun hatte.

Jedes Mal, wenn wir angesichts einer Niederlage positiv bleiben und uns weigern, negativ zu reagieren, erlangen wir mehr mentale Stärke. Mit der Zeit wird diese Gewohnheit die Grundlage unserer Stärke.

Wir können über alles nachdenken und sprechen, bis es tatsächlich erscheint, denn es stimmt, was Mr. Carnegie festgestellt hat, dass »jeder Gedanke dazu neigt, sich in sein materielles Gegenstück zu kleiden«. Hier kommt nun der Haken an dieser Lektion, wie man aus Niederlagen lernt: Diese Erfahrung wird zu Vermögen oder Verbindlichkeit, je nachdem, wie man dazu steht.

George Washington ging nicht wegen besserer Waffen oder besser trainierter Soldaten oder aufgrund einer höheren Anzahl Soldaten als Sieger aus der Amerikanischen Revolution hervor. In all diesen Punkten war er unterlegen. Aber es gab einen Bereich, in dem er brillierte: Er weigerte sich, eine Niederlage als möglich anzusehen. Washington glaubte, er würde gewinnen, und übertrug diesen Glauben auf seine Soldaten. Dieser Glaube und nichts anderes gewann die Amerikanische Revolution. Und genau diese Haltung gegenüber persönlichen Niederlagen macht es möglich, sie zu einem *Trumpf* zu machen.

Wenn Mitglieder irgendeiner Gruppe ein gemeinsames Ziel verfolgen und ihre vereinte Kraft durch das Mastermind-Prinzip ausdrücken, können sie durch nichts besiegt werden, außer durch eine stärkere Gruppe, die dasselbe Prinzip anwendet. Selbst wenn eine Mastermind-Verbindung nur aus zwei Leuten besteht, haben sie dadurch eine Form der Kraft, die in jedem Fall ausreicht, sie vor den meisten durchschnittlichen Ursachen von Niederlagen zu schützen. Aber die Verbindung muss auf dem festen Siegeswillen geschlossen werden, die kein Scheitern als dauerhafte Niederlage akzeptiert.

Mir wurde einmal von einem einzigartigen System berichtet, eine Niederlage in einen praktisch anwendbaren Trumpf umzuwandeln. Dieses System ist so simpel, dass es jeder, der die folgenden Schritte befolgt, übernehmen und verwenden kann:

- Führen Sie ein Tagebuch, in das Sie eine vollständige Geschichte jeder Niederlage, die Sie erlebt haben, schreiben, egal wie belanglos.
- Schreiben Sie die Fakten so auf, wie sie passiert sind, auch wenn Ihr Bericht vielleicht zeigt, dass die Niederlage durch Ihr eigenes Versäumnis entstanden ist.
- Überarbeiten Sie Ihr Tagebuch einmal im Monat und schreiben Sie unter jeden Bericht, welchen Nutzen Sie daraus gezogen haben oder welchen Nutzen hieraus Sie erwarten.

Der Mann, der mir als Erster von diesem System berichtete, wendet es seit einigen Jahren an. Seither ist ihm keine Niederlage mehr widerfahren, die nicht einen ebenso großen, wenn nicht größeren Vorteil für ihn bereithielt als der Verlust, den er temporär durch den Misserfolg erfahren hatte. Er erklärte, dass einmal die Niederlage derart war, dass, wenn sie ihm nicht widerfahren wäre, sein Geschäft ruiniert gewesen wäre und er einen großen finanziellen Verlust erlitten hätte.

Nun, dieser Mann ist immun gegenüber Niederlagen. Er hat gelernt, positiv auf sie zu reagieren, und er stellt fest, dass sein System so gut funktioniert, dass seine Misserfolge seltener geworden sind. Das hängt natürlich damit zusammen, dass er erfolgsbewusst geworden ist und so die Ursachen vieler möglicher Niederlagen früh genug erkennt und die Gefahr abwenden kann.

Sein System hat noch einen großen Vorteil – es liefert greifbare Beweise dafür, dass »jede Widrigkeit den Samen eines entsprechenden Nutzens trägt«. Hierfür muss er niemandem vertrauen; er hat durch seine eigene Erfahrung die Beweise dafür. Nicht mal ein Zyniker könnte diesen widerstehen.

Derselbe Mann hat ein anderes System erarbeitet, um sich erfolgsbewusst zu machen, das ich sehr empfehle. Dafür müssen Sie diese Schritte befolgen:

- Nehmen Sie sich ein großes Stück Pappe und schreiben (oder drucken) Sie eine Liste aller großen Ursachen für Niederlagen, die auf den vorangegangenen Seiten aufgeführt wurden.
- Neben jeder fügen Sie 31 Kästchen ein, für die Tage im Monat.
- Messen Sie dann jeden Tag Ihre Performance, indem Sie sich zu jeder Ursache bewerten. Machen Sie dafür ein (X) oder einen (✓), je nachdem, wie Sie sich verhalten haben.

Dann vergleicht der Mann diese Tabelle mit dem zuvor beschriebenen Tagebuch. Am Ende jedes Monats zeigen diese beiden Systeme ihm genau, welche Ursachen für Niederlagen er nicht voll und ganz kontrollieren kann. Natürlich ist das Ziel dieses Plans, ihn erfolgsbewusst zu machen, indem er seinen Verstand zur Wachsamkeit in Bezug auf die Ursachen für Niederlagen anhält.

Sein System ist so interessant geworden, dass jedes Familienmitglied ihn sehr sorgfältig überwacht, um dafür zu sorgen, dass er sich korrekt bewertet, und er gab zu, dass bei einer Gelegenheit eins seiner jüngeren Kinder ihn schimpfte, weil er eine erlittene Niederlage nicht korrekt darstellte! Nicht nur seinen eigenen Verstand konditioniert er auf Erfolgsbewusstsein, von seinem System profitiert auch jedes Mitglied seiner Familie.

Wir alle brauchen ein praktisches System, um uns selbst korrekt zu beurteilen. Wenn wir das tun, zeigt es große Schwächen auf und enthüllt unsere verborgenen Stärken, die wir vernachlässigt haben. Ein solches System sollte eine Art tägliches Selbstbekenntnis sein.

Anmerkung des Herausgebers:

Auf dem Weg zum Erfolg ist eine Gelegenheit für aufrichtige Selbstreflexion essenziell, und genau deshalb haben wir *The Napoleon Hill Success Journal* gegründet. Sie werden feststellen, dass es Ihnen eine Möglichkeit gibt, Ihr größtes Ziel neben Ihren täglichen Vorhaben zu formulieren. Diese Klarheit darüber, welche Ergebnisse erzielt werden müssen, ermöglicht uns, unsere Anstrengungen zu den wichtigsten Bereichen zu kanalisieren. Schließlich ist es unmöglich zu gewinnen, wenn wir nicht einmal wissen, wie der Sieg aussieht.

Eine weitere wichtige Komponente ist die Fähigkeit, Ihre Zeit, Energie und Ergebnisse zu prüfen. Das betont, wie effektiv Ihre Handlungen sind, und unterstützt Sie dabei, in der kommenden Woche erfolgreich zu sein.

Hiermit müssen Sie nicht etliche Stunden verbringen. Das Journal erfordert nur ein paar Minuten Selbstdisziplin und hält großzügige Belohnungen für diejenigen bereit, die sich voll darauf einlassen. Es wird Ihre Vorstellungskraft beflügeln, Ihren Fokus wiederherstellen, Hyperproduktivität fördern, zur Herstellung von Gleichgewichten beitragen und Ihnen bewusst machen, was in Ihrem eigenen Leben am wichtigsten ist. Das bedeutet, dass Sie jeden Tag effizienter werden, was Sie wesentlich glücklicher machen und die Beziehungen in Ihrem Leben stark verbessern wird.

Zahllose CEOs, Unternehmer und Athleten haben darüber berichtet, welche Vorteile es hat, sich selbst zu beobachten und Vorsätze zu haben. Jetzt sind Sie dran!

Einer der erfolgreichsten Lebensversicherungsvertreter der USA hat ein völlig anderes System, um sich gegen Niederlagen zu versichern. Er verkaufte durchschnittlich Versicherungen im Wert von 250 000 US-Dollar im Jahr, bevor er dieses System entdeckte und in die Tat umsetzte. Nun gehört er dem Million Dollar Club an, einer Organisation von Lebensversicherungsvertretern, die, um im Club zu bleiben, jährlich Versicherungen im Wert von mindestens einer Million US-Dollar verkaufen müssen. Er ist mittlerweile das neunte Jahr in Folge Mitglied und verkauft das Zehnfache von dem, was er früher im gleichen Zeitraum verkauft hat.

Sein System bestand darin, sich ein bestimmtes Ziel zu setzen, das er aufschrieb, sich auf den Spiegel klebte (wo er es jeden Morgen beim Rasieren sah) und dann so oft laut vorlas, bis er es auswendig konnte. Jetzt wiederholt er es dreimal täglich, nach jeder Mahlzeit. Es lautet:

Das klare Ziel eines Lebensversicherungs-Vertreters:

1. Mein klares Ziel im Leben ist, Versicherungen im Wert von mindestens einer Million US-Dollar im Jahr zu verkaufen.
2. Um dieses Ziel zu erreichen, werde ich mit einer Liste von 100 geeigneten potenziellen Versicherungskunden arbeiten, die ich in meinem Besitz behalten werde und immer, wenn ein potenzieller Kunde eine Lebensversicherung abschließt, mit neuen Namen füllen werde.

3. Ich werde mindestens zehn Anrufe pro Arbeitstag machen, auch wenn ich dafür bis spät in die Nacht arbeiten muss.
4. Ich werde jedes Verkaufsgespräch profitabel machen, egal ob ich eine Versicherung verkaufe oder nicht, indem ich potenzielle Kunden anhalte, mich mindestens einem weiteren potenziellen Kunden aus ihrem Freundes- oder Bekanntenkreis vorzustellen.
5. Ich werde mich potenziellen Kunden gegenüber nicht als Vertreter meiner Firma geben, sondern als ihr persönlicher Vertreter, dessen Aufgabe es ist, sie und ihre Anspruchsberechtigten zu beraten und zu schützen.
6. Beim Verkaufsgespräch überlege ich mir einen Grund, wieso sie die Versicherung nicht abschließen könnten, nicht als endgültige, sondern aufgeschobene Entscheidung, und sie entsprechend beraten, und ich werde so lange mit jedem potenziellen Kunden zusammensitzen, wie ihre Entscheidung noch offen ist, egal ob das die ganze Nacht dauert.
7. Jedem, dem ich eine Versicherung verkaufe, kommt auf meine »Verbindlichkeitsliste« und wird von mir regelmäßig kontaktiert (mindestens einmal monatlich), sodass ich durch meinen guten Ruf auch seinen Freunden Versicherungen verkaufen kann.
8. Ich denke immer daran, dass »Nein« auch »Ja« heißen kann, und verhandle mit allen potenziellen Kunden auf dieser Grundlage.
9. Ich werde keine Niederlage akzeptieren, denn mein System funktioniert so, dass ich jedes Verkaufsgespräch zum Abschluss bringe – wenn nicht mit der Person, mit der ich das Gespräch führe, dann doch mit einem ihrer Freunde oder Bekannten.
10. Ich glaube mit aller mir zur Verfügung stehenden Macht an mein System, weil es wirklich so konzipiert ist, dass es allen nutzt, die mit ihm zu tun haben.

(Unterzeichnet) ______________________________

Wenn Sie das aufmerksam gelesen haben, werden Sie feststellen, dass es keine Niederlage akzeptiert. Dass es funktioniert, zeigt sich am besten in der Tatsache, dass der Urheber seine Verkäufe um mehr als 1000 Prozent gesteigert hat, obwohl er nicht härter arbeitet als vorher! Aber er arbeitet intelligenter, entschlossener und gemäß dem Prinzip des organisierten Vorhabens.

Das Wichtigste an seinem »organisierten Vorhaben« ist seine positive mentale Einstellung. Er *erwartet*, mehr Versicherungen zu verkaufen als früher, er hat einen *Plan*, mehr zu verkaufen, und er hält sich an diesen Plan mit einer *Einstellung*, die keine Niederlage zulässt.

Es gibt in Wahrheit keine Niederlage als im Innern;
Wenn einem diese nicht widerfährt, ist der Sieg gewiss.
– Henry Austin

Mehr als 6000 Lebensversicherungs-Vertreter wurden darin geschult, diese Philosophie in ihrem Beruf anzuwenden, und soweit ich weiß, ist es jedem von ihnen gelungen, die eigenen Verkäufe zu steigern, obwohl der Fall, von dem ich spreche, eine Ausnahme ist, was die höheren Verkäufe angeht.

Die Schulung begann mit einer allumfassenden Charakteranalyse, während der sie genau über ihre mentalen Stärken und Schwächen informiert wurden. Sie wurden Punkt für Punkt anhand der Hauptursachen des Scheiterns, die in dieser Stunde beschrieben wurden, kontrolliert. Erst protestierten viele von ihnen vehement, als ihnen ihre Schwächen aufgezeigt wurden. Sie hatten sich selbst bezüglich ihrer Charakterzüge getäuscht, die zwischen ihnen und besseren Leistungen standen, wie die meisten Menschen es tun.

Ich möchte betonen, wie wichtig eine offene und ehrliche Selbstanalyse ist, die auf einem Check-up basiert, der die Hauptursachen von Misserfolgen, die in diesem Kapitel beschrieben werden, als Maßstab verwendet. Eine sorgfältige Selbstanalyse ist vonnöten, sodass Sie für sich lernen können, welche Gewohnheiten Sie entwickelt haben, die Ihnen schaden.

Es gibt einen anderen fundamentalen Fehler, der zum Scheitern führt, und es ist ein Fehler, der vielen geläufig ist. Lassen Sie ihn mich erklären, indem ich die Erfahrung zweier Brüder mit Ihnen teile, die in einem bergigen Teil des Landes lebten.

Einer der Jungen war achtzehn, der andere zwölf. Ihr Vater schenkte jedem von ihnen ein neues Winchester-Gewehr. Aufgeregt gingen sie zur Jagd und suchten nach Bären, die sie in den Wäldern neben ihrer Farm gesehen hatten. Kurz darauf sahen sie einen Bären, aber sie begannen, darüber zu streiten, wer ihn zuerst gesehen hatte und wem der erste Schuss gebührte. Schließlich einigten sie sich darauf, dass sie den Bären wahrscheinlich gleichzeitig gesehen hatten und es so nur fair wäre, wenn sie gleichzeitig zielen und schießen würden.

Sie schossen, und der Bär taumelte ins Gebüsch. Sie rannten hin, und der ältere Junge kam zuerst an. Er sah, dass der Bär immer noch trat und strampelte. Der Jüngere geriet in Sorge, dass ihm die Ehre, das Tier getötet zu haben, genommen würde, und schrie seinen Bruder an: »Sag, wir haben ihn getötet, nicht wahr?«

Der Ältere drehte sich angewidert um und schrie zurück: »Wir nicht! Du hast danebengeschossen!«

Das ist eine typisch menschliche Eigenschaft: Fast jeder neigt dazu, etwas, das gut gegangen ist, für sich zu beanspruchen, wohingegen die meisten Menschen automatisch die Verantwortung abgeben, wenn etwas nicht geklappt hat.

Dieser Charakterzug nimmt einem jegliche potenzielle Führungsstärke, wann immer er Fuß fassen kann. Wie Mr. Carnegie passend feststellte, »ist ein entlarvter Feind ein fast beherrschter Feind«. Jeder hat versteckte Feinde in seinen Charaktereigenschaften, Gewohnheiten und seiner Persönlichkeit, aber diese können nicht beherrscht werden, wenn sie nicht erkannt werden.

Mr. Carnegie hat 45 dieser großen Feinde aufgelistet. Der erste auf der Liste: die Angewohnheit, ohne bestimmtes Hauptziel durchs Leben zu gehen. Falls Ihnen dieses Ziel fehlt, sollte das der *erste* Feind sein, den Sie in Ihrer Analyse entlarven. Solange Sie ihn nicht beherrschen, brauchen Sie sich um die anderen keine Gedanken zu machen, denn er ist der Schlüssel zu ihnen. Eine Analyse von mehr als 25 000 Menschen quer durch alle Bevölkerungsschichten zeigte deutlich, dass 98 Prozent der Menschen scheitern, weil sie kein definitives Ziel im Leben haben. Das ist erstaunlich! Denn das Fehlen eines definitiven Ziels kann jeder leicht korrigieren.

Die Benennung eines definitiven Ziels findet zunächst über die Prinzipien der Leistung des Einzelnen statt, denn dieses Ziel führt zur Entwicklung von Gewohnheiten, die mit den weniger wichtigen Zielen zusammenhängen. Es ist klug, sich in dieser Hinsicht sehr sorgfältig zu analysieren, denn die Angewohnheit, ohne konkretes Ziel durchs Leben zu gehen, geht mit einer Reihe schlechter Gewohnheiten in anderen wichtigen Bereichen Ihres täglichen Lebens einher. Sowohl gute als auch schlechte Gewohnheiten haben Verwandte – sie kommen nicht allein.

Sehen Sie sich die Liste der 45 Hauptursachen des Scheiterns auf den Seiten 145–147 an und beobachten Sie, inwieweit es hilft, auf ein bestimmtes Ziel hinzuarbeiten, darunter:

- 5. Mangel an Selbstdisziplin
- 7. Mangel an Ehrgeiz, besser zu sein als das Mittelmaß
- 10. Mangel an Durchhaltevermögen
- 11. Die Angewohnheit, eine negative mentale Einstellung zu haben
- 14. Die Angewohnheit, unentschlossen zu sein
- 15. die Angewohnheit, Angst zu haben
- 21. das Fehlen einer konzentrierten Anstrengung
- 23. das Scheitern bei der Verwaltung von Zeit und Geld
- 24. das Fehlen von kontrolliertem Enthusiasmus
- 25. Intoleranz
- 31. die Angewohnheit, sich eine Meinung zu bilden, die nicht auf Tatsachen beruht

- 32. das Fehlen von Vorstellungskraft und Fantasie
- 33. das Scheitern bei der Herstellung einer Mastermind-Verbindung
- 38. die Angewohnheit des Hinauszögerns und Aufschiebens
- 41. das Scheitern, auf persönliche Initiative hin zu agieren
- 42. das Fehlen von Eigenverantwortung
- 44. das Fehlen einer attraktiven Persönlichkeit
- 45. das Scheitern beim Entwickeln von Willenskraft

Von den 45 Hauptursachen für Niederlagen verschwinden 18 wie von Zauberhand, wenn man sich ein bestimmtes Ziel steckt. Besser noch, es sind genau die 18 wichtigsten, weil sie die häufigsten Ursachen sind. Und diese »Feinde« können durch eine einzige Veränderung erobert werden!

Immer wenn du stolperst und fällst, aber wieder aufstehst, lernst du Weisheit. Weisheit entsteht viel mehr durch Scheitern als durch Erfolg.
– Andrew Carnegie

Wenn Sie also eine erfolgsbewusste Tabelle entwerfen, wie wir sie besprochen haben, schlage ich vor, dass Sie diese 18 Ursachen rot markieren, sodass Sie ihnen viel Aufmerksamkeit geben, wenn Sie beginnen, Ihr bestimmtes Ziel zu verfolgen. Machen Sie sie zu Warnsignalen, denn genau das sind sie. Warten Sie nicht darauf, dass sie automatisch verschwinden; arbeiten Sie stattdessen proaktiv daran, Gewohnheiten zu entwickeln, die zu jeder von ihnen ein natürliches *Gegenstück* bilden.

Wenn Sie diese 18 Feinde im Griff haben, werden Sie sehen, dass andere auf der Liste automatisch verschwinden, denn jede gebildete Gewohnheit führt zum Entstehen anderer Gewohnheiten. Die Hauptursache zu scheitern, ist die Gewohnheit, ohne bestimmtes Ziel durchs Leben zu gehen. Wenn Sie diese Angewohnheit ablegen, werden Sie kaum Schwierigkeiten damit haben, die besprochenen damit zusammenhängenden Gewohnheiten in den Griff zu bekommen.

Das Leben besteht aus vielen verschiedenen menschlichen Problemen. Niemand ist stark, clever oder weise genug, all diese Probleme auf einmal zu lösen. Daher muss man sie nacheinander angehen, und es ist ratsam, mit dem größten anzufangen und es unter Kontrolle zu bekommen, denn die großen Probleme kontrollieren die kleinen.

Wenn es beispielsweise jemand mit einer Gruppe Ganoven zu tun bekommt, wird er nicht die ganze Gruppe auf einmal angreifen, sondern, wenn er weise ist, den Anführer ausmachen und sich zunächst mit ihm beschäftigen. Wenn er besiegt werden kann, verlieren die anderen ihren Mut und verteidigen sich schlecht oder gar nicht. Ebenso stehen diese 18 Ursachen des Scheiterns für Feinde, die man besiegen kann, wenn man ihren Anführer in den Griff bekommt – die Angewohnheit, kein bestimmtes Ziel zu verfolgen.

Wie Mr. Carnegie festgestellt hat, kontrollieren die erste und die letzte Ursache alle anderen bis auf eine. Lenken Sie daher Ihre Aufmerksamkeit zunächst auf diese beiden, indem Sie eine starke Willenskraft entwickeln und sie hinter ein bestimmtes Ziel positionieren. Beginnen Sie genau da, wo Sie sind, damit, dieses Ziel in die Tat umzusetzen.

Denken und sprechen reicht nicht. *Handeln Sie.* Und zwar, bis Sie Ihr Ziel erreicht haben. Ihre Stärke kommt mit der Handlung. Sie wird:

- Ihnen Selbstvertrauen geben
- Ihnen Enthusiasmus geben
- Ihnen eine bessere Vorstellungskraft geben
- Sie dazu bringen, Ihren persönlichen Antrieb zu nutzen
- Die Grenzen wegwischen, die Sie in Ihrem Kopf haben
- Ihnen Durchhaltevermögen verleihen
- Ihnen Entschlusskraft in allen Bereichen verleihen
- Ihnen Willensstärke verleihen

Wenn Sie diese Eigenschaften haben, wird es Ihnen nicht schwerfallen, Niederlagen in konstruktive Kräfte umzusetzen, die als Herausforderung dienen, sich mehr anzustrengen.

Auszug aus: »In Memoriam«

Von Lord Alfred Tennyson

Der, der zur heiteren Harfe mit
ihren verschiedenen Klängen singt, sagt die Wahrheit,
dass Menschen auf den Resten
ihres toten Ichs zu höheren Dingen gelangen können.

(Gemeint ist, dass Menschen, die alles verloren haben,
ihre Kraft für größere Taten hieraus ziehen können.)

Ich empfehle Ihnen, dass Sie Ihre Handlungsgewohnheiten damit beginnen, sich mehr Mühe zu geben! Damit können Sie sofort anfangen, ohne Vorbereitung oder Ritual. Beginnen Sie mit den Mitgliedern Ihrer Familie. Dann geht es mit Ihren Arbeitskollegen weiter.

Auch wenn Ihre Anstellung zeitlich begrenzt ist, sollte das die Qualität Ihrer Arbeit nicht begrenzen. Erleben Sie einmal, wie zufrieden Sie sind, wenn Sie mehr und bessere Arbeit machen, als von Ihnen erwartet wird, und beobachten Sie, wie diese Gewohnheit die Aufmerksamkeit derer erregt, für die Sie arbeiten, und Sie werden diese Gewohnheit nie wieder ablegen.

Handeln – die Handlung, die Ihnen am meisten Vorteile bringt – lässt sich an vier Gewohnheiten festmachen, die Sie bilden und regelmäßig befolgen sollten:

1. Die Gewohnheit, ein Hauptziel mit Bestimmtheit zu verfolgen
2. Die Gewohnheit, die Extrameile zu gehen
3. Die Gewohnheit, nach Ihrer eigenen Willenskraft zu handeln
4. Die Gewohnheit, Niederlagen als Anreiz für mehr Anstrengung zu sehen

Diese vier Gewohnheiten sind zwingend erforderlich für alle, die die Konsequenzen des Scheiterns vermeiden wollen. Jede für sich ist nicht ausreichend, um den vollen Nutzen zu gewährleisten, aber ermöglicht doch einen guten Start. Ist dieser einmal gemacht, wird es einfacher.

In diesem Kapitel werden zwei Nomen häufiger als alle anderen verwendet: »Handlung« und »Gewohnheit«. Jeglicher Erfolg basiert auf Handlungsgewohnheiten! Sie wandeln Niederlagen zu Trümpfen um. Wie Mr. Carnegie so eindrucksvoll festgestellt hat, hat Wissen allein keinen praktischen Wert. Eine Person kann eine wandelnde Enzyklopädie sein und doch verhungern. Auf der anderen Seite kann jemand, dem ein begrenztes Wissen zur Verfügung steht, durch die Gewohnheit, dieses Wissen *anzuwenden*, über alles verfügen, was er benötigt.

Anmerkung des Herausgebers:

Eines meiner Lieblingszitate von Hill ist »Handlung ist der wahre Maßstab für Intelligenz«, was durch seine Beharrlichkeit verstärkt wird. Leider glauben fälschlicherweise viele Leute, die den Titel *Denke nach und werde reich*, den bestverkauften Ratgeber aller Zeiten, hören, dass es nur darum geht, Gedanken anzuwenden, um tolle Ergebnisse zu erzielen. Und doch betont Hill in jedem Kapitel und auf fast jeder Seite, wie wichtig zielstrebiges Handeln ist, was Carnegie das ganze Buch durch ständig wiederholt. Gedanken allein genügen nicht, um Großartiges zu vollbringen.

Wie wir gelesen haben, werden wir entweder belohnt oder bestraft, je nach unseren Handlungsgewohnheiten. Sehen wir uns also am Beispiel von Content Creators an, wie das praktisch funktionieren könnte.

Smartphones haben sehr vielen Leuten ermöglicht, sich der Welt mitzuteilen und ihre Leidenschaft zu Geld zu machen; das heißt, jeder, der ein Smartphone besitzt, kann ein Content Creator werden, wenn er das möchte. Trotz ihrer anfänglichen Begeisterung über ihr neues Hobby werden die meisten der angehenden Content Creator entweder:

- Erst mal daran scheitern, Inhalte zu veröffentlichen, weil sie nicht glauben, dass sie gut genug sind.
- Oder viel Energie darauf verwenden, ihren Fortschritt mit anderen, die das schon länger betreiben, zu vergleichen. Typischerweise geschieht das durch die Anwendung verschiedener Eitelkeits-Maßeinheiten wie YouTube-Abonnenten, Instagram-Follower und Facebook-Likes.

Wenn diese Leute in ihre Dreißiger oder Vierziger kommen, haben sie wenige oder gar keine Ergebnisse für ihre Mühen zu zeigen, obwohl sie die größten Hoffnungen hatten oder vieles versucht haben.

Im Gegensatz dazu begreifen die, die mit einem wachsenden Verstand ausgestattet sind – und sich an die von Hill und Carnegie unterstützten Lektionen halten –, dass alle ihre Lieblingsunternehmer unten angefangen haben. Um denselben Einfluss und dieselben Belohnungen zu erhalten wie ihre Idole, müssen sie ihre zielgerichteten Handlungen im Lauf der Zeit auf ihre Weise wiederholen.

Wie Zig Ziglar sagte: »Man muss nicht groß sein, um anzufangen, aber anfangen, um groß zu werden.«

Die meisten Menschen legen mit jeder Menge Aktivismus los, aber die Schwäche daran ist, dass das keine *geplanten* Handlungen sind. Sie sind nicht auf das Erreichen bestimmter Ziele gerichtet. Sie verbrauchen Energie, ohne die gewünschten Ergebnisse zu liefern.

Die Zeit, die von einer durchschnittlichen Person verschwendet wird, weil sie ihre Handlungen nicht plant, wäre ausreichend, um mehr materiellen Erfolg zu erzeugen, als ein Mensch braucht, wenn diese Zeit gut organisiert und auf ein bestimmtes Ziel gerichtet wäre.

Möglicher Nutzen aus Scheitern und Niederlage

Menschen, die die Umstände ihres Lebens nicht analysieren – und diese Erfahrungen von Ursache bis zu Auswirkung durchdenken –, übersehen die möglichen Vorteile aus Scheitern und Niederlage. Das führt dazu, dass sie ihre Möglichkeit, davon zu profitieren, da ja »jede Widrigkeit den Samen eines gleich großen Nutzens in sich trägt«, verpassen.

Sehen wir uns ein paar der möglichen Vorteile dieser als Scheitern und Niederlage bekannten Erfahrungen an.

- Niederlagen können negative Gewohnheiten aufbrechen, die sich jemand angeeignet hat, und so die Energie für die Bildung anderer, wünschenswerterer Gewohnheiten freisetzen. Körperliche Krankheit ist zum Beispiel die Methode der Natur, Gewohnheiten des Körpers aufzubrechen und für die Bildung besserer Gewohnheiten zu sorgen, die guter Gesundheit zuträglicher sind. Bei der Wiedererlangung ihrer körperlichen Gesundheit haben viele Menschen die Kraft ihres Verstandes entdeckt. Dafür war die Krankheit ein Segen.
- Niederlagen können Arroganz und Eitelkeit verdrängen und Platz für Demut machen, was den Weg für den Aufbau besserer menschlicher Beziehungen ebnet.
- Niederlagen können dazu führen, dass man eine Bestandsaufnahme der eigenen Stärken und Schwächen macht (was jeder tun sollte, auch ohne eine Niederlage zu erleben, aber was die meisten nicht tun), um herauszufinden, welche der Schwächen für die Niederlage verantwortlich war.
- Niederlagen können zur Entwicklung stärkerer Willenskraft führen, vorausgesetzt, man akzeptiert sie als Herausforderung, sich mehr anzustrengen, und nicht als Signal, aufzugeben. Das ist vielleicht der größte potenzielle Nutzen jeglicher Form der Niederlage, da der »Samen eines gleich großen Vorteils« voll und ganz in der mentalen Einstellung oder Reaktion liegt. Man kann die Auswirkungen von Niederlagen nicht immer kontrollieren, bei-

spielsweise, wenn man materielle Dinge verliert oder andere Menschen und sich selbst verletzt, aber man kann seine Reaktion auf die Erfahrung kontrollieren.

- Niederlagen können unerwünschte Beziehungen mit anderen Menschen abbrechen und so den Weg für den Aufbau besserer Beziehungen ebnen. In der Tat kann eine Beziehung zerstörerischen und angewöhnten Klammerns oft nur durch eine Niederlage abgebrochen werden.
- Niederlagen können einen in tiefen Kummer stürzen, wenn man einen geliebten Menschen verliert, eine Liebe unglücklich endet oder eine gute Freundschaft kaputtgeht. Diese Erfahrungen zwingen uns dazu, in unserer Seele Trost zu suchen, und manchmal finden wir dann die Tür, die zu einem großen Reservoir versteckter Kraft führt, das ohne diese Erfahrung nie entdeckt worden wäre.

Die Niederlage am Ende unserer Liste dient oft dem Zweck, unsere Aufmerksamkeit und Handlungen von den materiellen zu den geistigen Werten abzulenken. Daher ist anzunehmen, dass der Schöpfer der Menschheit die Fähigkeit zum Empfinden großen Kummers zu einem bestimmten Zweck gab.

Es heißt immer wieder, dass nur großes Leid einen Künstler groß macht, was natürlich darin begründet ist, dass Leid demütig macht und einen veranlasst, in sich nach der kreativen Kraft zu suchen, die nötig ist, um die seelischen Wunden zu heilen. Findet man diese Kraft, stellt man vielleicht fest, dass sie darüber hinaus viele kreative Formen annehmen kann. Diese Kraft kann einen bei demütiger Haltung zu größerer kreativer Anstrengung führen, was allein einen schon wahrhaft groß macht!

Erfolg ohne Demut des Herzens wird sich als kurzzeitig und unbefriedigend herausstellen. Das offenbart sich, wenn Menschen plötzlich erfolgreich werden, ohne sich anzustrengen und Rückschläge zu erleiden. Erfolg, den man schnell und einfach erfährt, ist meist von kurzer Dauer.

Im Leben muss man nichts fürchten, man kann alles begreifen.
– Marie Curie

Wer Niederlagen erlebt, die die Gefühle verletzen, diesen aber nicht die Chance gibt, sich von der Erfahrung ersticken zu lassen, kann ein *Meister* auf seinem Gebiet werden, wenn er sein Leid und seine Enttäuschung in das Bedürfnis, kreativ zu sein, umwandelt. So hat die Welt ihre großen Musiker, Dichter, Künstler, Architekten, Erfinder und literarischen Genies entdeckt. Die Geschichte ist voll von Beweisen dafür, dass die, die in diesen Gebieten am meisten bewundert werden, durch ein tragisches Ereignis so großartig wurden.

Wir müssen jedoch nicht in die Vergangenheit gehen, um zu beweisen, dass Rückschläge zu wertvollen Trümpfen werden können. Sehen Sie sich die Lebensläufe erfolgreicher Personen auf egal welchem Gebiet an und überzeugen Sie sich selbst: Sie haben sich angewöhnt, Niederlagen als Antrieb zu größeren und besser geplanten Handlungen anzusehen. Und wenn Sie alle Fakten gründlich analysieren, stellen Sie vielleicht fest, dass erfolgreiche Personen immer in exakt der Proportion erfolgreich sind, wie sie ihre Reaktionen auf Niederlagen beherrschen.

Die Person, die scheitert und trotzdem weitermacht, enthüllt meist eine Quelle kreativer Vision, die ihr ermöglicht, ihr Scheitern in dauerhaften Erfolg umzuwandeln. In seinem Gedicht »Gelegenheit« drückt Walter Malone diesen Gedanken genau aus:

Gelegenheit

Von Walter Malone

Sie tun mir unrecht, wenn sie sagen, ich komme nicht mehr,
wenn ich einmal geklopft und dich nicht vorgefunden habe;
denn jeden Tag stehe ich vor deiner Tür,
und bete, dass du aufwachst, aufstehst, kämpfst und gewinnst.
Trauere nicht vertanen Chancen nach!

Weine nicht den guten alten Zeiten nach!
Jede Nacht verbrenne ich die Aufzeichnungen des Tages –
Bei Sonnenaufgang wird jede Seele neu geboren!
…
Lache wie ein Junge über vergangene Herrlichkeit,
Sei blind, taub und stumm angesichts vergangener Freuden;
Meine Urteile versiegeln die tote Vergangenheit mit den Toten,
aber sie vereiteln nie einen Moment, der noch kommen wird.

Dieses Gedicht erregt Hoffnung, Mut und den Wunsch, es nach einer Niederlage noch einmal zu versuchen. Zudem harmoniert es perfekt mit den Erfahrungen derer, die infolge von Niederlagen zu Ruhm, Macht und Reichtum gelangt sind. Malone hatte eine klare Vorstellung dieser potenziellen Kraft, die er in der Zeile »Bei Sonnenaufgang wird jede Seele neu geboren!« zum Ausdruck bringt.

Andrew Carnegie fing die Idee unnachahmlich ein, als er sagte: »Jede Widrigkeit trägt den Samen eines gleichen oder größeren Vorteils in sich.« Diese Aussage zeigt deutlich, dass man etwas tun muss, um von einer Niederlage zu profitieren: Man muss herausfinden, welcher Art der »Samen eines gleichwertigen Vorteils« ist, und ihn durch eine Form des organisierten Vorhabens zum Wachsen bringen.

Mr. Carnegie hat nicht gesagt, dass Widrigkeiten fertig ausgewachsene Blumen in sich tragen, sondern nur den *Samen*. Die Natur hat das Prinzip der Niederlage so angelegt, dass der Einzelne, der davon profitiert, einen Beitrag persönlicher Anstrengung leisten muss, sowohl bei der Entdeckung als auch bei der Keimung des Samens des potenziellen Nutzens, den die Niederlage in sich trägt. Hier wie überall ist nichts umsonst.

Wenn Sie die volle Bedeutung der Gedanken, die in diesem Kapitel vermittelt werden, erfassen (was nur durch Meditation und Nachdenken gelingen kann), kann allein dieses Kapitel der Wendepunkt sein, an dem Sie Ihr »anderes Ich« kennenlernen, dieses Ich, das begreift, dass eine Niederlage nichts als eine Erfahrung ist, die als Anreiz dienen sollte, entschlossener zu handeln.

TEIL III

DIE ANWENDUNG DER GOLDENEN REGEL: WAS DU ANDEREN ANTUST, TUST DU DIR SELBST AN

Es gibt keinen Trumpf mit vergleichbarem Wert
wie ein gesunder Charakter, und diesen muss jeder für sich
selbst aufbauen, durch Gedanken und Taten.
Charakter ist von bestimmtem, praktischem Wert.
– Andrew Carnegie

Die Anwendung der Goldenen Regel

Dieses Kapitel beginnt im Arbeitszimmer von Mr. Carnegie, der auch die Einleitung übernimmt.

Carnegie:

Wir kommen jetzt zur Anwendung der Goldenen Regel – dem Prinzip, von dem fast jeder beteuert, daran zu glauben, das aber so wenige Leute praktizieren, was meiner Vermutung nach daran liegt, dass so wenige Leute die ihm zugrunde liegende Psychologie verstehen. Zu viele Menschen interpretieren die Goldene Regel so, als würde sie nicht besagen, dass man andere so behandeln sollte, als ob sie die anderen seien, sondern möglichst viel anderes zu tun, bevor andere es tun können.

Diese falsche Interpretation dieser wichtigen Regel des menschlichen Verhaltens kann natürlich nur negative Ergebnisse erzeugen!

Die wahren Vorteile der Anwendung der Goldenen Regel entstehen nicht durch die, zu deren Gunsten sie angewendet wird, sondern fallen dem zu, der sie durch gestärktes Bewusstsein, Seelenfrieden und andere Eigenschaften eines gesunden Charakters anwendet – die Faktoren, die die wünschenswerteren Dinge des Lebens anziehen, wie langlebige Freundschaften, Wohlstand und Glück.

Um das meiste aus der Goldenen Regel herauszuholen, muss man sie mit dem Prinzip, die Extrameile zu gehen, kombinieren, worin der tatsächliche Beitrag der Goldenen Regel liegt. Sie stattet einen mit der richtigen mentalen Einstellung aus, während das Prinzip, die Extrameile zu gehen, für den Aktionsgehalt dieser wichtigen Regel sorgt. Die Kombination aus beiden gibt einem die Anziehungskraft, die die freundliche Kooperation anderer hervorruft und Gelegenheiten zu persönlichem Gewinn bietet.

Hill:
Aus dem, was Sie gesagt haben, schließe ich, dass man nur durch den Glauben an die Goldene Regel allein wenige Vorteile haben wird?

Carnegie:
Sehr wenige! Der passive Glauben an diese Regel führt zu nichts. Erst die Anwendung dieser Regel bringt Nutzen und zwar so vielfach und vielfältig, dass sie fast jede menschliche Beziehung betrifft.

Diese Regel:

- öffnet den Verstand für die Führung der Unendlichen Intelligenz durch Zuversicht
- entwickelt Selbstvertrauen durch die Bildung einer besseren Beziehung mit dem eigenen Gewissen
- baut einen gesunden Charakter auf, der auch schwere Zeiten durchsteht
- entwickelt eine attraktivere Persönlichkeit
- erzeugt die freundliche Kooperation anderer in sämtlichen menschlichen Beziehungen
- entmutigt unfreundlichen Gegenwind von anderen
- gibt einem Seelenfrieden und befreit von selbst errichteten Grenzen
- macht einen gegen die gefährlicheren Formen der Angst immun, da eine Person mit klarem Gewissen selten etwas oder jemanden fürchtet
- ermöglicht einem, mit sauberen Händen und reinem Herzen zum Gottesdienst zu gehen
- eröffnet tolle Möglichkeiten, beruflich voranzukommen
- beseitigt den Wunsch, etwas umsonst zu bekommen
- macht die Ausübung guter Taten zu einer Freude, wie sie einem wenig anderes bringt
- bringt einem einen einflussreichen Ruf von Aufrichtigkeit und fairem Geschäftsverhalten ein, die die Basis für jegliches Vertrauen sind

- entmutigt Verleumder und warnt Diebe
- verleiht einem positive Stärke, zum Beispiel beim Kontakt mit anderen
- schwächt niedere Instinkte wie Gier, Neid und Rache und beflügelt höhere Instinkte wie Liebe und Freundschaft
- Lässt einen Freude an der Tatsache empfinden, dass jeder der »Hüter des Bruders« ist und rechtmäßig sein sollte
- errichtet eine tiefere persönliche Spiritualität

Das sind nicht allein meine Meinungen. Das sind offensichtliche Wahrheiten, deren Stichhaltigkeit jedem bekannt ist, der tagtäglich nach der Goldenen Regel lebt.

Hill:
Aus Ihrer Analyse geht hervor, dass die Goldene Regel die Grundlage aller besseren Eigenschaften der Menschheit ist, dass die Anwendung dieser Regel einen mit einer starken Immunität gegen sämtliche vernichtenden Kräfte ausstattet.

Carnegie:
Ihr Bild gefällt mir. Sie macht einen gegen viele der Übel der Menschheit immun, aber Immunität ist negativ; die Goldene Regel stellt auch die positive Anziehungskraft zur Verfügung, mit der wir erreichen, was auch immer wir vom Leben wollen, vom Seelenfrieden und spirituellen Verständnis bis zu den materiellen Bedürfnissen des Lebens.

Hill:
Manche Leute behaupten, dass sie gern nach der Goldenen Regel leben würden, es aber aus Angst, von anderen, die nicht danach leben, übervorteilt zu werden, nicht für möglich halten. Was sind Ihre Erfahrungen diesbezüglich?

Carnegie:

Wenn Menschen sagen, sie könnten nicht nach der Goldenen Regel leben, ohne durch andere Schaden zu erleiden, zeigen sie eindeutig ihr mangelndes Verständnis dieses Prinzips – ein verbreitetes Missverständnis. Wenn Sie die von mir aufgezählten Vorteile gründlich untersuchen, werden Sie feststellen, dass es Vorteile sind, die niemandem genommen werden können.

Ich denke, dieses verbreitete Missverständnis des Prinzips der Goldenen Regel rührt von dem Glauben her, dass die Vorteile der Anwendung dieser Regel von denen kommen, die sie erhalten, obwohl sie auch aus völlig anderen Quellen stammen können. Und es rührt auch von der falschen Annahme her, dass der Nutzen nur materieller Natur ist!

Der größte aller durch die Anwendung der Goldenen Regel zu erlangenden Nutzen ist der, der bei denen, die die Regel anwenden, größer wird, in Form von Harmonie in ihrem Geist, die zur Entwicklung eines gesunden Geistes führt. Es gibt keinen Trumpf mit vergleichbarem Wert wie ein gesunder Charakter, und diesen müssen die Menschen für sich selbst durch ihre Gedanken und Taten aufbauen. Charakter ist von einem bestimmten, praktischen Wert.

Der Inhalt deines Charakters ist deine Wahl.
Tag für Tag ist das, wofür du dich entscheidest,
was du denkst und was du tust, das, was du wirst.
– Heraklit

Hill:

Aber stimmt es nicht, Mr. Carnegie, dass manche Menschen die ausnutzen, die nach der Goldenen Regel leben und diese Gewohnheit als Schwäche ansehen, die es auszunutzen gilt, statt als Tugend, die belohnt werden sollte?

Carnegie:
Ja, manche tun das, aber der Anteil derjenigen, die die Regel so betrachten, ist so klein, dass er zu vernachlässigen ist. Und man sieht, dass es sich auszahlt, den Schaden im Blick zu haben, den man anrichten kann. Außerdem kommt das Kompensationsgesetz zur Anwendung, und durch einen komischen Plan der Natur wird der Schaden, den ein einzelner vom Weg Abgekommener verursacht, von den 99 ausgeglichen, die korrekt handeln. Emerson hat das in seinem Essay »Kompensation« sehr klar dargestellt.

Hill:
Aber es gibt so wenige, die Emersons Essay oder das Kompensationsgesetz kennen. Und viele von denen, die damit vertraut *sind*, sehen es als einfache Moralpredigt an, die keinen echten Wert in den praktischen Angelegenheiten des modernen Lebens hat. Werden Sie daher Ihre Ansichten mit uns teilen, was die Praktikabilität des Kompensationsgesetzes im modernen Geschäftsleben angeht, so wie Sie sie erlebt haben?

Carnegie:
Meine ganze Erfahrung im Geschäftsleben und in anderen Beziehungen hat mich gezwungen, die Richtigkeit des Kompensationsgesetzes zu akzeptieren. Es ist eine ewige Wahrheit, der man nicht entkommen kann, egal wie clever man ist oder wie sehr man es versucht.

Es gibt immer zwingende Umstände, die uns dahin führen, wo unser Platz im Leben ist, entsprechend unseren Gedanken und Taten! Wir können dem Einfluss dieses Gesetzes eine Zeit lang entkommen, aber über die normale Lebensdauer gesehen zwingt das Gesetz uns alle genau dahin, wo wir hingehören. Unsere Gedanken und Taten legen fest, welchen Einfluss wir in unseren Beziehungen mit anderen ausüben. Wir können uns zeitweise vor unserer Verantwortung anderen gegenüber drücken, aber nicht dauerhaft vor den

Konsequenzen, die es nach sich zieht, wenn wir unsere Verantwortung nicht ernst nehmen.

Anmerkung des Herausgebers:

Das ist einer der wichtigsten Grundsätze von Erfolg: Wir können unsere Entscheidungen frei treffen, aber wir müssen die Konsequenzen dieser Entscheidungen tragen. Das gilt für jedes Ziel, das wir haben können. Zum Beispiel:

- Ein finanzielles Ziel: Einige gut verdienende (oder finanziell verantwortungslose) Freunde schlagen vor, dass Sie sie zu einem Urlaub in Europa begleiten. Sie wollen das nicht versäumen, sind sich aber der Tatsache bewusst, dass Sie nicht genug auf dem Sparkonto haben, und buchen die Flüge und alle sonstigen Reiseausgaben auf Ihre Kreditkarte. Wegen des exorbitanten Zinssatzes verschlingt ein einziger Urlaub Ihr Gehalt und Ihr Gespartes. Im Lauf der Zeit stellen Sie fest, dass das Ihre Chancen, ein Auto oder ein Eigenheim zu kaufen und mit Ihrer Familie in Urlaub zu fahren, stark herabsetzt.
- Ein Fitnessziel: Nicht weit von Ihrem Büro eröffnet ein Fast-Food-Restaurant. Obwohl Sie Ihren Freunden erzählt haben, dass Sie noch im selben Jahr einen Halbmarathon laufen möchten, wird die Verlockung der kalorienreichen Mahlzeiten und zuckerhaltigen Getränke zu viel, und Sie geben fast jeden Werktag nach. Wegen der Kohlenhydrate fühlen Sie sich zu schlapp, um zu trainieren, und so wird das Ziel eine entfernte Erinnerung. Viele Jahre später wird Ihnen klar, dass die größte Konsequenz Ihrer Entscheidung, das Fast Food zu Ihrer Hauptnahrungsquelle zu machen, zulasten Ihres Wohlbefindens und Ihres Geldbeutels ging, während Sie verzweifelt versuchen, Ihre Gesundheit wiederherzustellen und die wachsenden medizinischen Kosten zu bezahlen.
- Ein berufliches Ziel: Eines Tages im Büro bemerken Sie, wie ein paar Kollegen tuscheln. Da die Leute, über die sie re-

den, nicht da sind, machen Sie mit und sehen es als Gelegenheit, sich bei Ihren Kollegen beliebt zu machen. Kurz darauf stellen Sie fest, dass die Leute, mit denen Sie gelästert haben, Sie dafür verantwortlich machen, dass sich hässliche Gerüchte wie ein Lauffeuer im ganzen Büro verbreiten und auch Ihrem Vorgesetzten zu Ohren kommen. Ihr großes Ziel für dieses Jahr war es, die Beförderung zu bekommen, auf die Sie schon sehr lange hingearbeitet haben. Ihr Vorgesetzter teilt Ihnen aber mit, dass es nicht leicht für Sie werden wird, das Vertrauen wiederherzustellen und Ihren Job zu behalten.

Unser Leben hängt davon ab, welche der unzähligen Gabelungen, denen wir täglich auf unserem Weg begegnen, wir einschlagen, also treffen Sie Ihre Entscheidung mit Bedacht.

Hill:
Ist es also nicht zweckdienlich, die Goldene Regel anzuwenden, wo sie doch offensichtlich unmittelbar einen Nutzen nach sich zieht, wohingegen die Ablehnung ihrer Anwendung einen kurzzeitigen Nachteil bedeutet?

Carnegie:
Um den vollen Nutzen aus dieser Regel zu ziehen, muss man sich deren Anwendung zur Gewohnheit machen – in allen menschlichen Beziehungen. Es gibt keine Ausnahmen! Viele Menschen machen den Fehler, die Umstände, in denen sie die Regel anwenden, auszuwählen.

Hill:
Das ist ein sehr schlüssiges Statement; es gibt einem keinen Spielraum, Zeit herauszuschinden.

Carnegie:

Das stimmt! Und ich warne Sie: Wir alle werden mit Umständen konfrontiert, die uns dazu verleiten, die Anwendung der Goldenen Regel als Mittel kurzzeitiger Zweckmäßigkeit zu vernachlässigen. Es ist jedoch fatal, dieser Versuchung nachzugeben. Andere wissen vielleicht nichts davon, aber unser Gewissen schon. Wenn unser Gewissen überfrachtet wird, wird es schwach und dient nicht mehr dem Zweck, für den es vorgesehen war.

Wir sollten nie versuchen, andere bewusst zu täuschen, und was noch wichtiger ist, können wir es uns unter keinen Umständen leisten, unser Gewissen zu täuschen, da das unsere Orientierung schwächt. Diejenigen, die sich selbst täuschen wollen, sind so unklug wie die, die ihr eigenes Essen vergiften.

Beziehungen sind das Einzige, was zählt.
Alles im Universum existiert nur,
weil es zu etwas anderem in Beziehung steht.
Nichts existiert für sich allein.
– Margaret Wheatley

Hill:

Sie glauben anscheinend, Mr. Carnegie, dass man die Goldene Regel in allen menschlichen Beziehungen anwenden und dennoch im Zeitalter des Materialismus erfolgreich sein kann?

Carnegie:

So würde ich das nicht ausdrücken. Ich würde das verstärken, indem ich sage, dass die, die aus Prinzip nach der Goldenen Regel leben, innerhalb der Grenzen ihrer eigenen Fähigkeiten, wie auch immer diese beschaffen sein mögen, Erfolg haben werden. Die Ergebnisse der Anwendung der Regel werden automatisch entstehen, und zwar da, wo man am wenigsten damit gerechnet hatte.

Hill:
Das ist eine sehr eindeutige Aussage, Mr. Carnegie. Ihre eigenen Leistungen beweisen, dass die Goldene Regel auch in unserem materiellen Zeitalter mit Profit angewendet werden kann. Ich nehme natürlich an, dass Sie immer nach der Goldenen Regel gelebt haben, aber ich sollte Sie wohl um ein paar Worte hierzu bitten.

Carnegie:
Das ist ein schlechter Lehrer, der eine Sache lehrt und das Gegenteil ausübt. Mein erstes Verständnis der Goldenen Regel erhielt ich durch meine Mutter in einem sehr jungen Alter, bevor ich nach Amerika kam. Meine wahre Kenntnis seiner Richtigkeit erhielt ich durch meine Erfahrung, sie nach bestem Wissen und Gewissen anzuwenden.

Hill:
Haben Sie jemals kurzzeitig versäumt, die Goldene Regel anzuwenden?

Carnegie:
O ja, sehr oft! Aber ich bin froh, dass Sie »kurzzeitig« gesagt haben, denn ich kann nicht ehrlich behaupten, dass ich insgesamt jemals etwas durch das Leben nach der Goldenen Regel verloren hätte. Solche Verluste, wie ich sie durch Umstände erlebt habe, in denen die Regel ohne unmittelbare Reaktion angewendet wurde, sind vielfach durch andere Umstände wiedergutgemacht worden, in denen es eine deutliche Reaktion gab.

Lassen Sie mich Ihnen ein Beispiel geben.

Als ich in die stahlproduzierende Industrie eintrat, lag der Stahlpreis bei etwa 130 US-Dollar pro Tonne. Dieser Preis erschien mir viel zu hoch, daher begann ich Mittel und Wege zu suchen, ihn zu senken. Zunächst senkte ich den Preis unter die damaligen Produktionskosten, obwohl meine Konkurrenten sich beschwerten, dass ich sie auf diese Weise unfair behandelte. Sehr bald ermöglichten mir die durch die Preissenkung gewachsenen Einkünfte, diesen Preis noch mehr zu reduzieren. Ich entdeckte schnell, dass niedrigere Preise zu erhöhter Nachfrage führten, was wiederum die Kosten senkte und niedrigere Preise ermöglichte.

Dieses Vorgehen behielt ich bei, bis wir den Stahlpreis schließlich auf etwa 20 US-Dollar pro Tonne gesenkt hatten. Der niedrigere Preis hatte mittlerweile zur Stahlverwendung auf vielen anderen Gebieten geführt, und nach einer Zeit stellten meine Konkurrenten fest, dass mein Verhalten ihnen nicht geschadet, sondern vielmehr *genutzt* hatte, indem ich sie zwang, ihre Preise zu senken. So kam meine Preispolitik, die zunächst Verluste für die Produzenten bedeutete, der Öffentlichkeit, den Arbeitern in den Stahlwerken und den Stahlherstellern zugute.

Als Folge wurde Stahl zur Herstellung vieler verschiedener Produkte verwendet, die zu den alten Preisen nicht produziert werden könnten, und alles in allem habe ich durch die Preissenkung keinerlei Verluste gemacht. Meine kurzzeitigen Verluste wurden durch meine dauerhaften Gewinne mehr als übertroffen, und ich denke, das zeigt, wie die Goldene Regel funktioniert. Sie kann kurzzeitige Verluste verursachen, doch mit der Zeit sind die Gewinne, die aus ihr erwachsen, größer.

Hill:

Sie meinen, dass die Philosophie der Goldenen Regel mit einer gesunden Business-Strategie einhergeht, stimmt das?

Carnegie:

Ja, genau, und wenn Sie sehen möchten, wie das funktioniert, haben Sie ein Auge auf Henry Ford und schauen Sie zu, was mit seinem Unternehmen passiert. Er hat es sich zur Aufgabe gemacht, den Menschen zum niedrigsten Preis, zu dem Automobile je verkauft wurden, zuverlässige Automobile zu verkaufen. Er verwendet gute Materialien und lässt sie hochwertig verarbeiten, und die Öffentlichkeit wird ihn dafür belohnen und seine Stammkundschaft werden, egal wie viele Konkurrenten er hat. Mr. Ford wird die Erwartungen derer, die ihn jetzt kritisieren, mit seinem Erfolg weit übertreffen.

Das ist eine Prophezeiung, aber warten Sie ab und sehen Sie, wie stichhaltig sie ist. Mr. Ford wird die Automobilindustrie wahrscheinlich dominieren, und zwar so lange, bis ein anderer weitsichtiger Hersteller ins Spiel kommt und seinem Beispiel folgt.

Anmerkung des Herausgebers:

Natürlich ist diese Prophezeiung wahr geworden! Henry Ford baute ein so starkes Unternehmen auf, dass die Ford Motor Company 2020, mehr als sieben Jahrzehnte nach seinem Tod, mehr als 200 000 Mitarbeiter beschäftigte, mehr als sechs Millionen Fahrzeuge im Jahr produzierte und immer noch einer der größten Automobilhersteller weltweit ist. Seit Gründung hat Ford mehr als 350 Millionen Fahrzeuge hergestellt.

Henry Ford sagte einmal: »Mein bester Freund ist der, der das Beste aus mir herausholt.« Im Kontext zu dem, was Carnegie gerade veranschaulicht hat, sprach der Automobil-Titan vielleicht nicht nur über sein persönliches Mastermind, sondern auch über die von außen kommende Motivation durch seine Konkurrenz.

Hill:

Ist es nicht für gewisse Berufe unmöglich, nach der Goldenen Regel zu leben, zum Beispiel für Anwälte, deren Beruf von ihnen verlangt, Fälle zu verteidigen, bei denen die Anwendung dieser Regel schwierig ist?

Carnegie:

Hierüber könnte ich Ihnen eine Predigt halten, denn ich habe mit vielen verschiedenen Anwälten zu tun gehabt. Ich werde mich aber auf die Erwähnung nur eines Anwalts beschränken, dessen berufliche Strategie – zusammen mit ihren Ergebnissen – Ihre Frage beantworten sollte.

Dieser Anwalt nahm einen Fall nur an, wenn er überzeugt war, auf der richtigen Seite zu stehen. Er nahm keine unbegründeten Fälle an, und es versteht sich von selbst, dass er viele Erfolg versprechende Mandanten ablehnte und weniger aussichtsreiche Mandate annahm. Aber ich kann Ihnen sagen, er war immer gut beschäftigt, und sein Einkommen ist, nach allem, was ich weiß, etwa zehnmal höher als das anderer Anwälte. Ich zahle ihm eine ordentliche jährliche Summe für seine Beratung, neben seinen anderen Diensten für mich. Viele meiner Freunde tun dasselbe. Wir beauftragen ihn, weil wir ihm vertrauen, und unser Vertrauen basiert hauptsächlich auf unserem Wissen, dass er einen Mandanten nicht fehlleiten wird, um sein Honorar zu verdienen, noch einen Fall annehmen, der ungerecht oder für irgendjemanden unfair ist.

Hill:

Ich verstehe. Anwälte können nach der Goldenen Regel leben und erfolgreich sein, vorausgesetzt, sie machen einen Bogen um solche Fälle. Aber wie sieht es mit Mandanten aus, die mit den anderen, den ungerechten Fällen, zu ihnen kommen? Es scheint, als seien diese Fälle geläufiger als die anderen.

Carnegie:

In jedem Beruf, jedem Unternehmen und jeder Anstellung gibt es Möglichkeiten, durch unfaire Praktiken Geld zu machen, und es gibt Menschen, die auf unfaire Weise Geld verdienen möchten, aber sie sind alle von Gefahren umgeben, die früher oder später ihre Einkommensquelle versiegen lassen oder Nachteile, wenn nicht Verluste, mit sich bringen, die in keinem Verhältnis zu den Gewinnen stehen.

Es stimmt, dass viele Rechtsfälle unbegründet sind; manche sind ausgemachte Versuche, etwas durch Betrug und Täuschung umsonst zu bekommen. Ein Anwalt kann so einen Fall natürlich annehmen, aber ich bleibe bei meiner ursprünglichen Aussage, dass das dem Anwalt ungleich höhere Nachteile als Gewinne einbringt.

Unrecht durch Anwaltstricks erworbenes Geld mag so gut wie jedes andere Geld *erscheinen*, aber es geht mit einem seltsamen Einfluss einher, mit dem manche Leute nicht belastet werden wollen. Es scheint irgendwie weniger wert zu sein und ist schnell weg, so wie Geld, das von Wegelagerern und Dieben gestohlen wurde. Haben Sie je von einem erfolgreichen Wegelagerer oder Dieb gehört? Ich weiß von vielen, die mit großen Geldsummen davongekommen sind. Die meisten von ihnen sind inzwischen im Gefängnis oder tot.

Jedes Naturgesetz ist moralisch! Das ganze Universum missbilligt unmoralische Handlungen jedweder Art. Und der Mensch, der länger als über einen kurzen Zeitraum erfolgreich entgegen den Naturgesetzen handelt, muss erst noch geboren werden.

Das Wichtigste ist, es zu versuchen und Menschen zu inspirieren, sodass sie in dem, was sie tun möchten, gut sein können.
– Kobe Bryant

Ich glaube, dass das Geheimnis der großen Macht der Goldenen Regel darin besteht, dass sie in Harmonie zu den Moralgesetzen steht. Sie repräsentiert die gute Seite menschlicher Beziehungen; daher hat sie ein Moralgesetz hinter sich.

Hill:
Wie ist das bei jungen Menschen, die am Anfang ihrer beruflichen Laufbahn stehen, wie können sie von der Goldenen Regel profitieren?

Carnegie:
Das Wichtigste für jeden Erfolg ist ein gesunder Charakter. Die Anwendung der Goldenen Regel entwickelt einen gesunden Charakter und einen guten Ruf. Sie möchten vielleicht ein konkreteres Beispiel

dafür, wie junge Leute materiell von der Anwendung der Goldenen Regel profitieren können, also verbinden wir doch das Prinzip der Goldenen Regel mit dem Prinzip, die Extrameile zu gehen, und sehen wir, welche Ergebnisse wir bekommen.

Gehen wir noch einen Schritt weiter und fügen das Prinzip eines bestimmten Ziels hinzu. Jetzt haben wir eine Kombination, die, wenn sie beharrlich und aufrichtig angewendet wird, jedem jungen Menschen zu einem überdurchschnittlich guten Start ins Leben verhilft.

Hill:
Diese Kombination ist auch für Erwachsene geeignet, nicht wahr?

Carnegie:
Ja. Wenn wir wissen, was wir wollen, uns entschließen, das zu erreichen, uns angewöhnen, die Extrameile zu gehen, und bei unseren Beziehungen die Goldene Regel anwenden, kann die Welt uns nicht ignorieren. Wir werden unsere Aufmerksamkeit erhalten, egal wie klein wir einmal angefangen haben mögen.

Hill:
Wären diese drei Prinzipien nicht eine sehr gute Kombination für Highschool-Schüler oder College-Studenten, die sich auf ihr Berufsleben vorbereiten? Würden sie einem nicht einen definitiven Vorteil denen gegenüber verschaffen, die es nicht schaffen, diese Prinzipien anzuwenden?

Carnegie:
Ja, das würden sie. Es ist eine Schwäche der meisten Menschen, dass sie in ihren Schultagen für »Punkte« arbeiten und Prüfungen ablegen, ohne zu wissen, was sie danach machen werden. Ich bin der Auffassung, dass ziellose Handlungen verschwendet sind, egal wo oder wann sie ausgeführt werden. Die »Draufgänger« – wie die Welt wa-

che, dynamische und erfolgreiche Leute nennt – verfolgen mit fast allem, was sie tun, ein bestimmtes Ziel. Sie haben ein bestimmtes Motiv, einen Plan, und im Allgemeinen erreichen sie das auch, weil sie wissen, wo sie hinwollen, und entschlossen sind, sich von nichts aufhalten zu lassen, bis sie angelangt sind.

Hill:
Glauben Sie, dass die, die die Goldene Regel in ihren Beziehungen zu anderen anwenden und sich angewöhnt haben, die Extrameile zu gehen, weniger Widerstand von anderen erfahren werden?

Carnegie:
Sie werden praktisch keinen Widerstand von anderen erfahren. Im Gegenteil, die anderen werden gern und freundlich mit ihnen *kooperieren*. Das geht allen so, die nach diesen beiden Regeln leben.

Hill:
Dann können wir sagen, dass diese beiden Prinzipien nicht nur ein moralischer Leitfaden sind, sondern einem auch typische Formen des Widerstands vom Leib halten?

Carnegie:
So ist es, in einem Satz zusammengefasst. Jetzt muss ich Sie auf einen anderen Nutzen aufmerksam machen, den man hat, wenn man nach diesen beiden Prinzipien lebt. Er besteht darin, dass diejenigen, die tagtäglich danach leben, davon profitieren werden, im Gegensatz zu anderen, die diese Prinzipien nicht befolgen. Muss ich Sie darauf aufmerksam machen, dass die meisten Menschen keines dieser Prinzipien beachten?

Wir werden schnell zu einer Nation gieriger, egoistischer Menschen, die sich abmühen, materiellen Besitz anzuhäufen, und dabei überhaupt nicht auf die Rechte anderer achten. Dieser Trend ist so offensichtlich, dass man ihn nicht mehr übersehen kann! Wenn das noch ein oder zwei Jahrzehnte so weitergeht, werden die USA weltweit als die Nation der Raffgierigen bekannt sein.

Das wird zur Zerstörung unserer derzeitigen Regierungsform führen, da Gier ein ansteckendes und sich selbst erhaltendes Übel ist, das keine Grenzen kennt. Es wird den amerikanischen Geist zerstören, der dieses Land reich und frei machte. Es wird jeden Staatsmann, den wir haben, durch einen gierigen Politiker ersetzen, der persönliche Bereicherung anstrebt statt eine Gelegenheit, dem Volk zu dienen.

Ich sage Ihnen, und das möchte ich betonen, dass die Idee der Goldenen Regel die einzige vom Menschen erzeugte Kraft ist, die diese Nation in ihrer jetzigen Form zusammenhalten kann. Daher tun diejenigen, die nach dieser Regel leben, mehr als Gutes für sich selbst; sie leisten einen Beitrag für die ganze Nation.

Diese Nation hat wenig von äußeren Mächten zu befürchten. Sie hat viel von den Mächten zu befürchten, die jetzt durch die Gewohnheiten der Menschen entstehen.

Unser Motto in der Vergangenheit war: »Alle für einen und einer für alle!« Dieses Motto zeigt sich in unserer Regierungsform, im freundlichen Miteinander zwischen den staatlichen und bundesstaatlichen Behörden.

Aber ich erkenne in dem derzeitigen Trend der Gewohnheiten, dass dieses Motto bald durch ein anderes ersetzt werden wird: »Jeder für sich, und den Letzten beißen die Hunde.«

Hill:
Sie glauben also, dass jeder die Goldene Regel predigen sollte, als gemeinsame Grundlage aller menschlichen Beziehungen, egal ob freundschaftlich oder geschäftlich, richtig?

Carnegie:
Nein, ganz und gar nicht. Alle sollten damit aufhören, sie zu predigen, und sie *anwenden*!

Manche Menschen glauben, dass das Predigen der Regeln guter Beziehungen ihre Verpflichtungen für die Gesellschaft erfüllt, aber das reicht nicht.

Predigten, die nicht durch Handlungen in ihrem Sinne unterstützt werden, werden monoton. Ein einziger Mensch, der die Goldene Regel ausübt, trägt mehr zur Verbreitung dieser Regel in seiner Gemeinde bei, als wenn zwölf Menschen sie predigen.

Dasselbe gilt auch fürs Geschäftliche: Wenn eine Firma die Goldene Regel als Grundlage ihrer Beziehungen anwendet und durch ihren Erfolg ihre Stichhaltigkeit beweist, werden es andere Firmen ihr bald gleichtun. Wenn sowohl die Arbeitgeber wie auch die Arbeitnehmer miteinander auf Basis der Goldenen Regel umgehen würden, gäbe es keine Probleme mehr am Arbeitsplatz. Ebenso wenig wie Unruhestifter, die Feindseligkeit säen.

Hill:
Welche Seite sollte zuerst die Strategie der Goldenen Regel befolgen – die Arbeitgeber oder die Arbeitnehmer?

Carnegie:
Die Klügere! Diejenigen, die diese Regel zuerst anwenden, werden der anderen gegenüber einen großen Vorteil haben. Sie werden in der besseren Position sein, Mitgefühl und Unterstützung aus der Bevölkerung zu erhalten, weil diese, so sicher wie morgen die Sonne aufgehen wird, es anerkennen und angemessen belohnen wird, wenn ein Einzelner oder eine ganze Gruppe nach der Goldenen Regel lebt. Und damit meine ich nicht nur das Predigen dieser Regel, sondern ihre Anwendung in allen Beziehungen.

Hill:
Könnten Sie ein paar der Vorteile auflisten, die ein Arbeitgeber durch Anwendung der Goldenen Regel als Grundlage seiner Geschäftsstrategie haben kann?

Carnegie:
Zunächst würde er von einem besseren Verhältnis zu seinen Angestellten profitieren. Das würde Streitigkeiten beilegen und die Produktion erhöhen. Diese wiederum würde höhere Löhne ermöglichen.

Es würde die Aufmerksamkeit der Bevölkerung erregen und dem Unternehmen kostenlose, aber sehr wertvolle Publicity bescheren, was zum vermehrten Konsum des Firmenprodukts führen würde.

Es würde die Kosten für Mitarbeiterfluktuation verringern, da jeder einzelnen Stelle große Bedeutung beigemessen würde. Das ist ein großes Thema für viele Arbeitgeber, denn die Schulung kompetenter Mitarbeiter kostet Zeit und Geld.

Es würde für beide Seiten die Arbeit angenehmer machen.

Es würde Abfall reduzieren, da es weniger kostspielige Fehler von Angestellten gäbe.

Hill:
Warum haben so wenige Arbeitgeber bisher die Gelegenheit ergriffen, davon zu profitieren, angesichts all dieser möglichen Nutzen für die, die die Goldene Regel als Basis ihrer Geschäftsbeziehungen anwenden?

Carnegie:
Wegen des ältesten menschlichen Makels – dem Fehlen einer Vision! Menschen verändern ihre Gewohnheiten langsam und oft unwillig – besonders wenn diese Veränderung die Einführung neuer Ideen erfordert.

Anmerkung des Herausgebers:

In der zunehmend konkurrierenden Geschäftswelt suchen Firmen ständig nach Wegen, die anderen zu übertrumpfen, um Finanzanalysten mit ihren Quartalsberichten zu besänftigen. Unglücklicherweise führt dieser kurzsichtige Fokus meist zu kostenverringernden Maßnahmen wie Mitarbeiterentlassung, Reduzierung der Größe oder Qualität des Produkts (in der Hoffnung, dass es niemand merkt), Zahlung von Mindestlöhnen und Investitionen in Automatisierung, sodass menschlicher Input überflüssig wird.

Manche Firmen, wie Costco, stellen sich diesem Trend entgegen. Der amerikanische Einzelhändler ist nun in über zwölf Ländern tätig, und sein Erfolg ist hauptsächlich auf seine ganzheitliche Strategie und langfristige Vision zurückzuführen. Costco zahlt Löhne, die höher als die marktüblichen sind, und bietet seinen Kunden enorme Sparmöglichkeiten. Diese kontra-intuitive Strategie ist effizient, weil der Einzelhändler mit seinen Verkäufern zusammenarbeitet, um bezahlbare Produkte in großen Stückzahlen zu erzeugen und seine drei wichtigsten Stakeholder – Mitarbeiter, Kunden und Verkäufer – so zu starken Fürsprechern seiner Marke macht.

Aktuell verdienen Costcos 245 000 Mitarbeiter das Doppelte des nationalen Einzelhandels-Durchschnitts, und 88 Prozent von ihnen erhalten von der Firma Zuschüsse zu einer Krankenversicherung. Obwohl sparsamere Anteilseigner nichts davon halten, ist das für Costco eine Gewinnformel, mit einem Aktienplus von 387 Prozent seit 2000.

Die Anwendung der Goldenen Regel funktioniert hier viel besser als einfache kostensenkende Maßnahmen.

Hill:

Und Sie glauben, dass die Einführung der Goldenen Regel als Grundlage von Geschäftsbeziehungen eine neue Idee wäre?

Carnegie:

Das wäre eine alte Idee, aber mit neuem Verwendungszweck. Eine der Schwierigkeiten, die wir in Verbindung mit der Anwendung der Goldenen Regel als Grundlage von Geschäftsbeziehungen hatten, ist, dass die meisten Leute diese Regel mit Predigten über Dogma und Glaubensbekenntnisse assoziieren und dabei völlig die Möglichkeiten übersehen, die diese Regel als wirtschaftliche Kraft bietet. Die Goldene Regel ist breiter als jedes Dogma, tiefer als jede Religion, und dennoch birgt sie etwas der feineren spirituellen Eigenschaften der Menschheit.

Hill:
Sie glauben also, dass die Goldene Regel von der Kanzel genommen und in jedes Berufsfeld übertragen werden sollte?

Carnegie:
Nun, die Kanzel hat nicht wirklich etwas bewirkt, wenn man in Betracht zieht, dass die Regel fast 2000 Jahre lang gepredigt wurde! Ich würde sagen, lassen wir sie auf der Kanzel, wer weiß, wofür das gut ist, aber geben wir ihr ein breiteres Anwendungsgebiet in den praktischen Alltagsangelegenheiten.

Hill:
Was glauben Sie, würde passieren, Mr. Carnegie, wenn ein Gewerkschaftsführer verkünden würde, dass alle Mitglieder aufgefordert werden, von nun an nach Grundlage der Goldenen Regel zu arbeiten, und die Mitglieder dies dann in ihren Gedanken und Handlungen umsetzen würden?

Carnegie:
Ich sage Ihnen, was passieren würde. Der Gewerkschaftsführer würde bald eine organisierte Arbeiterschaft leiten. Die Mitglieder wären sehr gefragt. Arbeitgeber würden freundschaftlich mit dem Gewerkschaftsführer umgehen, die Bevölkerung ebenso. Genau das würde passieren, aber Vorsicht, der Ankündigung müssen Taten folgen. Die Geste allein wird nicht reichen.

Es ist unerheblich, was die Beweggründe der Person sein mögen oder ob sie ein Arbeitgeber oder Arbeitnehmer ist oder aus der höheren oder niedrigeren Bevölkerungsschicht stammt. Es gibt keine Patentrechte auf die Goldene Regel – sie ist das Eigentum aller, die sie anwenden wollen. Wenn jemand ein Patentrecht auf diese Regel anwenden würde, würden andere es sofort verletzen.

Sobald jemand die Benutzung von etwas verbietet, suchen andere Mittel und Wege, um sich darüber hinwegzusetzen.

Verschwende nicht mehr deine Zeit darauf,
zu diskutieren, was ein guter Mensch ist.
Sei einer.
– Marcus Aurelius

Hill:
Dann glauben Sie, wenn die Goldene Regel etwas kosten würde, würde sie schnell populär werden?

Carnegie:
So funktioniert das menschliche Gehirn! Normalerweise unterschätzt es alles, das kostenlos ist.

Hill:
Wenn Sie gefragt würden, was der größte Vorteil davon ist, nach der Goldenen Regel zu leben, was wäre Ihre Antwort, Mr. Carnegie?

Carnegie:
Das ist offensichtlich. Der größte durch die Anwendung der Goldenen Regel entstehende Vorteil ist die veränderte mentale Einstellung, die man erhält.

Diejenigen, die nach diesem großen Universalgesetz leben, haben in ihren Köpfen keinen Platz für Egoismus und Gier. Sie *geben,* bevor sie versuchen, zu *bekommen.* So gewinnen sie Freunde, weil sie selbst Freunde sind.

Hill:
Der Geist der Goldenen Regel führt zu einem besseren Verständnis eines selbstlosen Lebens. Meinen Sie das damit?

Carnegie:
Ja. Nicht nur das, sondern es inspiriert einen dazu, sich zu wünschen, dieses Leben zu führen.

Hill:
Und Sie glauben, dass diejenigen erfolgreicher sind, die sich selbst vergessen und zum Nutzen anderer leben?

Carnegie:
Jede große Leistung ist das Ergebnis der Anwendung der Goldenen Regel.

Untersuchen Sie das Leben derer, die Großes geleistet haben, und Sie werden feststellen, dass sie sich dazu entschieden haben, ein wenig selbstbezogenes Leben zu leben.

- Michelangelo wurde durch seinen leidenschaftlichen Wunsch, andere mit seinen Gemälden zu inspirieren, einer der größten Künstler aller Zeiten.
- Ludwig van Beethoven machte sich wegen seines Wunsches, andere mit seiner Musik zu inspirieren, unsterblich.
- Thomas A. Edison arbeitete nicht nur für Geld, sondern widmete sein ganzes Leben der wissenschaftlichen Forschung, weil er von dem selbstlosen Wunsch angetrieben wurde, versteckte Naturgeheimnisse zum Wohle der Menschheit zu enthüllen.

Und ich kann sagen, dass ich mich in meiner eigenen Laufbahn mehr damit beschäftigt habe, Menschen zu finden und dazu anzuregen, anderen zu helfen, als persönliche Reichtümer anzuhäufen. Diese waren die logische Folge aus meinen Taten.

Hill:
Was würden Sie als Krönung Ihrer Laufbahn bezeichnen?

Carnegie:
Diese Frage könnte vielleicht am besten von jemand anderem beantwortet werden, aber meine Antwort wäre, dass meine größte Leistung die Anzahl der Arbeiter ist, denen ich geholfen habe, ein erfüllteres Leben zu führen, indem sie einen nützlichen Dienst tun.

Hill:
Ich stelle fest, dass Sie die Reichtümer, die diese Arbeiter durch Ihre Hilfe gemacht haben, nicht erwähnen. Ist das nicht auch ein Teil Ihrer Leistung, der erwähnenswert ist?

Carnegie:
Ich sehe die Anhäufung persönlichen Reichtums nicht als Leistung! Die Leistung besteht in dem verrichteten Dienst, nicht in der Bezahlung, die jemand erhält!

Hill:
Ja natürlich! Ich erkenne den Unterschied. Aber ist es nicht so, Mr. Carnegie, dass die Welt die Leistung einer Person eher an ihrem Geld misst als an dem von ihr erbrachten Dienst?

Carnegie:
Ja, das ist ein typischer Fehler der meisten Menschen. Und er bringt zu viele junge Menschen dazu, mehr Gedanken auf das *Erhalten* statt auf das *Geben* zu verwenden! Das wird schnell zum größten Fehler des amerikanischen Volkes. Er harmoniert nicht mit dem Geist der Goldenen Regel, der besagt, dass Menschen sich finden, indem sie sich zuerst in selbstlosem, nützlichem Dienst für andere verlieren.

Hill:
Mr. Carnegie, was kann den Trend dieser amerikanischen Gewohnheit Ihrer Meinung nach ändern?

Carnegie:
Vielleicht gar nichts, außer eine große Katastrophe, die alle Menschen so ziemlich auf dasselbe Level befördert, auf dem sie gezwungen sind, demütig zu werden. Das kann ein Krieg sein oder aus dem Kollaps unseres gesamten Wirtschaftssystems erwachsen.

Die Weltgeschichte liefert überzeugende Beweise dafür, dass Menschen, die das selbstlose Leben aus den Augen verlieren und zur persönlichen Bereicherung gierig und egoistisch werden, ein wie auch immer geartetes Desaster ereilt. Der Aufstieg und Fall des Römischen Reiches ist ein gutes Beispiel hierfür.

Hill:
Und Sie glauben, dieselbe Regel gilt für die, die nur für sich selbst leben?

Carnegie:
Ja, zweifellos! Ich habe die Erfahrung gemacht, dass die mit dem Ziel, sich auf Kosten ihrer Kollegen zu bereichern, die Ersten waren, die auf der Strecke blieben. Einigen gelang es, Posten mit Verantwortung zu besetzen, aber das trieb sie nur zu größerem Egoismus an, und sie stolperten bald über ihre eigenen Schwächen.

Ich kann mich an keinen einzigen Arbeiter erinnern, der eine dauerhaft ertragreiche Position bekleidete, weder in meinem Unternehmen noch in irgendeinem anderen, ohne bewusst andere mitzunehmen. Und ich habe beobachtet, dass diejenigen, die den meisten anderen geholfen haben, die waren, die am meisten für sich gewannen.

Es gibt eine unfehlbare Regel für das Erreichen persönlichen Erfolgs, und das ist die Gewohnheit, anderen beim Erreichen ihres Erfolgs zu helfen! Ich habe noch nie erlebt, dass diese Regel versagt hätte. Und sie gilt für alle Formen menschlicher Beziehungen. Die, die das meiste vom Leben *bekommen*, sind die, die am meisten *geben* oder anderen helfen zu *bekommen*.

Egoismus ist keine Erfolgsregel, aber steht weit oben auf der Liste der Ursachen für Scheitern.

Hill:
Also ist Selbstlosigkeit ein Muss für alle, die permanenten Erfolg auf egal welchem Gebiet erreichen?

Carnegie:
Das trifft zu, und ich möchte Sie auf den direkten Zusammenhang zwischen Selbstlosigkeit und der Goldenen Regel aufmerksam machen. Niemand kann nach der Goldenen Regel leben, wenn er nicht lernt, sich im selbstlosen Dienst für andere zu verlieren.

Hill:
Welche besondere Eigenschaft entwickelt der Geist der Selbstlosigkeit, der ihn so mächtig macht?

Carnegie:
Ich würde sagen, Demut des Herzens und ein besseres Verständnis für diese nicht greifbare Eigenschaft, die als »innere Kraft« bekannt ist. Wir sprechen von dieser Kraft manchmal als Zuversicht, aber wie auch immer man sie nennt, sie ist der Ursprung allen Genies. Jemand, der ein weniger selbstbezogenes Leben entwickelt, ist präsenter im Leben von anderen und nähert sich so dem Schöpfer.

Hill:
Wenn ich Sie richtig verstehe, meinen Sie, dass Selbstlosigkeit zur Entwicklung eines offenen Verstandes führt, der einem ermöglicht,

die Führung der Unendlichen Intelligenz zu erkennen und sich ihr anzuschließen.

Carnegie:
Genau das meine ich. Egoismus beeinflusst uns, uns von unserer eigenen Eitelkeit leiten zu lassen. Dann erkennen wir, dass die Quelle dieser Kraft von innen nichts mit unserer Vernunft zu tun hat, aber größer ist als unser gesamter Verstand.

Hill:
Und Sie glauben, dass diese Kraft von innen erkannt und als leitender Geist angewendet werden kann, um die praktischen Probleme des Alltags zu lösen?

Carnegie:
Ja, das glaube ich. Und darf ich hinzufügen, dass die, die ihren Verstand der Führung durch diese Kraft überlassen, kein unlösbares Problem kennen, denn sie hat die Antwort zu allen großen, kleinen, materiellen und spirituellen Problemen. Es ist die Kraft, die uns ermöglicht, Widrigkeiten zu Vorteilen zu machen, egal welcher Art oder Größe diese sind.

Wenn man jemanden hasst, ist das wie ein Bumerang,
der sein Ziel verfehlt, zurückkommt und dich am Kopf trifft.
– Louis Zamperini

Hill:
Wie viele machen sich daran, ihren Verstand auf diese Art Führung »vorzubereiten«?

Carnegie:
Am Anfang allen persönlichen Erfolgs steht Zielgerichtetheit – genau zu wissen, was man vom Leben will. Die Menschen machen sich

mit Feuereifer daran, ein selbst gestecktes Ziel zu erreichen. Das Ziel, das durch den nachhaltigen Wunsch gestärkt wird, führt zur Erreichung dieses Ziels.

Zudem übermittelt es dem Unterbewusstsein ein klares, bestimmtes Bild dessen, worauf hingearbeitet wird, und da kommt der Verstand durch eine der Menschheit unbekannte Methode in Kontakt mit der inneren Kraft. Das ist eine Kurzbeschreibung davon, wie man seinen Verstand auf die Führung von innen vorbereiten kann.

Hill:

Sie haben die Goldene Regel nicht erwähnt. Welche Rolle, wenn überhaupt, spielt sie im Prozess der Vorbereitung des Verstandes auf die innere Führung?

Carnegie:

Eine sehr bestimmte Rolle! Man könnte meinen, dass diese geheimnisvolle innere Kraft über Egoismus, Gier, Neid, Hass, Intoleranz und all die anderen Charakterzüge, die andere verletzen können, die Stirn runzelt. Diejenigen, die ihrem Verstand ein klares Ziel setzen, das frei ist von jeglichem Wunsch, auf Kosten anderer zu profitieren – was der Fall ist, wenn man sich an die Grundlage der Goldenen Regel hält –, befreien sich auf diese Weise von allem Widerstand anderer und gewinnen ihre freundliche Kooperation. Und sie haben den Weg geebnet, um sich darüber klar zu werden, was sie wollen.

Gedanken sind sehr stark, und Gedanken an andere, die einem gegenüber unfreundlich eingestellt sind, können den Wunsch nach dem, was man im Leben sucht, überlagern. Der Widerstand gelangt in den Verstand, beeinflusst ihn und lässt ihn durch Angst und Zweifel zögern. Gibt es keinen solchen Widerstand, kann es keine Angst und keinen Zweifel geben. Daher ist der Geist der Goldenen Regel ein guter Baumeister für Selbstvertrauen, das zu Zuversicht führt, die zur Führung von innen führt. Es ist sehr einfach, wenn man es einmal verstanden hat.

Hill:
O ja! Ich weiß genau, was Sie meinen. Der Geist der Goldenen Regel bringt die Menschen in Einklang mit ihrem Gewissen und befreit sie vom Widerstand aus Angst und Zweifel, der sie sonst bei der Verfolgung ihres Ziels bremsen würde.

Carnegie:
Das haben Sie sehr gut erfasst. Wir können von der Führung durch Zuversicht nicht voll und ganz profitieren, wenn wir kein ruhiges Gewissen haben. Ohne diese Führung können wir die innere Kraft nicht nutzen.

Es ist eine wohlbekannte Tatsache, dass das Unterbewusstsein unsere mentale Einstellung übernimmt – nicht nur die Wünsche, sondern auch den Glauben *hinter* dem Wunsch. Wenn dieser Glaube durch Angst, Zweifel, Unentschlossenheit, Neid, Gier oder eine andere Form von Egoismus gefärbt wird, werden diese Bewusstseinszustände vom Unterbewusstsein erkannt und übernommen, und die Ergebnisse sind natürlich negativ!

Analyse: Die Anwendung der Goldenen Regel

Von Napoleon Hill

Es gibt einen Schlüssel zu der Tür, hinter der *alles*, was Menschen brauchen, im Überfluss zu finden ist. Aber er passt in zwei Türen: eine ist die Tür zur *Zuversicht*; die andere führt zur *Angst*.

Die Kraft hinter diesem Schlüssel ist so grenzenlos, dass sie alle menschlichen Probleme überwinden kann und demütig macht, wenn auf sie durch die Tür der Zuversicht zugegriffen wird. Dieser Schlüssel verleiht einem das Privileg völliger Kontrolle – ein unwiderrufliches Privileg, das man nur wieder verliert, wenn man es nicht anwendet.

Der Schlüssel heißt *Macht der Gedanken*!

Durch die richtige Konditionierung kann der Verstand darauf vorbereitet werden, die innere Kraft zu erkennen, sie sich anzueignen und sie zu benutzen – eine Kraft, die durch inspirierte Führung funktioniert.

Sei leise und höre auf die Stimme,
die nur durch die Macht der Gedanken spricht.
– Andrew Carnegie

Diese innere Kraft, durch inspirierte Führung angewendet, muss Michelangelo ermöglicht haben, Armut, gewaltsamen Widerstand und körperliche Schwäche zu überwinden und als einer der ersten Künstler der Geschichte zu weltweiter Anerkennung zu gelangen. Dieselbe Macht offenbarte Thomas A. Edison die Geheimnisse der Natur und ermöglichte ihm, einer der größten Erfinder der Welt zu werden; sie erhob Beethoven in den Status eines Genies, das trotz des Verlusts seines Hörsinns Musik komponierte; sie verriet Marie Curie das Geheimnis des Radiums, machte Charles P. Steinmetz zu einer anerkannten Autorität der Elektrizität; und enthüllte Marconi das Prinzip drahtloser Telegrafie, was schließlich zur Erfindung des Radios führte.

Sie und all die anderen, die die Welt als Genies identifiziert hat, erreichten ihre Größe durch »Konditionierung« ihres Verstands, um durch die innere Kraft angeleitet zu werden, diese Kraft, die freien Zugang zu allen Naturgeheimnissen hat und Scheitern nicht als wahrhaftig anerkennt.

Diese »Konditionierung« beginnt mit der Anerkennung dieser Kraft, die allen zur Verfügung steht, die ein wenig selbstbezogenes Leben führen und es im Geist des selbstlosen Wunsches, etwas Gutes zu tun, in den Dienst der Menschheit stellen – sie geben, bevor sie bekommen!

Der erste Schritt, wie man ein wenig selbstbezogenes Leben führen kann, ist als Goldene Regel bekannt. Sie wurde von jedem, der wahre Größe erlangt hat, und jedem guten religiösen Anführer und wahren Philosophen erkannt und angewendet.

Konfuzius entdeckte sie und legte sie einer Philosophie zugrunde, für die man ihn liebte. Der Mann aus Galiläa entdeckte sie und kleidete sie in seiner Bergpredigt in die klarsten jemals ausgesprochenen Worte: »Alles, was ihr wollt, dass euch die Menschen tun, das tut auch ihnen!«

Viel wurde über die Goldene Regel gepredigt, aber selten die volle Tiefe ihrer Bedeutung interpretiert, deren Kernaussage ist:

> Verliere dich im selbstlosen Dienst für andere.
> So wirst du den Schlüssel zur inneren Kraft finden,
> der dich zielsicher zum Erreichen
> deiner edelsten Ziele und Vorhaben führt.

Diese Formel hat nichts Geheimnisvolles! Jeder kann sie anwenden, ohne Widerstand zu erfahren, denn sie nutzt allen, die damit in Berührung kommen.

Tatsache ist, dass der Platz, den wir auf der Welt einnehmen, genau durch die Qualität und Quantität der von uns geleisteten Dienste und die mentale Haltung, die wir dabei einnehmen, determiniert wird. Diese Faktoren kann jeder kontrollieren.

Es ist ebenso Tatsache, dass die, die den größten Platz einnehmen (durch ihren Einfluss und öffentliche Anerkennung), Angst, Neid, Hass, Intoleranz, Gier, Eitelkeit, Egoismus und das Verlangen, Dinge umsonst zu erhalten, überwunden haben.

Auch das ist Teil der notwendigen »Konditionierung« des Verstandes, um diese innere Kraft zu erkennen und sich anzueignen, die einen triumphierend durch die Widerstände im Leben führt.

Analysieren wir nun diejenigen, die die Goldene Regel durch das Führen eines wenig selbstbezogenen Lebens angewendet haben, sodass wir den Geist und die Art und Weise, wie sie mit anderen in Beziehung stehen, betrachten können.

Ich beginne mit Andrew Carnegie, denn er hat uns in diesen Kapiteln intime Details seines Verstandes enthüllt. Zu Beginn seiner Karriere eignete er sich den Geist des demütigen Herzens an, den er sich zeit seines Lebens bewahrte.

In seinem Aufstieg zum Reichtum macht er es sich zur Aufgabe, andere zu inspirieren, seinen Erfolg zu teilen, was er bis zu den untersten Arbeitern in seiner Fabrik betrieb. Während er ein großes Vermögen anhäufte, machte er auch mehr Leute zu Millionären als jeder andere Industrielle in Amerika – und die meisten von ihnen begannen mit sehr wenig Schulbildung und hatten wenig zu bieten außer kräftigen Händen und willigen Herzen.

Nachdem Mr. Carnegie ein Vermögen angehäuft hatte, begann er, Mittel und Wege zu ersinnen, um alles wegzugeben, womit er sein Verständnis des nicht selbstbezogenen Lebens bewies.

Er war jedoch nicht damit zufrieden, sein Geld nur *wegzugeben*. Ihm wurde klar, dass sein größter Trumpf das Wissen war, durch das er seinen Reichtum erlangt hatte. Dieses Wissen machte ihm die Ausmaße und Möglichkeiten der im Überfluss vorhandenen inneren

Kraft deutlich, die er in seiner gesamten erfolgreichen Laufbahn so eifrig genutzt hatte.

Andrew Carnegie dachte nicht nur an sein eigenes Wohlbefinden, sondern auch an das der noch ungeborenen Generationen. Sein Vermächtnis wird in der amerikanischen Erfolgsphilosophie bewahrt. Zu ihr gehören die bekannten Prinzipien persönlichen Erfolgs, wie sie bei der Entwicklung des *American Way of Life* auf vielfältige Weise angewendet wurden.

Die, die denken, dass sie fähig sind, sind fähig.
– Virgil

Er kannte den Wert des nicht selbstbezogenen Lebens, weil er sich diszipliniert hatte, sein Leben nach diesem Prinzip zu leben! Daher ist der Platz, den er einnahm, so groß wie die Welt, und obwohl er nicht mehr unter uns ist, lebt sein Geist weiter und inspiriert Menschen, durch höhere Bildung und das Lesen von Büchern ein Verständnis des nicht selbstbezogenen Lebens zu erlangen.

1929 triumphierte Thomas A. Edison in beispielloser Weise über Widrigkeiten – derart, dass der Triumph der Römer daneben wie ein einfacher Zirkus aussieht. Er war ein auf einen winzigen Teil des Planeten begrenzter Triumph. Edisons Triumph hingegen umfasste beide Hemisphären und alle Länder der Erde.

Nie zuvor war ein Genie so gefeiert worden. Zum ersten Mal feierte die Welt einen Triumph des Friedens; es gab keine Opfer in Ketten, die der Prozession des Siegers folgten; Bosheit, Neid und Hass wurden entthront und durch Manifestationen universeller Dankbarkeit ersetzt. Der Nutzen für die Menschheit grenzte an ein Wunder, und es wurde uns durch einen Mann beschert, dessen Genie sprichwörtlich durch die Umwandlung gespeicherter Energie in eine glühende Masse die Sonne nachts scheinen ließ.

Alfred O. Tate, Edisons ehemaliger Sekretär, sagte:

»Am 21. Oktober in diesem Jubeljahr waren die breiten Strahlen des Goldenen Lichts auf Dearborn, Michigan, gerichtet, wo Henry Ford eine Feier zu Ehren Edisons ausrichtete, die nicht nur durch ihre Großartigkeit, sondern auch die Genialität Edisons herausstach, die zu einigen der herausragenden Ereignisse seiner Karriere geführt hatte und diese zu neuem Leben erweckte.

Um etwa 11 Uhr an diesem historischen Tag stand ich auf der Plattform eines kleinen Bahnhofs auf dem Gelände des Ford-Betriebs und wartete darauf, »den Zug einlaufen zu sehen«. Der Bahnhof war eine Nachahmung eines der Bahnhöfe an der Strecke, auf der der junge Edison als Zeitungsjunge angestellt war und wo er in der Gepäckaufbewahrungsecke eine eigene Zeitung über den Klatsch und Tratsch der Strecke verfasste und druckte.

Der erste Passagier, der ausstieg, war der Präsident der Vereinigten Staaten, Herbert Hoover, gefolgt von Mr. und Mrs. Ford, Mrs. Edison und ihren Gästen. Dann kam ein weißhaariger Mann mit einem belustigten Lächeln auf dem Gesicht. Er war der Zeitungsjunge, der auf der kurzen Fahrt den ausgewählten Passagieren im Waggon Nachbildungen der Originalausgabe seiner Zeitung verkauft hatte – Thomas Alva Edison.

Um 19 Uhr fanden sich die namhaftesten Männer Amerikas als Bankettgäste von Henry Ford zu Ehren Edisons in der Säulenhalle eines Gebäudes ein, einer Replik der Unabhängigkeitshalle von Philadelphia.

Die Laudatio hielt der Präsident der USA. Als Edison aufstand, um sich zu bedanken, überkamen ihn die Emotionen, was das ganze Publikum wohlwollend zur Kenntnis nahm. Das war das erste und einzige Mal, dass er bei einem derartigen Anlass versuchte, über sich zu sprechen. Es kam nie wieder zu einem ähnlichen Auftritt.«

Das war Demut des Herzens in ihrer höchsten Form. Und der Beweis dafür, dass die, die sich im Dienst für andere verlieren, erkannt und angemessen belohnt werden.

Edison sprach selten von seinen Erfolgen. Sein Motto war: »Taten, nicht Worte.«

Er war so verloren in seiner Arbeit, dass er weder die Zeit noch die Neigung dazu hatte, an sich zu denken. Er gab zu, dass er in seinem ganzen Leben keinen ernsthaften Gedanken daran verschwendet hatte, was er für seine Arbeit *bekommen* würde. Sein größtes Anliegen war die Frage, was er *geben* könnte!

Daher war es unvermeidlich, dass er die innere Kraft entdeckte, die die wahre Quelle seines Genies war. Er konditionierte seinen Verstand darauf, diese Kraft zu erkennen und sich anzueignen. Ob er dies bewusst oder unbewusst tat, spielt keine Rolle. Aber er lebte das selbstlose Leben, durch das er seinen Verstand darauf vorbereitete, diese innere Kraft zugunsten der Menschheit zu erkennen und sich anzueignen.

Die Welt hat fast 2000 Jahre über die Goldene Regel gesprochen, und Tausende Predigten wurden über sie gehalten, aber nur wenige haben begriffen, dass ihre Kraft in ihrer *Anwendung* liegt, nicht im reinen Glauben an sie.

Der Zweck dieses Kapitels ist, zu beschreiben, was passiert, wenn die Goldene Regel in zwischenmenschlichen Beziehungen angewendet wird. Deshalb mache ich auf zwei damit zusammenhängende Prinzipien aufmerksam:

1. Harmonische Anziehung
2. Rache oder Vergeltung

Etwas in uns lässt uns oft Vergeltung suchen, wenn wir von jemandem durch Worte oder Taten verletzt werden. Wir reagieren auch auf Bevorzugung. Dieser Teil des menschlichen Wesens existierte lange, bevor die Philosophen die geheime Kraft der Goldenen Regel entdeckten, und wahrscheinlich führte ihre Interpretation davon zur Formulierung der Goldenen Regel.

Emerson fand heraus, dass die Goldene Regel mehr ist als nur ein moralischer Grundsatz und ihre Wurzeln im Bereich der Naturgesetze stecken, die nicht nur die Menschen, sondern jedes Atom und jede Energieeinheit im gesamten Kosmos beherrschen.

Emerson schrieb:

> »Polarität, oder Aktion und Reaktion finden wir in jedem Teil der Natur; in Licht und Dunkel, Hitze und Kälte, Ebbe und Flut, männlich und weiblich, in Entstehung und Verfall von Tieren und Pflanzen, in Systole und Diastole des Herzens, in den Wellenbewegungen von Flüssigkeiten und Tönen, in der Zentrifugal- und Zentripetalkraft, in Elektrizität, Galvanismus und chemischer Affinität …
>
> Demselben Dualismus unterliegen die Natur und Konditionierung des Menschen. Jeder Exzess verursacht einen Defekt, jeder Defekt einen Exzess. Alles Süße hat etwas Saures, jedes Übel sein Gutes. Jeder Missbrauch eines Genusszentrums zieht eine gleichwertige Bestrafung nach sich. Alles ist ausgeglichen. Für jedes Quäntchen Vernunft gibt es ein Quäntchen Torheit. Für alles, das man verpasst hat, bekommt man etwas anderes; und für alles, das du bekommst, verlierst du etwas …
>
> Die Wellen des Meeres ebben nicht schneller ab, als verschiedene Lebensumstände sich ausgleichen. Es gibt immer einen ausgleichenden Umstand, der das Anmaßende, Starke, Reiche, Glückliche auf das gleiche Niveau wie die anderen einstuft.«

Natürlich funktioniert die von Emerson beschriebene Regel genauso, wenn jemand seinen Nachbarn mit Worten oder Taten verletzt, da die Verletzung etwas in Gang setzt, das zu einem ausgleichenden Effekt führen muss. Wenn der Nachbar nicht bei der ersten Gelegenheit Rache sucht, werden seine Freunde das tun, oder die »Vergeltung« erfolgt durch eine völlig unbekannte Person, aber sie wird kommen, so viel ist sicher.

Aber bei der Betrachtung der Auswirkungen von Rache fällt noch ein anderer unausweichlicher Effekt auf, den wir erleben, wenn wir jemanden verletzen: eine entsprechende Schwächung unseres Charakters. Es greift unser Gewissen an, senkt unser Selbstvertrauen, unterminiert unseren Selbstrespekt und schwächt unsere Willenskraft.

Erfolg haben die, die mit minimaler Reibung in ihren Beziehungen durchs Leben gehen.
– Napoleon Hill

Das ganze System der Naturgesetze, die das Universum kontrollieren, wurde also entworfen, um jedes Lebewesen zu zwingen, die Konsequenzen seines Handelns zu akzeptieren. Und jeder Gedanke sowie jede Handlung werden fester Teil des Charakters!

Hier kommt das stärkste Argument für die Goldene Regel als Grundlage für alle menschlichen Beziehungen: Alles, was ihr einander antut, tut ihr euch selbst an. Die unerbittlichen Naturgesetze lassen einem keine Wahl in der Sache, abgesehen davon, dass man entscheidet, ob man sich selbst durch seine Gedanken und Taten in seinen zwischenmenschlichen Beziehungen helfen oder behindern will.

Wenden Sie das Prinzip an und schauen Sie, was passiert.

Als Andrew Carnegie für die niedrigsten Arbeiter in seinen Fabriken die Türen öffnete – und denjenigen, die dafür bereit waren, voll von seiner Erfahrung, seinem Kapital und seinem erlangten Ruf als tüchtiger Industrieller zu profitieren –, ging das über die reine Unterstützung beim Anhäufen von Reichtum hinaus. Er fügte seinem eigenen Reichtum unschätzbaren Wert hinzu, den sowohl gute Charaktereigenschaften wie auch materieller Besitz repräsentieren.

Er hätte sein Vermögen machen und zu seiner Verfügung halten können, aber unrechtmäßig erworbener Besitz hat die seltsame Eigenschaft, verprasst zu werden. Auf dieses Phänomen wird manchmal mit »Wie gewonnen, so zerronnen!« Bezug genommen.

Mr. Carnegie verschaffte sich finanzielle Sicherheit, indem er anderen half. Diese Schlussfolgerung ist unausweichlich, und die Fakten sind so bekannt, dass sie nicht infrage gestellt werden können.

Das kann eine Antwort für all diejenigen sein, die sich aus Ignoranz oder Intoleranz darüber beschweren, dass Mr. Carnegie seinen Reichtum auf Kosten der Arbeiter auf seiner Gehaltsliste machte. Er machte ihn mit ihrer Kooperation, so viel ist sicher, aber man kann mit Fug und Recht sagen, dass seine Angestellten für jeden Dollar, den er durch sie erhielt, 100 US-Dollar oder mehr bekamen! Und er gab jedem seiner Mitarbeiter, der den Ehrgeiz dazu hatte und es annahm, die Möglichkeit, sich aus der Mittelmäßigkeit der körperlichen Arbeit hochzuarbeiten und somit ebenso reich zu werden wie er.

Und denken wir auch daran, dass Mr. Carnegie sein Vermögen so anlegte, dass es immer noch wächst und anderen hilft, vom Leben das zu bekommen, das sie sich wünschen, gemessen an dem, was sie im Gegenzug dafür geben.

Auch Sie können, wenn Sie diese Seite lesen, von dieser Philosophie profitieren, ein Umstand, der von der Aufmerksamkeit eines großen Philanthropen herrührt, der die nötigen Schritte unternahm, Ihnen das Wissen, das ihm zu seinem Vermögen verhalf, zugänglich zu machen.

Diese Selbstlosigkeit konnte nur von jemandem ausgedrückt werden, der gelernt hatte, ein nicht selbstbezogenes Leben zu leben und seinen Wohlstand und seine Möglichkeiten mit all denen zu teilen, die das annahmen.

Diese Analyse mache ich nicht, um die Tugenden von Andrew Carnegie anzupreisen, sondern um Ihnen – die Sie Ihren Platz in der Welt suchen – die Methode zu beschreiben, mit der Sie das schaffen können: durch *geben*, um zu *bekommen*! Die wertvollen daraus resultierenden Auswirkungen werden unendlich, weil sie sich immer wieder multiplizieren. Das Geld, das Andrew Carnegie anhäufte und weggab, ist nur ein winziger Teil des Reichtums, den sein Verstand hervorbrachte. Hierzu sollten Sie die Hunderte Millionen Dollar addieren, die Mitarbeitern der von ihm gegründeten stahlverarbeitenden Industrie gezahlt wurden und weiterhin gezahlt werden. Ebenso wie die Millionen, die er den Anwendern von Stahlerzeugnissen einsparte, weil der Stahlpreis durch seine Sparsamkeit von 130 auf 20 Dollar je Tonne gesenkt wurde.

Wir sehen also, dass Charakter sich selbst erhält und weitermacht, im Guten oder im Bösen, lange nach dem Tod des Körpers. Auch das steht in Beziehung zu den ewigen Naturgesetzen, insbesondere dem Kompensationsgesetz, das Emerson so adäquat beschrieben hat.

Wenn Ihnen also jemand sagt, dass er an die Goldene Regel glaubt und dass er diese gerne ausführen würde, das aber nicht kann, weil die, mit denen er zu tun hat, nicht nach ihr leben, wissen Sie, dass er die grundlegende Voraussetzung nicht verstanden hat. Er hat die Tatsache übersehen, dass die Vorteile der Goldenen Regel denen erwachsen, die nach ihr leben, isoliert und unabhängig von den Handlungen und Taten anderer. Sie zeigen sich in einem gestärkten Charakter, größerer Selbstständigkeit, persönlicher Initiative, Seelenfrieden, kreativer Vision, Enthusiasmus, Selbstdisziplin, der Fähigkeit, von Niederlagen zu profitieren, einem klaren Ziel und einem besseren Verständnis der inneren Kraft, die sich denen offenbart, die ihren Verstand darauf konditioniert haben, sie zu erkennen und bereitwillig anzunehmen.

Diesen letzten Vorteil hatte Emerson im Kopf, als er sagte: »Tue es und du wirst die Kraft haben!« Emerson wusste, dass jeder Gedanke und jede Handlung untrennbar mit unserem Charakter verbunden werden, zum Guten oder zum Schlechten, je nach seiner und ihrer Beschaffenheit.

Er wusste auch, dass ein gesunder Charakter mehr erzeugt als einen guten Ruf. Er verschafft einem die Extraportion Zuversicht, die in Notfällen gebraucht wird, wenn Willenskraft und Vernunft den menschlichen Bedürfnissen nicht genügen.

Legen Sie hier eine Pause ein und meditieren Sie über diesen Gedanken!

Es ist die Krux der Goldenen Regel, und ihre Interpretation ist die Essenz dieses Kapitels. Verlieren Sie sich in nützlichem Dienst, und Ihre Probleme werden wie von Zauberhand verschwinden. Die

Geschichte der Menschheit unterstützt diese Behauptung, und es zu übersehen, wäre bedauerlich für diejenigen, die sich bemühen, die Probleme unserer komplexen Zeit zu meistern.

Das ganze Buch hindurch hat Andrew Carnegie betont, wie wichtig es ist, eine positive mentale Haltung zu bewahren. Er hat anhand vieler Beispiele gezeigt, dass die äußeren Bedingungen bis ins Detail mit unserer mentalen Einstellung korrespondieren. Er hat auch unbestreitbar bewiesen, dass harmonische Beziehungen mit anderen der Samen sind, aus denen jeglicher persönlicher Erfolg erwächst.

Wir können nicht harmonisch mit denen umgehen, die wir egoistisch ausnutzen. Wir können nicht durch Beziehungen erfolgreich sein, die andere verletzen. Erfolg kommt zu denen, die andere mitnehmen und mit ihnen ihre Gelegenheiten und ihr Wissen im wahren Geist der Goldenen Regel teilen. Das erklärt die seltsame Tatsache, dass unsere Probleme am besten gelöst werden, indem wir anderen helfen, ihre zu lösen. Die ganze Welt ist ähnlich. Was den einen betrifft, betrifft in gewissem Maße die ganze Menschheit. Wenn es viel Arbeit und gute Löhne gibt, kommt das allen zugute. Gibt es wenig Arbeit, und die Menschen haben wenig zu tun, spüren alle um sie herum die Auswirkungen.

Dieser Effekt ist bekannt, wird aber nur von wenigen verstanden. Sie sind erfolgreich bei allem, was sie anfassen – sie machen mit ihrer Arbeit weiter, überstehen Depressionen, Kriege und andere weitreichende Katastrophen, die alle anderen treffen.

Wenn Sie mehr konkrete Beweise wünschen, dass es sich auszahlt, selbstlos zu leben, fangen Sie sofort damit an und helfen Sie denen in Ihrer Nähe, denen es nicht so gut geht wie Ihnen – nicht unbedingt, indem Sie ihnen Geld geben, sondern sie ermutigen und ihnen eine Gelegenheit geben, etwas Gutes zu tun. Jede Last, die Sie jemand anderem abnehmen, wird Ihnen eine ähnlich große Last nehmen, oder wenn Sie nichts belastet, werden Sie auf andere Weise, die Ihren Bedürfnissen und Wünschen entspricht, davon profitieren.

Sie können sich den Nutzen der Goldenen Regel nicht aneignen, indem Sie nur an sie glauben. Sie müssen diesen Glauben in die Tat umsetzen, wie Mr. Carnegie es immer wieder gesagt hat.

Ein großer Wunsch aller Menschen ist der Wunsch nach Glück! Wir streben materiellen Reichtum an, weil wir glauben, dass er in eine Art Glück verwandelt werden kann, denn der reine Besitz von Geld macht nicht glücklich.

Wir schließen Freundschaften und pflegen sie, weil sie glücklich machen. Und Liebe, der höchste und nobelste Ausdruck menschlicher Emotionen, wird universell von allen Menschen gesucht, weil sie glücklich macht.

Unglück ist, nicht zu wissen, was wir wollen,
und uns umzubringen, um es zu bekommen.
– Don Herold

Wir könnten also sagen, dass das größte Ziel im Leben ist, Glück zu finden und zu bewahren, doch die meisten Menschen erleben nicht mehr als ein paar flüchtige Momente dieser göttlichen Gabe, und manche gehen durchs Leben, ohne sie jemals zu erleben.

Die Goldene Regel in allen menschlichen Beziehungen anzuwenden, ist die einzige zufriedenstellende Garantie für Glück.

John Rathbone Oliver beschrieb im *Trinity Church Bulletin* von Columbia, South Carolina, sehr zutreffend eine Annäherung an Glück mit folgenden Worten:

»Viele Leute beschweren sich bei mir, weil sie nicht glücklich sind. Sie sagen oft: ›Ich möchte das Glück, das mein Geburtsrecht ist.‹ Tatsächlich hat niemand auf der Welt das Recht auf Glück. Wir mögen das Gefühl haben, einen Anspruch auf Glück zu haben, aber in der juristischen Terminologie besteht ein großer Unterschied zwischen Anspruch und Recht. Ansprüche sind nicht nachweisbar, und es werden viele falsche Ansprüche gestellt. Ein

Recht hingegen bedeutet einen absoluten und rechtmäßigen Besitz einer Sache aufgrund einer angeborenen Eigenschaft.

Die Behauptung, wir hätten ein Recht auf Glück, und dass wir unglücklich sind, ist in etwa so, wie wenn wir behaupten, ungerecht behandelt zu werden und nicht den Nachtisch zu bekommen, der uns zusteht. Das ist eine völlig unchristliche Geisteshaltung. Niemand auf der Welt hat das Recht auf Glück, und die Menschen, die es als ihr Recht fordern, werden es kaum jemals bekommen.

Glück ist ein Nebenprodukt. Es kommt manchmal unmaskiert und unerwartet. Meist entsteht es aus der Bereitschaft, die Pflichten und Schwierigkeiten des Alltags zu akzeptieren und so gut es geht seine Arbeit zu verrichten.

Das Problem ist, dass wir nicht dankbar genug für vergangenes Glück sind. Wir sagen: »Vor ein paar Jahren war ich glücklich, als ich XY liebte oder dieses und jenes tat. Aber jetzt habe ich mein Glück verloren und bin deshalb deprimiert und entmutigt.« Wir sollten für diese vergangenen glücklichen Zeiten dankbar sein. Meist aber empfinden wir unseren Verlust umso mehr, weil wir einmal etwas besessen haben, das uns glücklich machte.

Wenn wir zwischenzeitlich glücklich sind, erwarten wir, dass das immer so bleibt. Wir müssen die Lektion des »fortgehenden Engels« lernen. In der Apostelgeschichte schickte Gott einen Engel, um den heiligen Petrus aus dem Gefängnis zu befreien. Er löste die Ketten von Petri Hand, und wie von selbst öffneten sich die Türen des Gefängnisses. Dann traten Petrus und sein Führer hinaus in die Nacht. Sie gingen eine Straße entlang, und dann verließ der Engel Petrus. Petrus erwartete vielleicht, dass der Engel, der schon so viel für ihn getan hatte, ihn nach Hause bringen würde. Aber Gott nahm ihm den Engel weg, sodass Petrus lernen konnte, selbst nach Hause zu kommen.

Im Leben ist es oft genauso: Die Person oder die Sache, die uns glücklich gemacht hat, ist plötzlich nicht mehr da. Ein geliebtes

Kind stirbt, oder eine Frau trennt sich von ihrem Mann. Die Liebe eines Mannes erlischt, oder eine Freundschaft geht zu Ende. Der Engel, der uns aus unserem Gefängnis der Einsamkeit befreit hat, ist weg, und wir sind versucht, uns hinzusetzen und zu warten. Wie Hiob sagt man uns, wir sollen Gott verfluchen und sterben. Aber das ist nicht der richtige Weg, uns mit dem Verlust des fortgehenden Engels zu befassen.

Der Verlust soll keine Quelle für Unglück und Tragödie sein, sondern für neue Kraft und neue Wege, sich auf der Welt nützlich zu machen.

Wir legen uns den Plan für unser Leben zurecht und werden wütend, wenn etwas diesen Plan zerstört. Wir gehen in eine Richtung, fühlen uns zufrieden und leisten etwas. Dann passiert etwas, unser Weg ist blockiert, und wir können nicht mehr in derselben Richtung weitergehen. Manchmal scheint es, als ob Gott seine Hand ausstreckt und uns jäh stoppt. Dann kommt die Versuchung aufzugeben. Wir sagen: ›Wenn ich hier nicht weitergehen kann, gehe ich gar nicht mehr.‹ Uns ist nicht klar, dass es andere Richtungen gibt und dass Gott wichtigere Aufgaben für uns in einer anderen Richtung und in anderen Umständen hat.

Wenn Menschen das besser verstehen könnten, gäbe es weniger Klagen über verlorenes Glück. Echtes Glück ist nie verloren. Wenn es ein wahres Glück gewesen ist, werden die Erinnerungen daran und seine Kraft immer bei uns sein.«

Ja, Mr. Oliver hat recht! Wahres Glück bereichert die Seelen aller, die es erleben, und meist sind das die, die anderen helfen, es zu finden. Zudem kann man es durch die Goldene Regel finden, die uns dazu anregt, enthusiastisch das selbstlose Leben zu führen, denn dieser Eifer ist an sich schon eine der höchsten und edelsten Formen von Glück.

Wenn Sie Ihr Arbeitgeber wären und er oder sie wären Sie, wären Sie zufrieden mit der Qualität und Quantität Ihrer Arbeit und der mentalen Einstellung, mit der Sie sie verrichten?
– Napoleon Hill

An dieser Stelle möchte ich einen weitverbreiteten Trugschluss im Zusammenhang mit dem Prinzip der Goldenen Regel aufklären. Diejenigen, die das Gesetz hinter dieser großen Regel menschlichen Verhaltens nicht verstehen, nehmen häufig irrtümlich an, dass sie nur eine hübsche Theorie ist, die in der materiellen Welt im Zeitalter von Egoismus und Gier nicht funktioniert. Sie argumentieren fälschlicherweise, dass sie es sich nicht leisten können, nach ihr zu leben, weil ihre Mitmenschen es nicht tun, sodass sie einen großen Nachteil daraus hätten, sich an die Regel zu halten.

»Ich würde mein Unternehmen gern gemäß der Goldenen Regel betreiben«, sagte ein bekannter Geschäftsmann, »aber dann wäre ich bankrott, weil meine Partner mich übervorteilen würden.«

Gemessen am Nennwert erscheint seine Aussage stichhaltig. Aber die Philosophie der Goldenen Regel reicht tiefer unter die Oberfläche. Sie ist Teil des Naturgesetzes, das das Universum beherrscht, und um seine Auswirkungen zu begreifen, müssen wir weiter nach unten.

Die sprichwörtliche Ausnahme (oder das, was wie eine Ausnahme erscheint), kann die Person sein, der die Anwendung der Goldenen Regel nutzt, die sich aber weigert, etwas zurückzugeben, und so den Wohltäter benachteiligt. Doch diese wenigen Ausnahmen sind nicht relevant.

Die entscheidende Frage ist die:

Beweist die Erfahrung nicht alles in allem, dass die große Mehrheit entsprechend reagiert?

Welchen Unterschied macht es da, wenn eine von 100 Personen, mit denen man geschäftlich zu tun hat, von der Goldenen Regel profitiert, sich aber weigert, das durch eine angemessene Erwiderung anzuerkennen? Die anderen 99 übernehmen das. So erhält der Wohltäter den Ausgleich für seine Tat, außerdem hat er sich selbst Gutes getan, weil das seinem Charakter hinzugefügt wird und seinen Ruf verbessert.

Der große Einzelhändler Marshall Field & Company in Chicago ermöglicht es jedem Kunden, Waren, mit denen er nicht zufrieden ist, ohne Angabe von Gründen zurückzugeben und sein Geld zurückzubekommen. Ist das profitabel? Nutzen manche Kunden diese Regel aus? Hören wir, was ein Abteilungsleiter sagt: »Manchmal«, sagt der Manager der Handschuhabteilung, »kommen Leute, kaufen teure Handschuhe, tragen sie einen Abend und reißen absichtlich die Nähte auf, bringen sie zurück und verlangen ihr Geld zurück.«

»Was tun Sie in so einem Fall?«, wurde er gefragt.

»Wir geben nicht nur das Geld zurück, sondern entschuldigen uns dafür, dass der Kunde extra wieder kommen musste, um die Ware zurückzubringen.«

»Aber wie kann es sich das Kaufhaus leisten, solch eine offensichtliche Unehrlichkeit zu dulden?«

»Das Kaufhaus«, erklärte er, »kann sich das nicht leisten. Es ist vielleicht einer von 500 Kunden, der sich so verhält, und auch diese Ausnahme zahlt sich für uns aus, weil die Person jedem erzählt, dass wir unser Wort halten und Rückgaben ohne Diskussion akzeptieren.«

In Chicago gibt es eine Hutladenkette, die Hüte für zwei Dollar verkauft. Das Konzept der Kette ist es, Hüte zu verkaufen, die jederzeit zurückgegeben und gegen einen neuen Hut umgetauscht werden können. Ein Kunde kaufte einen Hut und kam drei Jahre lang alle sechs Monate zurück, um den alten Hut mit der Begründung »nicht zufriedenstellend« zurückzugeben – und bekam jedes Mal einen neuen Hut.

Der Inhaber wurde gefragt, warum er den Betrüger nicht beim nächsten Mal rauswarf, und sagte: »Rauswerfen? Warum, wenn ich 100 Kunden wie ihn hatte, konnte ich mich bald zur Ruhe setzen. Er ist die wandelnde Reklame für den Laden, und es vergeht keine Woche, in der nicht ein oder mehr neue Kunden kommen, die uns erzählen, dass sie unsere Hüte kaufen, weil der ›Betrüger‹ ihnen gesagt hätte, dass wir unser Wort halten. Dieser Mann ist für zwei Dollar alle sechs Monate eine bessere Werbung für uns, als wir sie in der Zeitung für Hunderte Dollar schalten könnten.«

Anmerkung des Herausgebers:

Die amerikanische Kaffeehauskette Starbucks gibt all ihren Kunden ein einfaches Versprechen: Wenn Sie mit Ihrem Getränk nicht zufrieden sind, machen wir es gern so oft für Sie neu, bis wir es richtig machen. So hat jeder Kunde eine positive Erfahrung, die ihn für viele Jahre zum Stammkunden machen kann.

Ich wette, es kam oft vor, dass ein skrupelloser Kunde, nachdem er die Hälfte seines oder ihres Getränks konsumiert hatte, ein neues Getränk wollte, mit der Behauptung, es sei nicht zufriedenstellend, nur um mehr zu bekommen als das, für das er bezahlt hatte und so das Konzept der Kundenzufriedenheit von Starbucks ausnutzte. Doch dieser skrupellose Kunde hat offenbar keine materielle Auswirkung auf die Kette, die weltweit mehr als 30 000 Cafés betreibt und einen Börsenwert von mehr als 100 Milliarden US-Dollar hat.

Und trotzdem sagen Menschen: »Ich würde gern nach der Goldenen Regel leben, kann mir das aber nicht leisten, weil die andere Person es nicht tut.«

Die andere Person ist egal. Die Goldene Regel sollte zu Hause beginnen, und wenn sie wirklich praktisch angewendet wird und nicht nur Theorie ist, wird sie entsprechende Belohnung einbringen, egal, was andere tun.

Der Vergleich ist der Dieb der Freude.
– Theodore Roosevelt zugeschrieben

Zwei Bekannte von mir haben kürzlich eine geschäftliche Partnerschaft geschlossen, bei der einer von ihnen eine erhebliche Summe beitrug. Der Vertrag zwischen den beiden ist nur mündlich; nichts wurde schriftlich festgehalten. Beide wenden in ihren Beziehungen die Goldene Regel an. Sie wissen, dass ein mündlicher Vertrag, der auf dem Einverständnis in ihren Köpfen auf Grundlage der Philosophie der Goldenen Regel basiert, mehr wert ist als alle jemals von Anwälten aufgesetzten Verträge.

Sehen wir uns an, wie dieser Vertrag in der Praxis funktioniert!

Sechs Monate nach dem Deal schloss einer der Partner – der, der kein Geld investiert hatte – eine Lebensversicherung ab, mit seinem Partner als Begünstigtem, für eine größere Summe als die, die der andere investiert hatte.

Außerdem machte er seinen Partner zum einzigen Erben in seinem Testament; mit folgendem Wortlaut:

Ich hinterlasse meinem guten Freund und Geschäftspartner, ____________________, alle Rechte an der Firma, die wir gemeinsam betreiben, sowie alles andere Eigentum, und ernenne ____________________ als Verwalter meines Letzten Willens und Testaments.

Ich vermache meinem Geschäftspartner all meinen Besitz als Maßstab meiner Wertschätzung seines Mitgefühls, Verständnisses und seiner Bereitschaft, mit mir ein Geschäft zu gründen und nur wegen seines Vertrauens in mich ohne schriftlichen Beweis unserer Vereinbarung große Summen zu investieren, wodurch er seinen Glauben an mich und seine Anwendung der Goldenen Regel als gute Basis aller menschlichen Beziehungen demonstriert hat.

Der Wert dieses Besitzes mag weit über einer Million Dollar liegen, und er vermachte ihn seinem Geschäftspartner offensichtlich mit einer großen Dankbarkeit, die nur daher rührte, wie sein Partner ihn behandelt hatte, durch die mündliche Vereinbarung, die für einen fairen Deal ausreichte.

So wie ich die beiden kenne, bin ich sicher, dass auch nicht der cleverste Anwalt einen Vertrag hätte aufsetzen können, der zweckdienlicher und verbindlicher gewesen wäre als ihre mündliche Vereinbarung. Da sie auf der Goldenen Regel basiert und von zwei Menschen getroffen wurde, die diese Regel zum Teil ihrer lebenslangen Philosophie für ihren Umgang mit anderen gemacht haben, wird sie gut funktionieren.

Ich will damit nicht sagen, dass jeder Geschäfte nur mündlich abschließen sollte, denn ich bin realistisch genug, um zu wissen, dass es zu viele Menschen gibt, die die Goldene Regel nicht respektieren und nicht versuchen, nach ihr zu leben. Dieser Fehler ist ihr Verlust, aber leider ist es Tatsache, dass die Welt noch nicht erkannt hat, wie groß die Vorteile sind, die denen erwachsen, die nach dieser Regel leben, statt sie nur als Theorie für menschliche Beziehungen anzusehen.

Ein paar große Vorteile der Anwendung der Goldenen Regel

Wie wir wissen, ist das Motiv von größter Wichtigkeit in allen menschlichen Beziehungen. Sehen wir uns daher die Vorteile an, die man durch die Anwendung der Goldenen Regel erhält, und bestimmen wir, wie viele der neun grundsätzlichen Beweggründe jemand ausübt, wenn er sie anwendet:

1. **Das Motiv der Liebe:**

Dieses größte aller Gefühle basiert auf dem Geist der Goldenen Regel, der uns dazu inspiriert, Egoismus, Gier und Neid abzulegen und uns so mit anderen zu verbinden, als wären wir an ihrer Stelle. Das Motiv der Liebe, durch die Goldene Regel zum Ausdruck gebracht, ermöglicht uns, das uralte Gebot »Liebe deinen Nächsten wie dich selbst« zu befolgen. Damit erkennen wir voll und ganz die Einheit aller Menschen an, denn alles, was unseren Nächsten schadet, schadet auch uns.

Wenden wir daher die Goldene Regel in *allen* Beziehungen als praktisches Mittel zur Demonstration des Geists der Menschlichkeit an. Er ist das größte Motiv zur Anwendung dieser tiefsinnigen Regel.

2. **Das Motiv des Profits:**
Das ist ein gesundes und universelles Motiv, das aber zu oft egoistisch ausgedrückt wird. Finanzielle Gewinne durch die Anwendung der Goldenen Regel sind nachhaltiger. Sie beinhalten den guten Willen derer, von denen man diese Gewinne erhält. Diesem Gewinn liegt kein böser Wille, organisierter Widerstand, Feindseligkeit oder Neid dem Gewinner gegenüber zugrunde. Er bringt eine Form der bewussten Kooperation anderer mit, die einem nirgendwo sonst widerfährt. Dieser Gewinn ist im wahrsten Sinne des Wortes gesegnet.

3. **Das Motiv der Selbsterhaltung:**
Dieses Motiv ist jedem von uns angeboren. Selbsterhaltung erreichen diejenigen am besten, die anderen helfen, die dasselbe anstreben. Die Regel »Leben und leben lassen« garantiert eine gleichwertige Reaktion der anderen. So ist die Anwendung der Goldenen Regel die sicherste Methode zur Selbsterhaltung durch die freundliche Kooperation der Mitmenschen.

4. **Das Motiv des Wunsches nach Freiheit für Körper und Seele:**
Es gibt ein Band, das alle Menschen verbindet, und weil es universell ist, beeinflusst es jede Beziehung und platziert die Vor- und Nachteile im Leben, die Verluste und Gewinne, auf einem Level. Alle erhalten das Gleiche, auch die, die mehr als ihren fairen Gewinnanteil nehmen wollen oder ihre Verluste nicht auf sich nehmen wollen.

Am schnellsten erlangen diejenigen Freiheit für Körper und Seele, die andere dabei unterstützen, diese zu erlangen. Das zeigt sich in jeder menschlichen Beziehung, egal ob sie Gewinne oder Verluste bringt. Freiheit muss mit den Mitmenschen und Kollegen geteilt werden, wenn man sie selbst genießen möchte.

Emerson hatte denselben Gedanken, als er sagte: »Die Natur hasst Monopole und Ausnahmen. Die Wellen des Meeres ebben nicht schneller ab, als verschiedene Lebensumstände sich ausgleichen. Es gibt immer einen ausgleichenden Umstand, der das Anmaßende, Starke, Reiche, Glückliche auf das gleiche Niveau wie die anderen einstuft.

5. **Das Motiv des Wunsches nach Macht und Ruhm:**
Sowohl Macht als auch Ruhm, eines der neun ursprünglichsten Motive der Menschheit, sind Umstände, die man nur durch die freundliche Kooperation anderer und die Anwendung der Goldenen Regel erlangen kann. Diese Schlussfolgerung ist unausweichlich – probieren Sie es aus!

Hier können wir den Slogan des Rotary Clubs nutzen: »Derjenige, der am besten dient, hat am meisten Nutzen daraus.« Wir können nicht am besten dienen, ohne uns in die Position jener zu begeben, denen wir in allen Beziehungen dienen. Wir können Macht und Ruhm nicht erlangen und halten, ohne anderen im gleichen Maße Gutes zu tun, wie uns selbst Gutes widerfährt. Wir beginnen, zu verstehen, warum man die Stichhaltigkeit der Goldenen Regel praktizieren und predigen sollte!

Die Ausübung schüttet Dividenden aus, nicht der reine Glaube an die Regel.

Wir sehen, dass die, die ihre Beziehungen mit anderen durch Anwendung der Goldenen Regel unterhalten, von fünf der neun ursprünglichsten Motive Unterstützung erhalten. Zudem verschaffen sie sich ein hohes Maß an Immunität gegen die Einflüsse der beiden negativen Motive – Angst und Rache! Wir können also behaupten, dass die, die nach der Goldenen Regel leben, von neun der sieben ursprünglichen Motive profitieren und sich selbst gegen die beiden negativen Motive schützen.

Das ist der richtige Weg zu persönlicher Macht! Es mag sein, dass wir diese Form der Macht mit dem vollen Einverständnis und der harmonischen Kooperation derer erlangen, von denen wir sie erhalten. Daher ist es eine dauerhafte Macht.

Diese Art von Macht spiegelt sich in einem gesunden Charakter wider. Sie wird nie angewendet, um jemandem zu schaden.

Lassen Sie uns nun ein Merkmal der Goldenen Regel hervorheben, das zu oft übersehen wird – nämlich, dass ihre Vorteile nur durch ihre Anwendung genutzt werden können und nicht allein durch das Glauben an ihre Stichhaltigkeit oder durch das Predigen ihrer Stichhaltigkeit gegenüber anderen. Eine passive Haltung zu dieser großen Regel menschlichen Verhaltens führt zu gar nichts. Hier hat eine passive Einstellung keinen praktischen Wert. »Taten, nicht Worte« muss das Motto lauten!

Die Goldene Regel wurde in der einen oder anderen Form mehr als 2000 Jahre gepredigt, aber die Welt hat sie insgesamt nur als Predigt akzeptiert. Nur wenige Leute jeder Generation haben die potenziellen Kräfte entdeckt, die ihnen durch die Anwendung dieses großen Gesetzes zur Verfügung stehen, und von seiner Anwendung profitiert. Wenn das nicht der Fall wäre, wäre die Welt jetzt nicht so entzweit, wie sie es ist.

Die Vorteile dieser Philosophie sind so vielfältig, dass es nicht praktikabel wäre, sie alle aufzuzählen, aber diesen einen Punkt möchte ich betonen: Die Vorteile werden denen zuteil, die die Philosophie als Gewohnheit in ihren Beziehungen mit anderen Menschen anwenden.

Erwarten Sie nicht immer direkte Vorteile von denen, mit denen Sie auf Basis der Goldenen Regel interagieren, denn dann werden Sie enttäuscht werden. Es gibt einige, die das nicht erwidern, aber das wird deren Verlust sein, nicht Ihrer.

Lassen Sie mich Ihnen hierfür ein tolles Beispiel geben. In einem kleinen Ort im Norden der USA lebte ein Mann, der weithin als »führender Bürger« des Orts bekannt war. Diesen Status hat er seit fast 25 Jahren inne.

Er allein hat das Geld für eine der schönsten Kirchen des Orts gesammelt. Dafür erhielt er – was? Er wurde von einigen Kirchenmitgliedern und einigen anderen Bewohnern des Orts beschimpft, ebenso von Menschen, die ihn wegen seiner Führungsrolle nicht mochten, oder vielleicht, weil der Architekt, dem sie den Zuschlag gewünscht hätten, ihn nicht bekommen hatte.

Dieser Mann finanzierte und baute das wichtigste Gebäude im Ort und wertete damit das umliegende Gelände und den ganzen Ort auf. Er leitet eins der größten und erfolgreichsten Unternehmen im Ort, dessen Mitarbeiter gut bezahlt werden. Sein Einfluss wirkt sich auf die gesamten Vereinigten Staaten aus, und durch seinen Ruf, Dinge zu erledigen, hat er viele neue Unternehmen angezogen. Alles in allem hat er wahrscheinlich mehr für seinen Staat getan als irgendjemand anderes.

Er führt sein Leben so tadellos, dass er mit allen politischen Parteien und beinahe allen lokalen Politikern freundschaftlich verkehrt, obwohl er mit keinem verbündet ist. Er hat einen solchen Einfluss auf das Kapitol, dass er für seinen Staat viele Vorteile von der Bundesregierung erhalten hat. Er lebt nach der Goldenen Regel und wendet sie praktisch in allen Beziehungen an.

Man könnte also meinen, er sei ein Held in seinem Heimatort, aber weit gefehlt! Im Gegenteil, die Taugenichtse sind nur neidisch auf ihn. Gelegentlich waren sie ihm gegenüber in Wort und Tat ungerecht. Angesichts dessen wäre er durchaus berechtigt, Rache zu suchen, aber er hilft nur seinen Mitmenschen, wann und wo immer sie ihm dies gestatten.

Er spricht nie von ihrem Undank oder zeigt, dass er ihnen das übel nimmt, denn er lebt nach der Goldenen Regel.

Manche werden fragen: »Was bekommt dieser Mann dafür, dass er nach der Goldenen Regel lebt?«

Zunächst einmal geht es ihm wirtschaftlich gut, deutlich besser als den meisten anderen Bewohnern seines Heimatorts. Wir nehmen an, das würde einigen Menschen ausreichen, aber wir schauen noch weiter. Dieser Mann ist noch relativ jung. Er wächst schnell – spirituell, mental und finanziell. Er kommt voran, nicht nur im materiellen Sinne, sondern auch durch einen guten Ruf, der ihm ständig Gelegenheiten bietet, seinen Einfluss zu nutzen und sein Vermögen zu vergrößern.

Vor Kurzem gab ihm eine Delegation Industrieller absichtlich die Möglichkeit, seinem Staat einen großen Dienst zu erweisen, was auch für ihn persönlich sehr lukrativ war. Er nahm die Verantwortung auf sich, lehnte es aber ab, davon zu profitieren. Sein Büro ist ein einflussreiches Clearinghouse, das Berührungspunkte mit fast allen Belangen seines Staats hat, und viele Politiker und Industrielle klopfen oft an seine Tür.

Sein Wort zählt mehr als die Versprechen der meisten Leute. Das weiß jeder. Seine Befolgung der Goldenen Regel hat ihm das Vertrauen der meisten Menschen eingebracht, und er ist trotz der Kurzsichtigkeit einiger Leute sehr erfolgreich.

Dieser Mann ist nicht Teil der Gemeinschaft, in der er lebt. Er ist selbst im weiteren Sinne die Gemeinschaft, nicht weil er das für sich beansprucht, sondern weil die, die einen gesunden Charakter erkennen und von ihm angezogen werden, ihm dafür ihre Anerkennung zollen. Man kann ohne Übertreibung sagen, dass er der wohlhabendste Mann in seiner Gemeinde ist, nicht durch Glück oder Zufall, sondern wegen seiner eigenen Lebensphilosophie.

Durch seine eigenen Bemühungen ist er zu dem geworden, was er ist. Er wurde nicht vermögend geboren, im Gegenteil, er begann seine berufliche Laufbahn mit großen Schulden, die er nicht selbst gemacht hatte. Ihm wurde nie etwas gegeben, das er sich nicht selbst im Voraus verdient hatte! Und das ist ein anderes besonderes Merkmal derer, die nach der Goldenen Regel leben – sie haben die Angewohnheit, die Extrameile zu gehen.

Dieser Mann hat ein paar Feinde, die nichts Gutes über ihn sagen würden, aber sie würden viel Geld bezahlen, um an seiner Stelle zu sein.

Seid also darauf gefasst, ihr, die ihr nach der Goldenen Regel leben wollt, auf Menschen zu treffen, die Ihnen nicht nacheifern, sondern Sie beneiden werden. Machen Sie sich nichts draus – das ist eine der niedersten Eigenschaften, die niemandem schadet als ihnen selbst.

Mein bester Freund ist der, der das Beste aus mir herausholt.
– Henry Ford

Ich habe diesen Mann kürzlich getroffen und ihn gebeten, mir seine ehrliche Meinung über die Ergebnisse zu sagen, die er durch die Anwendung der Goldenen Regel erreicht hatte. Zuerst neigte er dazu, an die Unannehmlichkeiten zu denken, die einige seiner Mitmenschen ihm bereitet hatten, durch ihre Weigerung, seine Freundlichkeiten zu erwidern. Einen nach dem anderen überging er diese Umstände und dachte dann ein paar Minuten sehr gründlich nach, wobei er still vor sich hinstarrte. Dann drehte er sich um, sah mir mitten ins Gesicht und sagte sehr bewegt:

»Die wahren Vorteile aus meiner Art, mit Menschen umzugehen, kamen nicht von den anderen; nicht als materieller Erfolg; sie sorgen für das Gefühl in meiner Seele, in der ich mit mir in Frieden bin.«

Denken Sie mal über diese Aussage nach!

Dieser Mann ist in Frieden mit sich. Wissen Sie, was diese Art Frieden bedeutet? Es bedeutet, dass dieser Mann Zuversicht in sich hat – Zuversicht, die ihm ermöglicht, sein Urteil derart entschlossen zu bekräftigen. Er braucht niemanden, um Entscheidungen über etwas zu treffen. Er entscheidet schnell und bestimmt. Er bewegt sich aus eigenem Antrieb und sehr enthusiastisch, unterstützt durch den Willen zu gewinnen.

Dieser Mann hat unleugbar große Macht in seinem Staat. Zu dieser gelangt er durch seine eigene Haltung, die daher kommt, dass er in Frieden mit sich ist.

Er profitiert also von der Goldenen Regel auf eine Weise, die nichts mit der Ablehnung anderer zu tun hat, in ihrer Interaktion mit ihm diese Regel selbst anzuwenden. Das ist eine wichtige Lehre der Anwendung der Goldenen Regel: Sie gibt einem den Mut, Entscheidungen zu treffen und trotz wie auch immer gearteter Widerstände zu ihnen zu stehen.

Diejenigen, die es sich zur Gewohnheit gemacht haben, nach der Goldenen Regel zu leben, sind immer in Frieden mit sich. Sie sind immun gegen Angst. Sie können es sich leisten, ihren Mitbürgern offen zu begegnen, weil sie ein reines Gewissen haben.

Es wurde einmal gesagt, dass Menschen ihre eigene mentale Kraft nur dann voll in Besitz nehmen können, wenn sie mit ihrem Gewissen im Reinen sind. Die Goldene Regel ist das Medium, durch das wir eine enge Nähe zu unserem Gewissen eingehen können, und sie ist die einzige verlässliche Regel, durch die das möglich ist.

Zahlt es sich aus, die Goldene Regel anzuwenden?

Untersuchen wir die Goldene Regel, indem wir die greifbaren Vorteile analysieren, die die genießen, die nach ihr leben. Wir beginnen mit dem riesigen Rockefeller-Vermögen, von dem mittlerweile ein großer Teil zum Dienst der Menschheit genutzt wird, weil es wissenschaftliche Forschung finanziert.

John D. Rockefeller Jr., der die wohlmeinende Arbeit seiner Familie im Geist der Goldenen Regel weiterführt, verkündete folgendes Credo:

- »Ich glaube an den höchsten Wert des Einzelnen und an sein Recht auf Leben, Freiheit und die Suche nach dem Glück.
- Ich glaube, dass jedes Recht eine Verantwortung birgt; jede Gelegenheit und jeder Besitz eine Verpflichtung.
- Ich glaube, Gesetze wurden für den Menschen gemacht und nicht Menschen fürs Gesetz; die Regierung soll den Menschen dienen und nicht ihrem Chef.
- Ich glaube an würdevolle Arbeit mit Kopf und Hand; dass die Welt niemandem ein Leben schuldet, aber jedem Menschen die Möglichkeit, seinen Lebensunterhalt zu verdienen.
- Ich glaube, dass Sparsamkeit wesentlich für ein gut geordnetes Leben ist und ein wichtiges Werkzeug für eine gesunde Finanzstruktur, egal ob bei Regierungen, geschäftlichen oder persönlichen Angelegenheiten.
- Ich glaube, Wahrheit und Gerechtigkeit sind fundamental für eine nachhaltige soziale Ordnung.
- Ich glaube an die Heiligkeit eines Versprechens, dass das Wort einer Person so viel wert sein sollte wie ihr Vermögen; dass der Cha-

rakter – nicht Reichtum oder Kraft oder Position – von übergeordnetem Wert ist.

- Ich glaube, dass das Erbringen nützlicher Dienste die gemeinsame Pflicht der gesamten Menschheit ist und dass Egoismus nur durch das reinigende Feuer des Opfers getilgt und die Großartigkeit der menschlichen Seele nur dadurch freigesetzt wird.
- Ich glaube an einen allwissenden und liebenden Gott, wie auch immer sein Name sein mag, und dass man persönliche Erfüllung, größtes Glück und Nützlichkeit erfährt, wenn man in Harmonie mit Seinem Willen lebt.
- Ich glaube, dass Liebe das Größte auf der Welt ist; dass nur sie Hass überwinden kann; dass Recht über Macht triumphieren kann und wird.«

Hier finden wir eine perfekte Verkörperung des Prinzips der Goldenen Regel als Grundlage des Rockefeller-Credos. Mr. Rockefeller steht wirtschaftlich gut da. Daher ist er in der Lage, nach seiner Überzeugung zu leben, ohne über ihren monetären Wert nachdenken zu müssen. Wahrscheinlich entschied er sich für die Goldene Regel als Grundlage seiner Beziehungen, weil andere sie für vernünftig halten und sie für ihn eine persönliche Befriedigung darstellt. Dieses Verhalten hat ihm seinen Seelenfrieden und einen lupenreinen Ruf beschert.

Hat das Rockefeller-Imperium durch diese Form des angewendeten »Idealismus« Schaden genommen? Fiel es Mr. Rockefeller schwer, nach der Goldenen Regel zu leben und dennoch sein Vermögen zu wahren?

Vielleicht finden wir die Antwort, wenn wir die Geschäftsberichte der Unternehmen untersuchen, in die das Rockefeller-Vermögen investiert ist. Ich bin nicht mit ihnen allen vertraut, aber ich weiß, dass manche von ihnen sehr erfolgreich sind und wahrscheinlich weiter erfolgreich sein werden.

Nehmen wir zum Beispiel Radio City. Als mit dem Geld der Rockefellers das Gelände gekauft wurde, auf dem die Firma gebaut wurde, war es ein vogelwilder, heruntergekommener Stadtteil von Manhattan. Jetzt ist es ein national preisgekröntes Veranstaltungszentrum, und jeden Tag zahlen viele Leute eine beträchtliche Summe, nur um es zu besichtigen.

Die Mieten sind viel höher als die, die man dort zahlte, bevor die Rockefellers es übernommen haben, und es wurde schnell zu einem pulsierenden Geschäftszentrum in New York City.

Ein anderes Beispiel ist die Standard Oil Company. Ein großer Teil des Rockefeller-Vermögens wurde mit dem Betrieb dieses Unternehmens erwirtschaftet. Ist es erfolgreich? Nun, fragen Sie die Leute auf der Straße, ob sie gern Aktien von Standard Oil hätten, und Sie werden Ihre Antwort erhalten.

Trotz des großen Wettbewerbs im Ölgeschäft ist Standard Oil weiterhin oben mit dabei. Die Produkte des Unternehmens haben so einen guten Ruf, dass die Werbung nicht übertreiben muss, um sie marktfähig zu machen. Standard Oil hat das Tempo für alle anderen Ölfirmen in erstklassiger Verkaufsförderung vorgegeben. Die Reaktion der Öffentlichkeit, die weiterhin Stammkundschaft ist, ist das beste Beispiel für die geschäftliche Profitabilität der Goldenen Regel.

Anmerkung des Herausgebers

1911 teilte der Supreme Court der Vereinigten Staaten die Standard Oil Company absichtlich in 34 Firmen auf, weil sie so erfolgreich geworden war. Der Nutzen dieser Entscheidung wird mehr als ein Jahrhundert später noch immer diskutiert, aber die heutigen Hauptfirmen sind bekannte Namen: BP, Exxon, Marathon und Chevron.

Es wird geschätzt, dass Standard Oil heute mehr als eine Billion US-Dollar wert wäre, wenn es damals nicht gewaltsam zerschlagen worden wäre.

Alle Rockefeller-Firmen haben Neider in der Geschäftswelt. Wegen der hohen ethischen Standards, nach denen das Geschäft geführt wird, hat es keinen Schaden genommen, sondern wächst im Gegenteil weiter, auch wenn es einige gibt, die glauben, dass die Goldene Regel in der heutigen Zeit unpraktisch ist.

Suchen Sie, wo Sie wollen, aber wahrscheinlich werden Sie keine Gruppe finden, die ihre Business-Strategie strenger nach der Goldenen Regel ausrichtet als die, die die Rockefeller-Belange managt. Sie haben bewiesen, dass die Goldene Regel im modernen Geschäftsleben angewendet werden kann, ohne wirtschaftliche Nachteile zu erzeugen, und zu einem großen Vorteil werden kann.

Coca-Cola ist ein anderes herausragendes Beispiel für wirtschaftliches Wachstum, das auf der Anwendung der Goldenen Regel basiert. Die Firma wurde vor mehr als zwei Generationen in bescheidensten Verhältnissen gegründet. Asa Candler gründete das Unternehmen mit einem großen Kessel, einer Formel zur Herstellung von Coca-Cola-Sirup und einem Holzlöffel zum Umrühren.

Schritt für Schritt ist das Unternehmen gewachsen und nun auf der ganzen Welt bekannt. Es ist so universell gewachsen, dass es vielen, die für seine Entwicklung verantwortlich waren, zu Wohlstand verholfen hat, inklusive der Abfüller und Lkw-Fahrer, die das Getränk zu den Händlern bringen. Lange waren seine Aktien die Favoriten von Investoren. Die Firma ist als eine der bestverwalteten Amerikas bekannt. Ihre Geschäftsführer und Mitarbeiter sind angesehene Bürger, und es ist bekannt, dass der Unternehmensgeist unter den Mitarbeitern derart ausgeprägt ist, dass sie das Unternehmen als eine große Familie zufriedener Leute ansehen. Jeder wird gut bezahlt und ist happy.

Die Große Depression 1929 erwischte die Coca-Cola-Company nicht so desaströs wie andere. Keine Mitarbeiter wurden entlassen, keine Gehälter gekürzt, und die Firma schaffte es durch diese schwere Zeit, ohne auch nur an Fahrt zu verlieren.

Wie die Rockefeller-Unternehmen legt auch Coca-Cola seinem Unternehmen die Goldene-Regel-Strategie der Fairness für alle zugrunde. Es ist der Ansicht, dass das Befolgen dieser Regel eine vernünftige Geschäftsphilosophie ist.

Anmerkung des Herausgebers:

Es gibt weltweit wahrscheinlich keinen berühmteren Investor als Warren Buffett. Das für seine Logik, Beharrlichkeit und Liebe zu Grundlagenwissen bekannte »Orakel von Omaha« ist der Inbegriff der angewendeten Goldenen Regel, zusätzlich zu allen anderen Lektionen, für die Carnegie und Hill eintreten. Ist es dann ein Wunder, dass er 1988 mehr als sechs Prozent von Coca-Cola kaufte?

Buffett stürzte sich während der Volatilität nach dem Aktiencrash von 1987 auf das Unternehmen und kaufte Aktien im Wert von etwa einer Milliarde Dollar zu günstigen Preisen. Er erkannte, dass die Grundsätze der Firma bestehen blieben, obwohl viele ihre Aktien fieberhaft verkauften, und dass es ein weltweites Markenbewusstsein genoss wie kein anderes Unternehmen seiner Branche.

Heute besitzen Buffett und seine Partnerfirmen fast zehn Prozent von Coca-Cola. Die Aktie ist derzeit etwa 55 US-Dollar wert, also mehr als das 22-Fache des ursprünglichen Investments von Buffett, plus Dividenden – eine prozentuale Veränderung von mehr als 2100 Prozent!

Das vielleicht verblüffendste Beispiel der Macht der angewendeten Goldenen Regel liefert das Unternehmen McCormick & Company aus Baltimore, Hersteller und Importeur von Tees, Gewürzen und Arzneimitteln. Die Beziehungsstruktur zwischen den Angestellten untereinander und zwischen Angestellten und Management ist als Multiple-Management-Plan bekannt. Er wurde 1932 von Firmenchef Charles P. McCormick eingeführt und ist so weitreichend, dass er allen 2000 oder mehr Angestellten sowie der Führungsetage zugutekommt.

Hier ist das Mastermind-Prinzip im großen Maßstab tätig, bei dem jeder Mitarbeiter – vom Firmenchef abwärts – entweder Mitglied oder ein potenzielles Mitglied der Mastermind Alliance ist, nach der der Multiple-Management-Plan funktioniert.

Er liefert vielfältige Vorteile und hat, soweit ich sehen kann, keinerlei Eigenschaften, die gegen ihn sprechen. Hier führe ich ein paar der Vorteile auf.

Der Plan:

- gibt jedem Angestellten ein definitives, starkes Motiv, das Beste unter allen Umständen zu tun und so sein Vorankommen in der Firma und sein mentales und spirituelles Wachstum zu gewährleisten
- inspiriert Zielbestimmtheit
- ermöglicht Selbstständigkeit durch Selbstverwirklichung
- fördert freundliche Kooperation unter allen Angestellten, ohne die übliche Neigung der Leute dazu, den Schwarzen Peter weiterzugeben und sich vor Verantwortung zu drücken
- fördert Führungsverhalten durch Antrieb zu persönlicher Initiative
- erzeugt Wachsamkeit des Geistes und eine rege Vorstellungskraft
- schafft ein Ventil für individuellen Ehrgeiz, der dem Einzelnen nutzt
- gibt jedem das Gefühl dazuzugehören, sodass jeder persönliche Anerkennung erhält
- regt Loyalität unter den Mitarbeitern an und gewährleistet Loyalität der Mitarbeiter gegenüber dem Unternehmen, wodurch Probleme am Arbeitsplatz minimiert werden
- stellt dem Unternehmen das Beste aller Talente und kreativer Visionen der Angestellten zur Verfügung und schafft entsprechend ihres Werts einen adäquaten Ausgleich für diese Talente

Wenn die Arbeit, die Sie leisten, nicht über das hinausgeht,
was Sie verdienen, auf welcher Basis wollen Sie mehr Gehalt fordern?
– Napoleon Hill

Sehen wir uns nun den Arbeitsplan von Multiple Management an, wie er von Mr. Robert Littell beschrieben wurde, der die Geschichte dieser Goldenen-Regel-Strategie der menschlichen Beziehungen für *Reader's Digest* schrieb:

Ein ehrgeiziger und kompetenter junger Freund von mir sagte neulich etwas, das mir wie eine bedeutende Kritik an der Art schien, wie zu viele amerikanische Unternehmen geführt werden – umso bedeutender, weil es Beschwerden wiedergab, die wir alle immer mal wieder hören oder selbst empfunden haben.

»Ich habe etwas für unsere Firma, was sie nicht zu wollen scheint«, sagte mein Freund. »Das Management ist nicht ansprechbar. Erst versuchte ich, Vorschläge zu machen, lernte aber schnell, den Mund zu halten und zu tun, was man mir sagte. In seinen regelmäßigen Ansprachen bittet der Geschäftsführer – der mich im Aufzug kaum erkennt – uns, loyal zu sein. Als ob Loyalität nur in eine Richtung funktioniert. Die wenigen Gehaltserhöhungen, die ich erhalten habe, musste ich erbetteln, und sie wurden widerwillig genehmigt. Aber mehr als Geld möchte ich Anerkennung, Freiheit und das Gefühl, an den Angelegenheiten der Firma teilzuhaben. Die Reserviertheit der höherrangigen Angestellten sorgt für eine ›Mir-egal‹-Haltung unter uns Junior-Angestellten. Ich glaube, das schadet der Firma mehr, als ein Sitzstreik ihr schaden würde.«

Eine solche Beschwerde konnte nicht von den Angestellten von McCormick & Company aus Baltimore geäußert werden. Denn McCormick & Company haben durch den Multiple-Management-Plan herausgefunden, wie sie Nutzen aus versteckten Ressourcen wie Energie, Initiative und Enthusiasmus, der von Firmenführungen oft vernachlässigt wird, ziehen können, und gelernt, die eigenen Angestellten rundum einzubeziehen.

43 Jahre führte der Gründer, das Genie Willoughby M. McCormick, das Unternehmen für Gewürze und Tee. Nach seinem Tod 1932 auf dem Höhepunkt der Großen Depression übernahm sein Neffe Charles P. McCormick die Firma. Der junge McCormick fühlte sich auch nach 17 Jahren Lehre nicht in der Lage, allein die Firma zu führen. Er wollte die Verantwortung mit anderen teilen. Er

wollte den eingefahrenen Strukturen Unabhängigkeit und kreative Vorstellungskraft zurückgeben, nachdem die Mitarbeiter so lange auf einen Mann gehört hatten, dass sie ihren Verstand nur noch zur Hälfte benutzten.

Der Vorstand bestand aus Männern, die 45 oder älter waren. Ihre Denkgewohnheiten waren an der Vergangenheit orientiert. Etwas musste sich ändern. Aus der Notwendigkeit heraus wurde die Idee des Multiple Management geboren. McCormick wählte 17 jüngere Leute aus unterschiedlichen Abteilungen aus und sagte zu ihnen:

»Ihr seid der Junior-Vorstand. Ihr ergänzt den Senior-Vorstand und füttert ihn mit Ideen. Wählt euren eigenen Vorsitzenden und eine Assistenz. Diskutiert alles, was das Geschäft betrifft. Eure Vorgesetzten werden euch zuhören, schlagt alles vor, das ihr möchtet, unter einer Bedingung: Es muss einstimmig sein.«

Jede Menge Energie und neue Ideen entstanden. Einfache Angestellte übernahmen Verantwortung und fanden Gefallen daran. Schon in den ersten eineinhalb Jahren wurden praktisch alle Empfehlungen des Junior-Vorstands übernommen. Durch die vielen Verbesserungen war McCormick & Company so gut wie gar nicht von der Depression betroffen. Wichtiger jedoch als Dollars und Cents war, dass der Junior-Vorstand ein gelungenes Experiment für angepasste Arbeitsbedingungen war.

Ich sah den Junior-Vorstand in Aktion: 17 junge Leute an einem langen Tisch, von denen jeder vor Ideen, das Unternehmen noch erfolgreicher zu machen, übersprudelte. Manche davon wurden lachend beiseitegelegt, andere einem Unterausschuss zur weiteren Prüfung vorgelegt, und alle wurden feingetunt. Es herrschte eine freie Atmosphäre, es wurde viel gescherzt, aber all das war nichts im Vergleich zu der zweimal im Jahr stattfindenden Wahl neuer Mitglieder – als Ersatz für drei, die eine Abstimmung als die drei uneffizientesten bestimmt hatte.

Ich erlebte auch den normalen Vorstand bei der Arbeit, die ein logisches Ergebnis des Erfolgs des Junior-Vorstands war. In den meisten Firmen sind Vorarbeiter und Aufseher mit ihren Maschinen weit weg und wundern sich über die mentalen Prozesse in den Büros. Hier jedoch hatten sie einen Vorsitzenden und ein Sekretariat und trafen sich einmal die Woche, um Ideen zu unterbreiten, zu streichen und ihren Teil zum Geschäft beizutragen; auch hier wieder gab es Diskussion und Abstimmung statt Aufträge und Gehorsam.

Jeden Samstag treffen sich die drei Vorstände. Titel und Rangordnung sind vergessen – sie haben ohnehin fast keine Bedeutung bei McCormick. Das gesunde Geben und Nehmen dieser umfassenden Diskussionen hat seit Langem Rangeleien, Neid und Büropolitik abgelöst. Die Arithmetik von Multiple Management ist simpel: 40 Köpfe sind besser als einer, wenn man an sie drankommt.

Und das ist noch nicht alles, was Multiple Management bewirkt. Früher kamen und gingen ständig neue Angestellte. Heute wird jeder vielversprechende Newcomer einem Mitglied des Junior-Vorstands zugeteilt, dessen Job es nicht so sehr ist, seine Arbeit zu überwachen, als ihm allgemeine Hilfestellung zu geben – wenn er darum bittet. Nach drei Monaten, von denen er jeden bei einem anderen Mentor verbracht hat, wird er entweder wieder bei den Arbeitern eingereiht oder erhält ein gesondertes Training und Förderung. Für ehrgeizige Neuanfänger ist diese Ermutigung äußerst wertvoll.

Hier fragen sich vielleicht manche Geschäftsleute: »Alles schön und gut und sehr demokratisch, aber rechnet sich das?« Ja. Es bezahlt die Firma: Die Betriebskosten sind zwölf Prozent unter denen von 1929, die Personalfluktuation liegt bei sechs Prozent im Jahr, bei den jüngeren Angestellten noch niedriger. Die Belegschaft erhält einen Weihnachtsbonus, der seit fünf Jahren jedes Jahr mehr geworden ist; und einen Mindestlohn, der doppelt so hoch ist wie zur Zeit des Konjunkturgipfels und viel höher als der für dieselbe Arbeit in Baltimore. Die Gehaltsauszahlung ist 34 Prozent höher als 1929, aber die Produktion ebenso.

Die drei Vorstände haben zusammen eine Personalstrategie entwickelt, mit der McCormick & Company sich an die Spitze fortschrittlicher Arbeitgeber gesetzt hat. Die Arbeitswoche dauert 40 Stunden (neun Jahre zuvor waren es 56 Stunden). Dazu gehören zwei zehnminütige Pausen jeden Tag, während die Angestellten eine Tasse McCormick-Tee aufs Haus trinken.

Es gibt weder Stücklohn noch ein erzwungenes Arbeitstempo. Die Mitarbeiter rotieren, um nicht immer dieselben Handgriffe zu machen, was die Monotonie durchbricht.

Es gibt acht bezahlte Urlaubstage und eine Woche bezahlten Urlaub im Jahr obendrauf für alle, die länger als sechs Monate zum Unternehmen gehören. Saisonale Höhen und Tiefen wurden zu einem stabilen 48-Wochen-Jahr angeglichen.

Und es ist eine der wenigen Firmen, bei denen es beinahe so schwierig ist, gekündigt zu werden, wie angestellt zu werden. Wenn jemandem gekündigt werden soll, müssen vier seiner Vorgesetzten unterzeichnen. Meist werden sie zum Vorstand gebeten, um sich zu verteidigen. McCormick & Company verpflichtet sich, die Kündigung sauber und vorschriftsmäßig abzuwickeln.

In den USA, Kanada und England verwenden mehr als 160 Firmen Multiple Management auf Grundlage des McCormick-Plans. Bisher scheint es keine bessere Antwort auf Zentralisierung, verkrustete Strukturen und Bürokratie zu geben, die nicht nur Unternehmen, sondern auch Regierungen befallen.

Der Multiple-Management-Plan funktioniert für McCormicks Angestellte, weil sie menschliches Verständnis und ein freundliches Miteinander einbringen – einen Spirit, der vom Management ausging und von den Mitarbeitern begeistert übernommen wurde.

Dieser Spirit von Verständnis und Miteinander sorgt offensichtlich für eine gute Firmenführung, weil er noch dem untersten Mitarbeiter Anerkennung und Belohnung zuteilwerden lässt und gleichzeitig die Unmotivierten und weniger Talentierten aus dem Unternehmen entfernt. Das ist ein cleverer Plan, der jedem Einzelnen die Möglichkeit gibt, sich zu beweisen. Auch bei etwa 2000 Mitarbeitern wird die Individualität jedes Einzelnen so gut bewahrt, dass jeder ebenso gut Aufmerksamkeit erregen kann wie in einem kleinen Unternehmen.

So hat der McCormick-Multiple-Management-Plan auf lange Sicht eines der größten Probleme großer Industrieunternehmen eliminiert: dass Menschen in der Menge ihre Identität verlieren. Früher hatten nur die Kühnen und Aggressiven die Möglichkeit, befördert zu werden, weil sie es schafften, dass die Vorgesetzten auf ihre Arbeit aufmerksam wurden.

Die meisten Leute arbeiten für etwas Anerkennung und ein verdientes Lob härter als für Geld. Niemand möchte sich wie ein kleines Zahnrädchen im Getriebe fühlen. Eine der größten Geißeln der Industrie ist, dass sie derart entwickelt wurde, dass den Menschen keine Wahl bleibt, als sich unbedeutend zu fühlen. So wird sowohl dem Management als auch den Angestellten der größte Trumpf des Industriezeitalters genommen – nämlich der Geist des freundlichen Miteinanders wie im McCormick-Unternehmen.

Und was wird benötigt, um diesen zu bewahren?

Charles P. McCormick hat diese Frage in seinem Multiple-Management-Plan beantwortet. Reduzieren Sie den Plan auf seine Einzelteile und Sie werden feststellen, dass hier die Goldene Regel einfach auf die Industrie angewendet wird.

Durch seine Anwendung hat die McCormick Company ihrer Branche die Seele zurückgegeben. Ich wäre wirklich sehr überrascht, wenn die Firma ein wirtschaftliches Problem ereilen würde, das sie nicht lösen kann, denn wenn eine Gruppe Menschen ihren Verstand harmonisch zur Erreichung eines bestimmten Ziels miteinander verschmelzen lässt, wird ihr das immer gelingen.

Der Plan ist für das Unternehmen eindeutig profitabel, wie die Geschäftsberichte bewiesen haben, und vergessen wir nicht, dass auch jeder einzelne Mitarbeiter davon profitiert, da dieser Geist sich auch auf Beziehungen mit anderen außerhalb des Unternehmens auswirkt. Daher ist dieser Plan von großem öffentlichem Nutzen, weil er die Anwendung der Goldenen Regel unterstützt, wann immer ein Firmenangestellter privat und sozial mit anderen in Beziehung tritt.

Wäre dieser Plan in jedem Unternehmen des Landes in Kraft, wäre der *American Way of Life* nicht gefährdet, durch den Glauben an subversive Philosophien vernichtet zu werden. Der Geist der Goldenen Regel bietet dem Einzelnen mehr persönliche Benefits als jede andere Philosophie.

Das industrielle Zeitalter hat eine Vielzahl Probleme mit sich gebracht, und das gesamte System menschlicher Beziehungen durchläuft eine schnelle Veränderung. Wir können nicht vorhersagen, was aus dieser Veränderung entstehen wird, aber wir wissen, dass es erstens auf allgemeinem Anstand basieren und zweitens gewährleisten muss, dass Menschen freiwillig freundlich zusammenarbeiten. Es muss so fair für alle sein, dass kein Individuum und keine Gruppe unter irgendeinem Vorwand ausgebeutet werden kann, und vor allem muss es den vollständigen und freien Ausdruck persönlicher Initiative möglich machen, so wie es der Multiple-Management-Plan tut.

Denken Sie daran, kein System kann überdauern, wenn es nicht auf der Goldenen-Regel-Philosophie »Leben und leben lassen« basiert. Die Philosophie hat nie versagt, wenn sie aufrichtig und zielgerichtet eingesetzt wurde.

Ein großer Teil des Missverständnisses zwischen Arbeitnehmern und Arbeitgebern beruht darauf, dass die Industrie so groß geworden ist, dass das menschliche Element vernachlässigt wurde. Beide Seiten müssen die Notwendigkeit erkennen, ihre Beziehungen nach einem Multiple-Management-Plan oder einem ähnlichen Plan menschlich zu machen, wenn Amerika das reichste und freieste Land der Welt bleiben soll.

Menschen sind nicht frei, wenn:

- sie Angst voreinander haben
- sie kein Vertrauen ineinander haben
- sie keinen persönlichen Einsatz in ihre Arbeit einbringen können

- sie miteinander durch »Profis« kommunizieren müssen, die am meisten von Kontroversen profitieren
- sie für das Privileg, einen Job zu haben, bezahlen müssen
- Arbeitnehmer und Arbeitgeber sich nicht zusammensetzen können, um ihre jeweiligen Probleme zu lösen, wie es die McCormick-Mitarbeiter tun

Die Zukunft der Bevölkerung der USA wird hauptsächlich von dem System abhängen, durch das Arbeitnehmer und Arbeitgeber miteinander in Beziehung stehen werden.

Die Goldene Regel als Grundlage für Beziehungen zwischen Management und Angestellten

Es wurde geschätzt, dass neun von zehn Menschen in den USA ihren Unterhalt direkt oder indirekt aus Aktivitäten der amerikanischen Industrie bestreiten. Daher ist es wichtig, dass die, die unsere riesigen Industriebetriebe betreiben – sowohl Management als auch die Angestellten –, eine gemeinsame Grundlage für harmonische Zusammenarbeit schaffen, wenn diese Nation weiterhin florieren und frei bleiben soll.

Sehen wir uns an, wer ein unmittelbares Interesse an industriellen Beziehungen hat:

1. Alle Menschen, die ihre Ersparnisse in die Aktien industrieller Unternehmen investiert haben
2. Die Manager, die für Transaktionen industrieller Unternehmen verantwortlich sind
3. Die Arbeiter, begabt oder unbegabt, die weiter mit ihren Händen arbeiten
4. Die Öffentlichkeit, die die Produkte zwar konsumiert, aber nicht direkt mit dem Unternehmen zu tun hat
5. Die Gesetzgeber, die Gesetze erlassen, um Handelsbeziehungen und Geschäftsstrategien zu regeln und deren Regierungen Steuern aus der Industrie beziehen

6. Die Millionen ausgebildeter Mitarbeiter in der Versorgungskette, wie Landwirte, Ladenbesitzer und andere Händler, die Produkte und Dienstleistungen an Betriebe und ihre Mitarbeiter verkaufen

Das sind sechs separate Gruppen, die Interesse an einem Geist der Harmonie im industriellen System haben. Jede von ihnen ist vom Erfolg der Industrie betroffen, und um ihr Überleben zu sichern, müssen alle ihren Teil dazu beitragen, die Harmonie in den Gruppen zu bewahren.

Aber es steht noch weit mehr auf dem Spiel als nur das persönliche Wohlbefinden der Mitglieder dieser Gruppen! Die Demokratie steht auf dem Prüfstand, und jedes Mitglied ist in Verteidigungshaltung, egal was seine persönlichen Meinungen oder Interessen auch sind.

Unsere Demokratie ist auf der Industrie begründet, da diese unsere Haupteinnahmequelle ist. Wenn sie aufgrund von Egoismus und Gier derer, die die Verantwortung haben, sie aufrechtzuerhalten, kollabiert, wird das den gesamten *American Way of Life* beeinträchtigen. Darüber sollten wir uns keine Illusionen machen. Lieber sollten wir uns mit einem Gefühl gemeinsamer Verpflichtung und gegenseitiger Verantwortung bemühen, die Institution zu retten, die uns das Recht beschert hat, den Anspruch auf die »freieste und reichste Nation der Welt« zu erheben.

Dafür müssen wir ein wenig selbstbezogenes Leben leben. Dieselbe Prämisse hatte Jesus vor knapp zweitausend Jahren, und auch andere große Philosophen haben im Lauf der Zeiten unsere Aufmerksamkeit auf unsere innere Kraft gelenkt, die denen zur Verfügung steht, die andere so behandeln, als ob sie selbst die anderen wären.

Vollführen Sie einen Akt der Freundlichkeit,
ohne eine Belohnung zu erwarten, mit dem Wissen,
dass eines Tages jemand dasselbe für Sie tun könnte.
– Prinzessin Diana

Wenn unsere amerikanische Lebensweise und die Industrie als Wirtschaftszweig erhalten bleiben sollen, muss diese Regel von jedem Mitglied der sechs Gruppen übernommen und angewendet werden. Die wahre Beziehung der Mitglieder muss aus einer Perspektive betrachtet werden, die auf höhere Dinge als Gehälter und die Anhäufung persönlichen Wohlstands abzielt. Sie muss im Kontext ihrer Tragweite auf die Zwecke, für die die Menschheit geschaffen wurde, betrachtet werden.

Kapital und Arbeit sind füreinander unabdingbar – ihre Interessen sind untrennbar verknüpft. In einer zivilisierten Nation wie der, mit der wir prahlen, hängen sie voneinander ab. Wenn es irgendeinen Unterschied gibt, dann den, dass Kapital mehr von Arbeit abhängt als Arbeit von Kapital, denn das Leben kann ohne Kapital bestehen bleiben.

Niemand kann von seinem Wohlstand leben, denn Gold und Silber kann man nicht essen; Eigentum, Aktien oder Wertpapiere kann man nicht anziehen. Ohne Arbeit kann Kapital nichts, und sein einziger Wert besteht in seiner Macht, Arbeit oder ihre Ergebnisse zu kaufen. Es ist selbst das Produkt von Arbeit.

Aber Arbeit kann nicht ohne Kapital existieren, und für Tausende Jahre wurde Arbeit im Austausch für lebenswichtige Dinge angeboten. Wir werden abhängiger voneinander, da unsere Wünsche sich vermehren und die Zivilisation sich weiterentwickelt. Jeder arbeitet in seinem Beruf und verrichtet bessere Arbeit, weil er seine Energien auf Bereiche konzentrieren kann, die ihm besonders gut liegen. So tragen alle mehr und mehr zum Wohl der Allgemeinheit bei. Während sie für andere arbeiten, arbeiten andere für sie.

Das ist das Gesetz des wenig selbstbezogenen Lebens, ein Gesetz, das in der gesamten materiellen Welt gilt. Alle, die in nützlicher Anstellung tätig sind, sind Philanthropen, die der Allgemeinheit dienen. Ein paar Dollars in vielen Taschen können nichts bewirken, aber zusammengenommen – zu dem, was wir »Kapital« nennen – bewegen sie die Welt, geben unserem Volk ein Ventil für seine Talente, gepaart mit einer größeren wirtschaftlichen Freiheit, als die Welt sie je gesehen hat.

Trotz der Behauptungen von Aufrührern und Ausbeutern verbessern sich die Arbeitsbedingungen ständig. Ein gewöhnlicher Arbeiter in den USA hat Annehmlichkeiten und Bequemlichkeiten, die Prinzen von königlicher Herkunft vor nicht mal einem Jahrhundert noch nicht einfordern konnten. Sie sind besser gekleidet, haben mehr Bedürfnisse und Luxus, leben in komfortableren Wohnungen und haben viele andere häusliche Annehmlichkeiten, die Geld vor einigen Jahrzehnten noch nicht kaufen konnte.

Wir sitzen alle im selben Boot, egal, welcher Gruppe wir angehören. Die Reichen und die Armen, die Gelehrten und die Unwissenden, die Starken und die Schwachen sind durch den *American Way of Life* in ein soziales und ziviles Netz verstrickt. Wer einem schadet, schadet allen, und wer einem hilft, hilft allen.

Aber die Vorteile von Kapital sind nicht auf die Bereitstellung aktueller Bedürfnisse beschränkt. Es eröffnet neue Arbeitsmöglichkeiten und Einkommensquellen durch wissenschaftliche Recherche. Es wird auch großflächig investiert, um intellektueller und spiritueller Kultur Mittel zu verschaffen. Bücher werden zu immer günstigeren Preisen vervielfältigt, und auch die Mittellosesten haben Zugang zu einer guten Schulbildung. Für einen geringen Betrag bringen Zeitungen Neuigkeiten aus aller Welt zu jedem, und das Radio versorgt kostengünstig auch die bescheidensten Haushalte mit tagesaktuellen Nachrichten und Musik.

Kapital kann in kein nützliches Produkt investiert werden, ohne dass viele Leute davon profitieren. Es setzt die Maschinerie des Lebens in Bewegung, vervielfacht Arbeitsplätze und bringt die Produkte aus aller Welt zu einem bezahlbaren Preis zu jedem nach Hause.

Wenn Kapital all das kann – und es durch Arbeit seine Wertigkeit erhält –, warum sollten die beiden dann in Konflikt geraten?

Es gibt keine wirkliche Basis für einen Konflikt zwischen Kapital und Arbeit – dieser entsteht dadurch, dass beide Seiten nur die halbe

Wahrheit sehen. Diese sehen sie fälschlicherweise als das Ganze an, sodass sie in Fehler verfallen, die beiden schaden, obwohl das Missverständnis zu oft das Ergebnis einer Unruhe von denjenigen ist, denen Unstimmigkeiten zwischen Kapital und Arbeit am meisten nutzen.

Anmerkung des Herausgebers:

2005 baute der türkische Immigrant Hamdi Ulukaya eine alte Kraft-Fabrik im New Yorker Hinterland in eine hochmoderne Manufaktur für sein Joghurt-Start-up Chobani um. Elf Jahre später, als Massenentlassungen die Wirtschaft belasteten und mehr als 500 000 Amerikaner allein 2016 ihre Jobs verloren, stellte sich eine Firma gegen den Trend. Die Joghurtfabrik, die mit wenig Hoffnung auf Erfolg gestartet war, hatte eine Milliarde US-Dollar Jahresumsatz überschritten und fand, dass es an der Zeit sei, den Menschen, die ihr geholfen hatten, dorthin zu kommen, etwas zurückzugeben.

Chobani schenkte seinen 2000 Mitarbeitern zehn Prozent seines Unternehmens, einen angesichts seines Werts von drei Milliarden US-Dollar willkommenen Bonus, wobei die langjährigsten Mitarbeiter die größten Beträge erhielten. Chobani spendet jährlich zehn Prozent seines Profits, ein Drittel seiner Beschäftigten sind Flüchtlinge.

Ulukaya feierte die Ankündigung mit seinen Kollegen und sagte in seiner Rede: »Wir waren Kollegen, jetzt sind wir Partner.« Das unerwartete Geschenk sollte nicht nur die entlohnen, die seinen Erfolg ermöglicht hatten, sondern auch der wachsenden Verdienstlücke zwischen Führungskräften und Arbeitern Rechnung tragen und anerkennen, dass sie gleichwertig im Geist der Harmonie auf ein gemeinsames Ziel hinarbeiten.

Kurz darauf sagte der CEO von Chobani: »Ich habe etwas aufgebaut, dessen großen Erfolg ich nicht für möglich gehalten hätte, aber ohne alle diese Menschen wäre das nicht zustande gekommen. Jetzt werden sie noch mehr zum Wohl der Firma beitragen und damit gleichzeitig zum Aufbau ihrer Zukunft.«

Leidenschaft entflammt den Verstand und macht einen blind für Verständnis. Wenn Leidenschaft entfacht wird, opfern Menschen ihre eigenen Interessen entgegen ihrer Vernunft, um andere zu verletzen, sodass beide Verluste erleiden. Der Konflikt wird wahrscheinlich fortgeführt, bis beide Parteien herausfinden, dass sie im Irrtum sind, dass ihre Interessen identisch sind und nur durch freundliches Miteinander gewahrt werden können.

Streiks und Ausschlüsse werden keine fundamentalen Probleme für Kapital oder Arbeit lösen, weil kurzzeitige Gewinne von einer der beiden Seiten von den Verlusten auf beiden Seiten und für die Allgemeinheit ausgeglichen werden. Gewalt und Bedrohung werden nicht funktionieren, und Waffen, egal ob als Sprengstoff oder in der destruktiveren Kraft unkontrollierter Leidenschaft, werden keine feindlichen Gefühle beseitigen oder besiegen.

Von der Gesetzgebung kann und sollte nicht erwartet werden, dass sie Streitigkeiten zwischen Arbeitgebern und Arbeitnehmern beilegt. Eine Seite könnte eine Zeit lang von solchen Gesetzen profitieren, aber was auch immer durch diese Methode gewonnen wird, wäre mit der belasteten Beziehung, die daraus entstehen würde, verloren.

Lass dich nicht von dem einschüchtern, das du nicht weißt.
Es kann deine größte Stärke sein und gewährleisten,
dass du Dinge anders machst als jeder andere.
– Sara Blakely

Arbeiter und Kapitalisten haben ein gemeinsames Interesse, das durch die Gesetzgebung nicht verbessert werden kann. Jeder von ihnen kann nur dauerhaft prosperieren, wenn der andere prosperiert, und das kann kein Gesetz der Welt ändern. Beide sollten die Goldene Regel als Leitmotiv verwenden. Wenn zehn Prozent der Menschen sie praktizieren würden, hätte das einen solch tiefgreifenden Effekt auf die Welt, dass 80 Prozent unserer Gesetzesentwürfe überflüssig wären.

Sie ist eine einfache Verhaltensregel, die jede menschliche Beziehung umfasst, von der jeder profitiert und niemand Schaden nimmt. Wir sind als »Draufgänger«-Nation bekannt geworden! Wäre es nicht klug, eine Kehrtwende hinzulegen und zur »Geber«-Nation zu werden?

Und so fangen wir damit an:

- Sehen Sie davon ab, andere verändern zu wollen, und lenken Sie Ihre Anstrengungen stattdessen dahin, *sich selbst* zu verändern!
- Statt zu predigen, drücken Sie Ihre Überzeugungen lieber durch *Taten* aus.
- Heben Sie weniger die *Ver*bote als vielmehr die *Ge*bote hervor.

Nur Ihr Beispiel kann die Gewohnheiten Ihrer Mitmenschen verändern. Verbessern Sie Ihre Beziehungen mit den Ihnen nahestehenden Menschen. Achten Sie nicht auf die Fehler der anderen, sondern konzentrieren Sie sich auf die Verbesserung Ihrer eigenen, denn diese können Sie kontrollieren und bewusst verbessern. Zum Beispiel:

- Wenn Ihre Persönlichkeit negativ ist, können Sie diese verändern.
- Wenn Ihre mentale Haltung negativ ist, können Sie diese auch verändern.
- Wenn Ihre Arbeit es unbequem oder unmöglich macht, sie serviceorientierter und besser zu machen, können Sie zumindest mit einer freundlichen mentalen Einstellung darangehen, was Ihre Beziehungen intensivieren und Ihnen mehr Wertschätzung für Ihre Arbeit einbringen wird.

Durch die Veränderung Ihrer mentalen Haltung werden sich auch Ihre Lebensumstände ändern, und Sie werden eines der größten

Geheimnisse aller Zeiten entdecken, das allen großen Errungenschaften zugrunde liegt und das zu viele Amerikaner vergessen haben.

Das Geheimnis ist:

Wenn wir uns in selbstlosem Dienst für andere verlieren, entdecken wir den Weg zu der inneren Kraft, die die Grundlage für jeglichen persönlichen Erfolg bildet.

Um uns zu finden, müssen wir uns erst verlieren. Wenn Sie dieses Geheimnis entdecken, wird Sie der unfreundliche Widerstand der anderen nicht mehr belasten. Unstimmigkeiten und Konflikte werden aus Ihrem Leben wie von Zauberhand verschwinden, und Sie werden den Seelenfrieden erleben, der jenseits jeglichen Verstandes liegt.

Sie werden erkennen, dass die Sorgen, die Sie hatten, von Ihnen selbst gemacht waren. Sie werden auch erkennen, dass die Lösung Ihrer Probleme bei Ihnen liegt.

Und noch etwas Seltsames wird passieren. Sie werden feststellen, dass Sie Folgendes besitzen:

- Glück, das Sie übersehen hatten, da Ihr Verstand nicht darauf ausgerichtet war, es zu erkennen
- Das Glück der Freiheit in einer großen Demokratie
- Das Glück und die Freiheit, selbst einen Beruf zu wählen
- Das Glück der Redefreiheit, durch das Sie Ihre Ideen ohne Angst vor Repressalien verbreiten können
- Das Glück der mannigfaltigen Gelegenheiten, die einem die Reichtümer des Landes bieten, das seinen Einwohnern den höchsten Lebensstandard der zivilisierten Welt bietet

Sie können die Biografien derer lesen, die die Welt als großartig eingestuft hat. Stellen Sie selbst fest, dass sie ihre Größe durch ein selbstloses Leben nach dem Geist der Goldenen Regel erlangten, und ahmen Sie sie nach. Um Ihnen das zu erleichtern, erwähne ich hier einige, die durch ihre Selbstlosigkeit unsterblich geworden sind.

Louis Pasteur, bekannt für seine physikalischen, chemischen und bakteriellen Recherchen, entdeckte neue Präventionsmaßnahmen und die Heilung körperlicher Beschwerden. Er hätte diese Entdeckungen zu seiner Bereicherung nutzen können, doch er gab sie kostenlos der Welt weiter.

William Penn, dessen Einblicke in die menschliche Psychologie so ausgeprägt waren, dass er während der frühen Ansässigkeit der englischen Kolonisten Frieden mit den Indianern schloss, indem er auf Grundlage der Goldenen Regel mit ihnen verhandelte und ihnen so die freundliche Zusammenarbeit anbot.

Benjamin Franklin, dessen Geist der Goldenen Regel seine diplomatischen Beziehungen in Frankreich und anderen europäischen Ländern einleitete. Diese Zusammenarbeit während der Amerikanischen Revolution hat wahrscheinlich sehr zum Kräfteausgleich beigetragen, der den Armeen von Washington in Yorktown den finalen Sieg einbrachte.

Simón Bolívar, der »George Washington« von Südamerika, der die Truppen führte, die die Unabhängigkeit der Nationen erreichten, die heute Venezuela, Kolumbien, Ecuador, Panama, Peru und Bolivien heißen. Er steckte all sein persönliches Vermögen in den Kampf für die Freiheit, der er sein Leben so großzügig vermachte, und ist so vielleicht eines der besten Beispiele in ganz Südamerika dafür, wie das Prinzip der Goldenen Regel der Öffentlichkeit zugutekommt.

Florence Nightingale, deren selbstloser Dienst als Pflegerin der Kranken und Verwundeten im Krimkrieg allen im Gedächtnis bleibt, die ihre Geschichte kennen. Obwohl sie von Krankheit umgeben und selbst chronisch krank war, blieb sie zuverlässig auf ihrem Posten. Nach dem Ende des Kriegs widmete sie ihre Zeit der Weitergabe ihres Wissens über Gesundheit und Pflege, von dem nun Kranke in aller Welt profitieren.

Fanny Crosby, die kurz nach ihrer Geburt erblindete und ihr Leben dem Schreiben von unvergesslichen Songs widmete und die von der Vortragsbühne aus Freundlichkeit verbreitete. Sie komponierte mehr als 8000 Songs voller Hoffnung und Liebe, die Menschen überall auf der Welt trösten. Obwohl das Sonnenlicht ihr verwehrt war, teilte sie ein inneres Licht aus Hoffnung und Zuversicht mit Millionen, die von ihrem Geist der Goldenen Regel bewegt waren.

John Chapman, der als »Johnny Appleseed« berühmt wurde. Er pflanzte für die Pioniere Apfelsamen ein, bevor sie ankamen, sodass sie Früchte ernten konnten.

Jacob Riis, dänischer Einwanderer, der nach Amerika kam und den Großteil seines Lebens der Verbesserung der Lebensbedingungen in den Slums von New York widmete. Obwohl Theodore Roosevelt als Gouverneur von New York und Präsident der Vereinigten Staaten ihm einen Posten bei sich anbot, lehnte er ab mit der Begründung, dass er bereits so beschäftigt damit sei, seinen Nachbarn zu helfen, dass er nicht in die Politik eintreten könne.

Knute Rockne, der große Notre-Dame-Football-Coach, dessen beispielhafter Geist von fairem und sauberem Sportsgeist sein Team überall in den USA auf die Titelseiten brachte und einen zeitlosen Standard für Beziehungen der Athleten untereinander im Geiste der Goldenen Regel etablierte.

Will Rogers, der Weise der Theaterbühne, dessen selbst gesponnene Philosophie und trockener Humor ihn in ganz Amerika zu einem Botschafter des Wohlwollens machten. Obwohl er gut verdiente, machte er seine Späße immer im Geist der Goldenen Regel, da er nie unfaire oder zerstörerische Gags verwendete, um Applaus zu bekommen.

Sir Wilfred Grenfell, der selbstlos 42 Jahre seines Lebens dem Wohl der Menschen im heutigen Neufundland und Labrador widmete. Die meisten Einwohner waren gebürtige Fischer, die nie einen ausgebildeten Arzt gesehen hatten, bevor er kam, um ihnen zu helfen. Von einer großzügigen Liebe für die Schwachen und Hilflosen angetrieben, half Dr. Grenfell diesen Fischern und sammelte durch die Mitarbeit der Menschen in Kanada, England und den USA genug Geld, um sechs Krankenhäuser, sieben Pflegestationen und vier

Schiffe zu errichten oder auszustatten. Zusätzlich zur medizinischen Betreuung leitete er die Menschen zu einer ausgewogenen Ernährung an, indem er ihnen half, für das kalte Klima geeignetes Gemüse anzubauen, um den Skorbut fernzuhalten.

Machen Sie sich mit diesen und anderen Biografien von Personen vertraut, die der Menschheit mit selbstlosen Taten gedient haben, und lassen Sie sich überzeugen, dass es für alle, die nach der Goldenen Regel leben, unzählige Möglichkeiten gibt, Selbstloses im Dienste der Allgemeinheit zu tun.

Sie werden auch zu der Überzeugung gelangen, dass nicht das Wirtschaftssystem der westlichen Welt verändert werden muss, sondern die mentale Haltung derer, die die Vorzüge des Systems nicht erkannt haben, das jedem, der etwas Gutes tun will, die Gelegenheit dazu bietet.

Angst verhindert nicht den Tod. Sie verhindert das Leben.
– Naguib Mahfouz

McCormick-Angestellte haben nichts am *American Way of Life* auszusetzen, denn sie haben eine praktische Möglichkeit entdeckt, materiell erfolgreich zu sein, indem sie gute Taten vollbringen. Charles P. McCormick entdeckte, dass am amerikanischen Industriesystem nichts verkehrt war, außer der Fehlanpassung der Menschen, die es verantworteten, und beschäftigte sich damit, die Beziehungen seiner Mitarbeiter zu korrigieren, anstatt das System zu bemängeln.

Wenn McCormick & Company menschliche Beziehungen unter diesem System profitabel und glücklich gestalten können, können andere das auch, so wie es einige auch tun.

Mr. McCormick begann mit der Verbesserung der Beziehungen in seiner Fabrik, indem er jedem Angestellten, vom untersten bis zum obersten, ein Motiv gab, seine größten Anstrengungen und seine beste mentale Einstellung ins Geschäft zu stecken. Wie Andrew Carnegie betont hat, ist alles, was jemand tut, auf ein Ziel ausgerichtet.

Wie Mr. McCormicks Fabrik bewiesen hat, gibt es wenig, das Missverhältnisse zwischen Menschen verursacht, wenn das Motiv auf der Philosophie des Gebens und Nehmens, des Lebens und Leben-Lassens der Goldenen Regel basiert.

Es ist charakteristisch für die Goldene Regel, dass die, die nach ihr leben, weder betrügen noch betrogen werden! Die Regel sorgt für ein ausgewogenes Gleichgewicht in allen menschlichen Beziehungen, sodass jeder proportional zu dem erhält, was er gibt, sowohl qualitativ als auch quantitativ. Und vergessen wir nicht, dass jeder das bekommt, was ihm zusteht, ohne Gewalt, gesetzlichen Zwang oder juristische Maßnahmen.

Diejenigen, die nach der Goldenen Regel leben, haben wenig Verwendung für einen Anwalt und befinden es selten für nötig, sich Unterstützung zum Schutz ihrer Rechte oder zum Erhalt der ihnen zustehenden Anteile zu holen.

Kurz nachdem das Multiple-Management-System in der McCormick-Fabrik in Baltimore in Kraft getreten war, kam der Vertreter einer Gewerkschaft zu Besuch und verkündete, dass er geschickt worden war, um einige der Arbeiter in die Gewerkschaft zu holen. Lassen wir Firmenchef Mr. Charles P. McCormick in seinen eigenen Worten erzählen, was geschah:

> »Ein Gewerkschaftsvertreter kam mit der Ankündigung in mein Büro, dass er delegiert worden war, ein paar Mitarbeiter unserer Fabrik zu Mitgliedern zu machen. Ich sagte ihm, dass er das tun könnte, wenn er meinte, etwas zu erreichen, versicherte ihm aber, dass er damit nur Zeit und Mühe verschwenden würde. Ich informierte ihn dann, wie unsere Fabrik funktionierte und was wir für unsere Leute taten. Ich versicherte ihm, dass wir, wenn er uns sagte, wie wir mehr für unsere Mitarbeiter tun könnten, das gern annehmen würden, wenn es innerhalb der Grenzen des Möglichen in unserer Firma läge. Er stellte ein paar Fragen, die ich offen beantwortete. Nachdem er etwas darüber nachgedacht hatte, sagte

er, dass er nicht der Meinung sei, dass es für unsere Fabrik nötig wäre, Mitglied in der Gewerkschaft zu sein, und dass er das seinen Vorgesetzten mitteilen würde.«

Wenn Arbeitgeber und Arbeitnehmer auf Grundlage der Goldenen Regel miteinander zu tun haben, ist keine außenstehende Einmischung zur Problembeseitigung nötig. McCormick & Company hat die größte aller Gewerkschaften, die sowohl das Management wie auch die Angestellten umfasst – eine Gewerkschaft, die die Rechte jedes Einzelnen eifriger schützt, als es jedwede außenstehende Organisation könnte. Ihre Grundsätze sind vielleicht in der Bergpredigt zu finden, die so treffend die wichtigste aller Regeln menschlicher Beziehungen formuliert – *Behandle andere so, als ob du die anderen wärst!*

Anmerkung des Herausgebers:

Der amerikanische Lebensmittelriese McCormick & Company wurde zwar 1889 gegründet, aber der einzigartige Führungsstil hat zu seinem kometenhaften Aufstieg geführt und ist bis heute sehr erfolgreich. Der Lebensmittelhersteller beschäftigt etwa 10 000 Angestellte in 150 Ländern und hat einen Jahresumsatz von mehr als fünf Milliarden US-Dollar.

Hat sich die Firmenkultur verändert, seit Charles P. McCormick den Multiple-Management-Plan 1932 einführte? Ganz und gar nicht. McCormick & Company wird von 13 lokalen, drei regionalen und einem globalen Vorstand geleitet, die dafür sorgen, dass die Firma weiterhin zugunsten der Kunden, Angestellten und Zulieferer agiert. Sie arbeiten Hand in Hand mit Mitarbeiter-Interessenvertretungen, die allen Angestellten ein Forum geben, um zu kommunizieren und zusammenzuarbeiten.

Dieser Management-Stil gibt allen im Unternehmen die Gelegenheit, einige der größten Herausforderungen anzugehen und am Profit teilzuhaben. Zusätzlich zu Fortbildungsmöglichkeiten gewährleistet dies den Austausch zwischen Führungsebene und den Arbeitern und sichert McCormick & Company die eigene Position an vorderster Stelle weltweit im Segment der Lebensmittelherstellung.

Seit 1982, als eine Aktie knapp über einen US-Dollar wert war, ist ihr Wert auf etwa 102 US-Dollar gestiegen, was eine Steigerung von mehr als 10 000 Prozent bedeutet. Eine Win-win-Situation für alle Beteiligten.

Vor ein paar Jahren waren ein paar Leute in Louisville, Kentucky, überrascht, als ein Mann im Rollstuhl sehr schnell ein Geschäft verließ und einen blinden Mann an einer belebten Ecke vorbeiführte. Der Mann im Rollstuhl war Lee W. Cook, der von Geburt an seine Beine nicht nutzen konnte. Ich erkundigte mich über ihn und stellte fest, dass er sehr gut zurechtkam und Geschäftsführer eines erfolgreichen Unternehmens war, das ihm ein ordentliches Vermögen bescherte.

Als er über seine Lebensphilosophie sprach, sagte Mr. Cook:

»Ich sehe mich nicht als leidend an, weil ich, wenn ich mich umblicke, sehe, dass es so viele Menschen gibt, denen es schlechter geht als mir. Mein Leben lang habe ich es mir zur Aufgabe gemacht, gute Taten für Hilflose zu vollbringen, wenn sich mir die Gelegenheit bietet. Ich erinnere mich nicht, jemals direkt von einer solchen Hilfe profitiert zu haben, aber die Welt war gut zu mir, denn ich habe die Erwartungen für jemanden, der so behindert ist wie ich, mehr als übertroffen. Die Freundlichkeit, die ich anderen zuteilwerden lasse, ist ein guter Ausdruck meiner Dankbarkeit für mein eigenes gutes Schicksal.

Eine der seltsamsten Erfahrungen, die ich je hatte, hing mit einem jungen Mann zusammen, dessen Medizinstudium ich finanzierte. Seine Familie war zu arm, aber er war entschlossen, Arzt zu werden, und ich half ihm. Viele Jahre vergingen, und er hatte keinen Kontakt mehr zu mir, weil er seinen Gönner wohl vergessen hatte.

Eines Abends, als ich mein Geschäft verließ, rollte ich meinen Rollstuhl auf die Straße, weil ich dachte, sie wäre frei, als plötzlich ein Auto mit hoher Geschwindigkeit um die Ecke kam und so schnell auf mich zukam, dass ich niemals unverletzt davongekommen wäre, wenn mich nicht jemand plötzlich zum Gehsteig gezogen hätte.

Der Mann, der mich gerettet hatte, war der Mann, dessen Medizinstudium ich finanziert hatte. Er war auf dem Weg zu meinem Geschäft, um mir zu erzählen, dass er sich in einer anderen Stadt niedergelassen hatte und eine erfolgreiche Praxis führte. Ich lud ihn zu mir ein, und wir unterhielten uns bis weit in die Nacht. Ich fand heraus, dass er seine Schulden dadurch zurückzahlte, dass er zwei jungen Männern das Medizinstudium finanzierte. Sie sehen also, wenn man den Samen menschlicher Freundlichkeit sät, wächst und gedeiht er wie ein Unkraut. Anstatt einem jungen Mann zu helfen, hatte ich in diesem Fall drei Männern geholfen, eine Ausbildung zu erhalten.

Manchmal helfe ich Menschen, die es nicht wert sind. Aber das ist ihr Pech, nicht meins. Um die mir daraus erwachsenden Vorteile kann ich nicht betrogen werden, denn sie werden Teil meines eigenen Charakters.

Einmal habe ich einem humpelnden Mann, der in mein Geschäft kam und mir erzählte, dass er hungrig und arbeitslos sei, einen Dollar gegeben. Alles, was er wollte, war ein Dollar. Als er den Laden verließ, stellte ich fest, dass sein »Humpeln« viel weniger ausgeprägt war als beim Betreten des Ladens, daher beschloss ich, ihm zu folgen und zu beobachten, was er mit dem Geld machte. Ich musste ihm nicht lange folgen.

Er ging schnurstracks zum nächsten Saloon, ging ohne das kleinste Anzeichen eines lahmen Beines zur Bar, legte den Dollar hin und bestellte den exakten Gegenwert in Whiskey. Ich wartete, bis er die ersten beiden Gläser geleert hatte, dann rollte ich hinein und bescherte ihm eine Riesenüberraschung.

Anstatt ihn für seine Täuschung anzuprangern, bedeutete ich ihm, in die Ecke zu kommen und sich zu mir herunterzubeugen, während ich ihm eine Botschaft gab. Dann nahm ich noch einen Dollar aus meiner Tasche, gab ihn ihm und flüsterte: ›Diesen Dollar bekommen Sie nicht wegen Ihrer Ehrlichkeit; Sie bekommen ihn, weil Sie einen verkrüppelten Mann belogen haben. Wenn Sie mir die Wahrheit gesagt haben, hätte ich Ihnen ebenso gern zehn US-Dollar gegeben, wie ich Ihnen die zwei Dollar gegeben habe.‹

Der Mann wich zurück, warf einen Blick auf den Whiskey, den er an der Bar hatte stehen lassen, und rannte zur Tür. Seither habe ich von ihm nichts mehr gesehen oder gehört.«

Beim Erzählen dieser Geschichte lachte Mr. Cook herzlich und erklärte dann, dass er einen ausgeprägten Humor entwickelt habe, der es ihm ermöglichte, fast alle menschlichen Schwächen mit Nachsicht zu behandeln.

»Wahrscheinlich hätte ich den alten Gauner in die Wange kneifen sollen, aber das hätte weniger Gutes bewirkt, als ihm den Extra-Dollar zu geben. Zudem ist es Teil meiner Philosophie, Erfahrungen ins Lächerliche zu ziehen, die mich zu Tränen rühren würden, wenn ich sie ernst nähme. Ich bin so unendlich dankbar dafür, dass es meine Beine sind, die nicht funktionieren, und nicht die Augen, dass ich es schwierig finde, über irgendjemanden zu urteilen, egal, welche Schwächen er auch haben mag.«

Es ist nicht erstaunlich, dass Mr. Cooks Geschäft erfolgreich ist. Er schickte jedem gute Gedanken und unternahm bei jeder Gelegenheit gute Taten. Das Gesetz der Anziehung erledigte den Rest!

Damit eine Person sich zu Ihnen so verhält, wie Sie es sich wünschen, müssen Sie sich zuerst ihr gegenüber so verhalten.
– Napoleon Hill

Viele Jahre lang war es jedes Jahr am Weihnachtsabend ein gewohnter Anblick für die Bewohner von Louisville, Mr. Cook in einem ärmeren Teil der Stadt mit einem Maultier zu sehen, das einen mit Essenskörben beladenen Wagen zog. Er verteilte jedes Jahr Hunderte dieser Körbe und brachte sie persönlich zu den bedürftigsten Familien, insbesondere zu denen mit kleinen Kindern. Jeder Korb enthielt genug für ein gutes Weihnachtsessen. Er fragte sie nie nach ihren Namen und sagte ihnen auch seinen Namen nicht, aber jeder Korb enthielt eine Karte, auf der nur diese einfache Botschaft stand:

»Mit besten Grüßen von jemandem, der seine Gemeinde liebt.«

Keine Predigt, kein Betteln um Werbung, kein Versuch, die Empfänger dieser Freundlichkeit zu demütigen. Aber der Ruhm dieses Mannes verbreitete sich, und er gelangte zu Wohlstand. Anscheinend gab es einen heimlichen Zeugen seiner guten Taten, und seine Belohnung kam so leise und geheimnisvoll, wie er sich bei der Vergabe seiner Körbe verhalten hatte.

»Exzentrische Sentimentalität!«, mögen manche ausrufen. Tja, das war es vielleicht, aber irgendwie fragen wir uns, was passieren würde, wenn manche von uns, die nicht »exzentrisch« oder »sentimental« sind, Mr. Cooks Beispiel folgen würden und *geben* würden, statt die meiste Energie auf das *Bekommen* zu richten! Wäre es nicht eine bessere Welt, wenn jede Gemeinde mindestens eine Person wie Mr. Cook hätte, der es sich zur Aufgabe gemacht hatte, die Samen der Freundlichkeit zu säen, wo solche Samen kaum oder gar nicht bekannt sind?

Nun folgt eine interessante Geschichte eines Anwalts, der von einem geizigen Mann beauftragt worden war, Schulden von einem ältlichen Paar einzutreiben, das sehr wenige materielle Güter besaß:

»Nein«, sagte der Anwalt zu seinem Klienten, »ich werde Ihre Forderung bei diesen alten Leuten nicht geltend machen. Da können Sie jemand anderen beauftragen oder von Ihrem Anspruch absehen, wie Sie möchten.«

»Glauben Sie, da ist nichts zu holen?«, fragte der Klient.

»Da wäre vielleicht ein bisschen was zu holen, aber es würde aus dem Verkauf eines kleinen Hauses stammen, das dieser alte Mann und seine Frau ihr Zuhause nennen. Ich möchte mit der Sache nichts zu tun haben.«

»Ah, Sie haben es mit der Angst bekommen, richtig?«

»Überhaupt nicht. Es war etwas Größeres als Angst, das mich gestoppt hat.«

»Ich vermute, der alte Gauner hat gebettelt, um vom Haken gelassen zu werden?«

»Ja, genau!«

»Und Sie bekamen schwache Nerven und gaben nach?«

»Ja, wenn Sie so wollen! Genau.«

»Warum haben Sie das getan?«

»Ich glaube, ich habe ein paar Tränen vergossen, als ich die wahre Geschichte hörte.«

»Und der Alte bat Sie inbrünstig, sagen Sie?«

»Nein, das habe ich nicht gesagt. Er hat kein Wort zu mir gesagt.«

»Nun, darf ich fragen, wen er ansprach?«

»Gott den Allmächtigen!«

»Soso, er hat also gebetet, nicht wahr?«

»Nun ja, ich hatte das kleine Haus schnell gefunden und klopfte an die Tür, die offen stand, aber niemand hörte mich, also trat ich in den Flur und sah durch den Türspalt ein gemütliches Wohnzimmer, und auf dem Bett, mit ihrem silbern schimmernden Kopf auf den Kissen, war eine alte Dame, die wie meine Mutter aussah, als ich sie das letzte Mal sah. Ich wollte noch einmal klopfen, als sie sagte: ›Treten Sie ein, Vater, ich bin so weit.‹ Und auf den Knien an ihrer Seite war ein alter, weißhaariger Mann, älter noch als seine Frau, würde ich sagen, und ich konnte auf keinen Fall klopfen.«

Der Anwalt fuhr fort: »Nun, er begann. Erst erinnerte er Gott daran, dass sie immer noch Seine unterwürfigen Kinder seien, und egal, was Er ihnen auferlegte, sie nicht gegen Seinen Willen rebellieren sollten. Natürlich würde es hart für sie sein, in ihrem Alter heimatlos zu werden, vor allem mit der so kranken und hilflosen Frau, und wie anders alles gekommen wäre, wenn nur einer ihrer Söhne verschont worden wäre. Dann brach seine Stimme, und eine weiße Hand kam aus der Bettdecke hervor und strich ihm sanft über sein weißes Haar. Dann wiederholte er, dass nichts mehr so schwer sein könnte wie der Verlust seiner drei Söhne – außer, wenn er und seine Frau getrennt würden. Aber zuletzt tröstete er sich mit der Tatsache, dass der Liebe Gott ja wisse, dass es nicht ihre Schuld sei, dass sie ihr geliebtes kleines Zuhause verlieren könnten, was Bettlerdasein und Armenhaus bedeuten würde – einen Platz, den sie hofften, bewohnen zu dürfen, wenn es nach Gottes Willen ginge. Und dann zitierte er eine Reihe Versprechen über die Sicherheit jener, die Gott vertrauten. Es war das bewegendste Gebet, das ich je gehört hatte. Und zuletzt bat er um Gottes Segen für die, die die Gerechtigkeit bedrohten.«

Noch langsamer sagte der Anwalt: »Und ich glaube, lieber würde ich heute Abend selbst ins Armenhaus gehen, als Herz und Hände mit einer solchen Forderung zu beschmutzen.«

»Ah, Sie hatten Angst, das Gebet des alten Mannes zu vereiteln!«

»Da gab es nichts zu vereiteln!«, sagte der Anwalt. »Ich sage Ihnen, er überließ alles Gott. Er sagte, wir sollten Gott unsere Wünsche mitteilen, aber von allen Gebeten, die ich je gehört hatte, war das das bewegendste. Wissen Sie, das lernte ich in meiner Kindheit auch. Und warum wurde ich geschickt und hörte dieses Gebet? Ich weiß es nicht, aber ich übergebe Ihnen den Fall.«

»Ich wünschte«, sagte der Klient und rekelte sich unbehaglich, »Sie hätten mir nichts von dem Gebet des alten Mannes gesagt.«

»Warum nicht?«

»Nun ja, weil ich das Geld möchte, das der Verkauf des Hauses abwerfen würde, aber ich habe die Bibel als junger Mensch gelernt, und ich würde es verabscheuen, das, was Sie mir erzählt haben, zu ignorieren. Ich wünschte, Sie hätten das nicht gehört, und beim nächsten Mal würde ich nicht etwas belauschen, das nicht für meine Ohren bestimmt ist.«

Der Anwalt lächelte.

»Mein lieber Freund«, sagte er, »Sie liegen schon wieder falsch. Es war für meine Ohren bestimmt und auch für Ihre, und Gott der Allmächtige hat das beabsichtigt. Meine Mutter hat Lieder über die unergründlichen Wege des Herrn gesungen, soweit ich mich erinnere.«

»Ja, meine Mutter auch«, sagte der Klient, als er die Forderung in seinen Händen betrachtete. »Sie können sie am Morgen darüber informieren, dass die Forderung zurückgenommen wurde, wenn Sie mögen.«

»Auf unergründlichem Wege«, fügte der Anwalt lächelnd hinzu.

»Ja, auf unergründlichem Wege.«

Wenn die Gefühle aus dem Herzen eliminiert werden, werden menschliche Beziehungen kalt, mechanisch und gewinnsüchtig.

Zweifellos werden Emotionen oft aus monetären Gründen beiseitegeschoben, doch es gibt eine andere Art Gewinn, die manche Menschen mehr schätzen als Geld oder irgendetwas, das man mit Geld kaufen kann. Und zwar die harmonische Beziehung, die wir mit unserem Gewissen eingehen, die innere Zufriedenheit, die sich einstellt, wenn wir wissen, dass wir niemandem absichtlich geschadet haben, niemanden betrogen oder getäuscht haben, über uns hinausgewachsen sind, um hilfsbereit zu sein, und uns bewusst sind, dass unser Wort allen, die uns kennen, als mündliche Vereinbarung ausreicht!

Nun könnte man glauben, diese Philosophie wäre hauptsächlich erdacht worden, um es Menschen zu ermöglichen, materiellen Besitz anzureichern. Es stimmt zwar, dass diejenigen, die sie beherrschen und anwenden, keine Schwierigkeiten mit der Anhäufung materiellen Besitzes im Überfluss haben, doch das Hauptziel, das Mr. Carnegie im Sinn hatte, als er diese Philosophie initiierte, war, Menschen dabei zu helfen, froh und harmonisch durchs Leben zu gehen. Er stellte fest, dass es weit größeren Reichtum gibt, den Menschen erreichen können. Seine eigene Haltung gegenüber Geld zeigte sich dadurch, dass er den größten Teil seines immensen Vermögens spendete, bevor er starb.

Mr. Carnegie war der Ansicht, dass der größere Teil seines Vermögens in dieser Philosophie bestand, einer *vollständigen* Lebensphilosophie, die allen menschlichen Bedürfnissen gerecht wird. Seine letzten Lebensjahre, in denen er seine Zeit so nutzen konnte, wie er wollte, verbrachte er damit, die Zusammenstellung des Materials für die Philosophie zu unterstützen. Er entschloss sich dazu, damit noch ungeborenen Generationen zu helfen.

Mr. Carnegies Leben sollte dem Rest von uns bei der Wahl der Wege, die zum Glück führen, einen wichtigen Hinweis geben. Er hatte alles, was man sich von Geld kaufen kann – und das mehr als reichlich, dennoch gab er das meiste davon fort. Das sollte den meisten von uns klarmachen, dass wir unsere Zeit so einteilen sollten, dass wir damit wohltätige Zwecke unterstützen können, was uns eher glücklich machen kann als die Anhäufung materieller Güter jenseits unserer unmittelbaren Bedürfnisse.

Ich gehöre nicht der Denkschule an, deren Anhänger glauben, dass es tugendhaft ist, auf einem Dachboden zu leben und ein aufopferndes Leben zu führen; überhaupt nicht! Ich glaube an maßvolle Opulenz, aber ich glaube nicht an Opulenz zulasten des Glücks.

Wenn jemand denkt, dass er seine meiste Zeit dafür benötigt, seine materiellen Besitztümer zu verteidigen und zu bewahren, kann man ziemlich sicher sein, dass in seinem Leben im Allgemeinen und zu sich selbst sowie zu den ihm Nahestehenden ein Ungleichgewicht herrscht. Jenseits des Punkts, an dem materieller Besitz einem die Freiheit gibt, das zu tun, wonach einem der Sinn steht, wird Materielles zur Last. Das kann ich aus praktischer Erfahrung heraus bestätigen. Ich habe viele Menschen sorgfältig beobachtet, die sich selbst durch ihr Vermögen so eingeengt haben, dass sie den Kontakt mit allen, mit denen sie engere menschliche Beziehungen hatten, verloren.

Glück ist, wenn das, was du denkst,
was du sagst und was du tust, miteinander harmonieren.
– Mahatma Gandhi

Ich denke auch an diese seltsame Erfahrung, die die ganze Welt durchlebt, eine Erfahrung, die die ganze Menschheit zu bestrafen scheint, weil es so verbreitet ist, materielle Dinge zu ehren. Ich werde das Gefühl nicht los, dass die Welt in der Zukunft die Nase über diejenigen rümpfen wird, die ihr ganzes Leben der Anhäufung von Reichtum widmen, auf Kosten der guten Taten, mit denen sie anderen, weniger vermögenden Menschen helfen könnten, einen ausgewogeneren Anteil der lebensnotwendigen Dinge zu erlangen.

Ich glaube, ich weiß, was mit unserer materialistischen Welt falsch läuft. Andrew Carnegie wusste, was falsch läuft. Er gab uns durch die Initiierung dieser Philosophie das Heilmittel, denn ihm wurde klar, dass eine bessere Verteilung des Wissens, durch das man harmonisch leben kann, nötig war, und nicht die schlichte Anhäufung materiellen Wohlstands.

Zusammenfassung

Von James Whittaker

Die beste Art der Sicherheit ist die eigene Sicherheit,
die aus dem Innern heraus entwickelt wird.
– Andrew Carnegie

Gratulation, Sie haben es bis hierher geschafft!

Vieles wird ausprobiert, aber nur so wenig wird fertiggestellt; deshalb sollten Sie extrem stolz auf sich sein, dass Sie ausreichend Selbstdisziplin aufgebracht haben, ein Buch zu lesen, das, wenn es richtig verstanden und angewandt wird, Ihr Leben vollkommen verändern wird.

Die Wahrscheinlichkeit ist groß, dass es in Ihrem Geist rumort – wie in meinem jedes Mal, wenn ich dieses Buch las. Durch die faszinierenden Gespräche zwischen Hill und Carnegie und die Beispiele in den Erläuterungen haben wir eine ganze Reihe an Themen abgedeckt.

Diese schließen unter vielen anderen finanzielle Unabhängigkeit, Beziehungen, berufliches Weiterkommen und Unternehmensführung mit ein.

Sie wurden des Weiteren durch die Geschichten von Personen inspiriert, die unüberwindbaren Hindernissen die Stirn geboten haben und zu Erfolg, Freiheit und Erfüllung vorgedrungen sind. Sie haben gesehen, wie verschiedene Unternehmen auf der ganzen Welt genau die Prinzipien und Methoden dieses Buchs anwenden, was ihren Kunden, Angestellten und Aktionären sehr zugutekommt.

Die Lektionen wurden in drei umfassende Themen gegliedert:

1. Selbstdisziplin: Wie man vom eigenen Geist Besitz ergreift
2. Lernen aus Niederlagen: Jede Widrigkeit trägt in sich den Samen eines gleichwertigen Vorteils

3. Die angewandte Goldene Regel: Was du einem andern tust, tust du dir selbst.

Erinnern Sie sich an das allererste Zitat in diesem Buch? Vielleicht haben Sie bemerkt, dass es dasselbe ist wie dasjenige, das zu Beginn dieses Absatzes zu finden ist:

Die beste Art der Sicherheit ist die eigene Sicherheit, die aus dem Inneren heraus entwickelt wird.

Dieses inspirierende Zitat von Carnegie verstärkt die Kraft, die wir nutzen, um uns die Lebensverhältnisse zu erschaffen, die wir uns wünschen. Genau dasselbe Quantum an Energie, das wir aufbringen, um uns darüber zu beschweren, wie schrecklich doch alles ist, kann nutzbar gemacht und umgelenkt werden, um zu erschaffen, was immer wir uns vom Leben wünschen. Je mehr Verantwortung wir für unsere Lebensumstände übernehmen, desto fähiger sind wir, diese zu verändern.

Wenn Sie die persönliche Sicherheit aus dem Inneren heraus entwickeln, wird eine Aura der Zuversicht, Freundlichkeit und Hilfsbereitschaft Sie umgeben, während Sie nach Wegen suchen, um mehr und mehr Menschen zu Diensten zu sein. Dies bekräftigt natürlich die großartige Lektion, dass der beste Weg, etwas zu bekommen, das Geben ist, und dies spornt Sie zu größeren Leistungen an.

Vielleicht werden Sie bemerken, dass sich Ihnen viele Chancen auftun, anstatt dass Sie permanent danach suchen müssen.

So weit, so gut – was kommt nun? Nun, jetzt ist es für Sie an der Zeit, die mentale Kraft in Ihrem Sinne zu nutzen. Sie wurden offiziell als einer der großen Gamechanger in eine Gruppe aufgenommen, die mit Carnegie begann, mit Hill und den zahllosen Menschen, die er beeinflusst hat (mich eingeschlossen), weitergeführt wurde und nun durch Sie fortbesteht.

Sie haben die Verantwortlichkeit, die Fackel hochzuhalten und in allem, was Sie tun, ein Beispiel zu sein. Für Ihre Familie, Ihre Gemeinde und die Welt. Damit wird Ihr Beispiel die Menschen um

Sie herum inspirieren, wenn wir uns darum bemühen, das Potenzial eines jeden Individuums auf dem Planeten zu erkennen und zu entfesseln. Wenn wir das schaffen, wird endlich umfassende Harmonie erreichbar und Carnegies und Hills Mission erfüllt sein.

Es spielt keine Rolle, was in Ihrer Vergangenheit geschehen ist, ganz gleich wie traumatisch. Sie sind viel stärker als jede Widrigkeit, der Sie sich werden stellen müssen – das verspreche ich Ihnen.

Denken Sie daran, dass Sie jeden Tag mit Entscheidungen konfrontiert sind, die zusammengenommen Ihr Leben, Ihren Einfluss und Ihr Vermächtnis bestimmen werden. Bewahren Sie dieses Buch sorgfältig auf, damit Sie es, wann immer nötig, wieder zur Hand nehmen können. Und sollte ich Ihnen jemals auf Ihrer Reise zur Seite stehen können, lassen Sie es mich wissen!

Immer vorwärts und aufwärts,
James Whittaker

Nachwort

Von Sharon Lechter

Haben Sie Erfolgsbewusstsein?

Denke nach und werde reich – das Fundament erlaubt es uns, mit Andrew Carnegie und Napoleon Hill am Tisch zu sitzen, während sie die Wahrheit hinter allem persönlichen Erfolg diskutieren. Als eine lebenslange Schülerin von sowohl Carnegie als auch Hill war ich beeindruckt von den zusätzlichen Einblicken, die ich durch *Denke nach und werde reich – das Fundament* gewann. Es ist wahrhaftig ein Fahrplan, um Erfolgsbewusstsein zu entwickeln.

Durch Hills Werk wird die Bestimmtheit des Ziels als der erste Schritt allen persönlichen Erfolges hervorgehoben. Ohne diese wird man leicht Opfer selbstbegrenzender Überzeugungen wie »Ich bin nicht gut genug«, »Ich verdiene das nicht« oder »Er hat gut reden«. Diese Überzeugungen öffnen die Türen, sodass Furcht die Macht übernimmt und unsere Gedanken und somit unser Handeln kontrolliert. Diese Furcht kann lähmen und uns davon abhalten, den Erfolg zu erreichen, den wir verdienen.

In seinem Buch *Der geheime Weg zu Freiheit und Erfolg: Wie man den Teufel in sich selbst besiegt* erforscht Hill den lähmenden Effekt der Angst und stellt den Begriff des »Abdriftens« vor. Im Buch definiert der Teufel das Abdriften folgendermaßen:

> Ich kann das Wort »Abdriften« am besten definieren, indem ich sage, dass Menschen, die für sich selbst denken, niemals abdriften, während diejenigen, die nur wenig oder nicht für sich selbst denken, Bummler sind. Ein Bummler ist jemand, der sich selbst erlaubt, durch äußere Umstände beeinflusst und kontrolliert zu werden. Ein Bummler ist jemand, der, ohne zu protestieren oder sich auf die Hinterbeine zu stellen, das nimmt, was auch immer ihm

das Leben in den Weg wirft. Er weiß nicht, was er vom Leben will, und verbringt seine ganze Zeit damit, genau das zu bekommen.

Hill wiederholt, dass die Bestimmtheit eines Ziels der erste Schritt ist, um das Abdriften zu überwinden. Es beginnt damit, Kontrolle über unsere Gedanken zu erlangen. Jeder unserer Gedanken wird Teil davon, wer wir sind. Indem wir unseren Geist von allen Gedanken des Scheiterns und allen selbstbegrenzenden Überzeugungen reinigen, können wir unsere Furcht in Zuversicht umwandeln. Wahre Zuversicht entwickelt sich, wenn wir im Frieden mit unseren eigenen Gedanken und unserem Gewissen sind. Hill schreibt, dass dieses Vertrauen sowohl die Quelle allen Genies als auch grundlegend für die Entwicklung eines Erfolgsbewusstseins ist.

Um uns in dieser Frage behilflich zu sein, teilen Carnegie und Hill drei wichtige Schritte mit uns, die grundlegend dafür sind, unser größtes Potenzial zu realisieren. Diese sind:

1. Entwicklung von Selbstdisziplin
2. Lernen aus Niederlagen
3. Die Anwendung der Goldenen Regel

Während die Definition simpel erscheint, erfordert die Etablierung der Gewohnheit, alle drei zu trainieren, enorme Aufmerksamkeit, Bemühung und Willenskraft. Carnegie und Hill berichten über die Wichtigkeit der Willenskraft und die Rolle, die sie bei der Entwicklung der Selbstdisziplin spielt, um Kontrolle über unser Leben zu übernehmen:

> Die Willenskraft ist das Instrument, mit welchem wir hinter jeder Erfahrung oder jedem Umstand die Tür schließen können, die wir für immer hinter uns zu lassen wünschen. Mit demselben Instrument können wir die Tür in jede Richtung, für die wir uns entscheiden, für Chancen öffnen. Lässt sich die erste Tür, an der wir es probieren, schwer öffnen, versuchen wir eine andere und noch

> eine, bis wir schlussendlich eine finden, die uns zu dieser unwiderstehlichen Kraft führen wird.

Oft fordere ich mein Publikum mit dieser Frage heraus: Gibt es eine Tür in Ihrem Leben, die Sie schließen müssen, sodass sich andere Türen für Chancen öffnen?

Aber Hill und Carnegie gehen noch einen Schritt weiter:

> Die Tür sollte fest geschlossen und sicher abgesperrt werden, sodass keine Möglichkeit mehr besteht, sie wieder zu öffnen.

Kennen Sie jemanden, der an etwas, das ihm in der Vergangenheit widerfahren ist, festhält? Unfähig, dies loszulassen? Könnten Sie dieser Jemand sein? Ein Fehlschlag ist ein Vorkommnis, etwas, das in der Vergangenheit passiert ist. Es ist keine feststehende Definition. Hills und Carnegies Rat, die Tür fest zu schließen und sicher zu versperren, ist extrem wichtig, um zu verhindern, dass diese selbstbegrenzenden Überzeugungen sich wieder hineinschleichen.

Schließen Sie die Tür fest, beschäftigen Sie dann Ihre Willenskraft wieder damit, Selbstdisziplin zu entwickeln, und lernen Sie aus Niederlagen oder Fehlern aus der Vergangenheit. Fehler sind Lernmethoden für Wachstum. Ihr Selbstvertrauen wird wachsen, und Sie werden fühlen, dass sich Ihre Furcht in die Stärke Ihrer Zuversicht umwandeln wird. Diese Zuversicht wird Sie über alle Hindernisse tragen, die Ihnen auf Ihrem Weg begegnen werden.

Genau dann, wenn wir Kontrolle über unsere Gedanken übernehmen, führt uns Carnegie nach draußen und unterstreicht die Wichtigkeit unserer Handlungen und ganz speziell die Wichtigkeit der Anwendung der Goldenen Regel und das Gehen der Extrameile.

Die erste Grundlage für Erfolg beim Ruf nach Verdiensten ist ein solider Charakter.

Die Anwendung der Goldenen Regel führt zu einem starken Charakter und einem guten Ruf.

Um die Goldene Regel bestmöglich zu nutzen, muss man sie mit dem Prinzip, die Extrameile zu gehen, kombinieren, worin der angewandte Teil der Goldenen Regel besteht. Die Goldene Regel liefert die richtige mentale Haltung, während das Gehen der Extrameile die Praxisanwendung dieser großartigen Regel darstellt. Die Kombination beider gibt einem die Macht der Anziehungskraft, die andere veranlasst, einem freundlich zu begegnen, genauso wie sie Möglichkeiten für persönliches Wachstum bietet.

Ihre Handlungen haben dramatische Auswirkung auf Ihr Erfolgsbewusstsein. Dann aber bringen Hill und Carnegie es mit einem einzigen simplen Statement auf den Punkt: Niemand kann nach der Goldenen Regel leben, solange er nicht gelernt hat, sich selbst in selbstlosem Dienst für andere zu verlieren.

Durch selbstlosen Dienst an anderen offenbart unsere Zuversicht, welche Führung wir benötigen, um wirklich Erfolgsbewusstsein zu entwickeln. Indem wir die Willenskraft haben, unsere Selbstdisziplin zu meistern, aus Niederlagen zu lernen und die Goldene Regel durch selbstlosen Dienst an anderen zu trainieren, werden wir unser größtes Potenzial realisieren und Erfolg haben.

Auf unser Erfolgsbewusstsein und auf diejenigen, denen wir dienen!

Sharon Lechter
Autorin von *Denke nach und werde reich: Mit Best-Practice-Beispielen von über 300 erfolgreichen Frauen*

Co-Autorin von *Three Feet from Gold, Success and Something Greater, Rich Dad Poor Dad: Was die Reichen ihren Kindern über Geld beibringen*

Kommentatorin von *Der geheime Weg zu Freiheit und Erfolg: Wie man den Teufel in sich selbst besiegt*

Rückschau

Napoleon Hill

Napoleon Hill wurde 1883 in einer winzigen Hütte in den abgelegenen Bergen von Wise County, Virginia, geboren. Er wurde in Armut geboren, und seine Mutter starb, als er neun Jahre alt war. Ein Jahr später heiratete sein Vater erneut, und seine Stiefmutter wurde zu einer Quelle der Inspiration für den Jungen. Mit dem Einfluss seiner Stiefmutter begann Hill im Alter von 13 Jahren seine Schreiberkarriere als »Berg-Reporter« für Kleinstadt-Zeitungen.

Im Jahre 1908 wurde Hill beauftragt, Andrew Carnegie zu interviewen, und aus einem dreistündigen Interview wurde ein dreitägiges. Während Hill das Interview führte, verkaufte ihm Carnegie die Idee von der Strukturierung der weltweit ersten Philosophie vom persönlichen Erfolg, die auf den Erfolgsprinzipien basierte. Carnegie stellte Hill Giganten ihrer Zeit vor, wie Henry Ford, Thomas A. Edison und John D. Rockefeller. Hill verbrachte die folgenden beiden Jahrzehnte damit, diese außergewöhnlichen Persönlichkeiten zu interviewen, zu studieren und über sie zu schreiben.

Zwanzig Jahre später veröffentlichte Hill *Das Gesetz des Erfolgs.* 1937 erschien Hills *Denke nach und werde reich,* das zum meistverkauften Selbsthilfe-Buch aller Zeiten wurde.

Hill gründete die Napoleon-Hill-Stiftung als eine gemeinnützige Bildungsinstitution, deren Mission es ist, seine Philosophie der Führung, Selbstmotivation und des persönlichen Erfolgs zu bewahren. Hill verstarb im Jahre 1970 nach einer langen und erfolgreichen Karriere, in welcher er geschrieben, gelehrt und Vorträge über die Erfolgsprinzipien gehalten hatte. Sein Werk ist ein Monument des persönlichen Erfolgs und der Grundstein des modernen Motivationsbegriffs.

Seine Bücher, Tonaufnahmen, Videos und andere Motivationsprodukte werden Ihnen von der Stiftung als Service zur Verfügung gestellt, sodass Sie Ihre eigene Bibliothek mit Materialien zum persönlichen Erfolg aufbauen können … und sie unterstützen Sie darin, nicht nur finanziellen Wohlstand, sondern auch die wahren Reichtümer des Lebens zu erlangen.

Erfahren Sie mehr über Napoleon Hill:
http://naphill.org

James Whittaker

BA, B.Bus (Mgt), AdvDipFS (FP), MBA

James Whittaker wuchs in Australien auf und war zehn Jahre erfolgreich als Finanzplaner tätig, bevor er seine eigene Reise als Unternehmer antrat. Bis heute hat Whittaker branchenübergreifend zahlreiche Unternehmen und Produkte auf den Markt gebracht, unter anderem in den Bereichen Gesundheit, Marketing, Film, Sportbegleitung und Verlagswesen.

Er ist international gefragt als Vortragsredner und immer wieder Gast in den Medien, wobei er in mehr als 300 Radiosendungen, Podcasts und Fernsehsendungen auftrat und in weltweit beachteten Publikationen wie dem *Entrepreneur*, *Money* und dem *Success Magazine* zitiert wurde.

James Whittaker ist zweimaliger Bestsellerautor mit seinem zweiten Buch *Think and Grow Rich: The Legacy.* Das 2018 erschienene, offizielle Begleitbuch zu dem Multi-Millionen-Dollar-Film, der auf Napoleons Hills zeitlosem Klassiker basiert. Whittaker ist auch Co-Produzent des Films.

Des Weiteren ist er der Gründer von *The Day Won Mastermind,* einem Programm, welches Profis und Unternehmern hilft, ihre Stimme zu finden, einen Mitarbeiterstamm aufzubauen und Einfluss zu gewinnen.

2019 ging der Podcast *Win the Day* auf Sendung, der Menschen dabei unterstützt, sich ihre finanzielle, physische und mentale Gesundheit zu eigen zu machen.

Durch seine maßgeschneiderten Leitgedanken, Bestseller und Programme für Führungskräfte hat James Hunderten von Personen und Unternehmen geholfen, ein ganz neues Level an Verantwortlichkeit, Glück und Erfolg zu erreichen. Um seine eigene Erfahrung zu ergänzen, teilt James Lektionen, die er aus seinen Interviews mit mehr als 100 der weltweit besten Geschäftsführer, Kulturikonen und Athleten zusammengetragen hat, um zu offenbaren, was für diejenigen möglich ist, die große Träume haben, dem richtigen Plan folgen und den Tag nutzen.

Außerdem hofft er, uns die wichtige fundamentale Wahrheit einzuimpfen, dass wir an jedem Tag, an welchem wir nicht die Entscheidung treffen, zu gewinnen, automatisch die Entscheidung getroffen haben zu verlieren.

Erfahren Sie mehr über James Whittaker:

http://jameswhitt.com

Über die Napoleon-Hill-Stiftung

Die Napoleon-Hill-Stiftung ist eine gemeinnützige Bildungsinstitution, dafür gedacht, die Welt zu einem besseren Ort zu machen. Um mehr über Napoleon Hill zu erfahren, durchstöbern Sie alle Produkte der Stiftung (einschließlich der offiziell autorisierten Bücher, Tonaufnahmen und Programme für Führungskräfte), melden Sie sich für den Newsletter *Thought for the Day* an und besuchen Sie darüber hinaus die Napoleon-Hill-Stiftung online.

http://naphill.org

Erzählen Sie Ihre Geschichte

Es gibt keine Begrenzungen des Verstandes,
außer denen, die wir hinnehmen.
– Napoleon Hill

Wege wie der Ihre helfen, die Welt zu inspirieren!

Oft vergessen wir – ganz besonders in unseren dunkelsten Momenten oder wenn wir in unserem Trott feststecken – die unbegrenzten Möglichkeiten, die uns zur Verfügung stehen, wenn wir große Träume haben, dem richtigen Plan folgen und beginnen zu handeln. Bücher wie dieses helfen uns zu entdecken, wer wir wirklich sind, indem sie uns eine Ausrichtung in allen Lebensbereichen geben, die uns zu großen Leistungen, Glück und Erfolg anspornt.

Wenn es Ihnen Freude bereitet hat, *Denke nach und werde reich – das Fundament* zu lesen, oder wenn es geholfen hat, Sie in irgendeiner Form zu verändern, würden wir uns sehr darüber freuen, von Ihnen zu hören! Besuchen Sie unten genannte Seite und teilen Sie Ihre Kommentare und Ihr Feedback mit der Napoleon-Hill-Stiftung.

Vielleicht ist es schlussendlich genau Ihre Geschichte, die ein Leben rettet.

Teilen Sie Ihre Geschichte:
http://naphill.org

Danksagung

Von James Whittaker

Jedes Projekt dieser Größe, das dem enormen Vermächtnis Andrew Carnegies und Napoleon Hills gerecht werden soll, erfordert die Beiträge und die Unterstützung vieler – ein Beispiel aus der realen Welt für das Mastermind-Prinzip!

Dank zuerst an Don Green und die Napoleon-Hill-Stiftung dafür, dass sie diese wichtigen Lektionen am Leben erhalten und sie in fast jeder Sprache und jedem Land auf der Erde verfügbar machen. Eure harte Arbeit bietet stetig Hoffnung für diejenigen, die sie am meisten benötigen, und enthüllen eine weitaus erfolgreichere Zukunft für all diejenigen, die den Mut haben, über ihre Lebensumstände hinaus zu denken.

Vielen Dank ebenso für euer Vertrauen in mich bei diesem Projekt – es ist mir eine große Ehre, der Stiftung erneut zu Diensten sein zu dürfen, und ich freue mich darauf, diese Lektionen für den Rest meines Lebens verbreiten zu dürfen.

An Andrew Carnegie, der für alle Zeit durch sein Vorbild, den Menschen zu helfen, sich selbst zu helfen, als der archetypische Philanthrop bekannt sein wird. Seine Vision, einen Plan für den Erfolg zusammenzustellen und zu verbreiten, einen Plan, der von jedem angewandt werden kann – sogar von denen, die sich in den armseligsten oder tragischsten Umständen befinden –, verändert weiterhin jede Branche auf diesem Planeten. Des Weiteren inspiriert er andere, Zeit, Ressourcen und Expertise aufzuwenden, um den Lebensstandard anzuheben und eine glänzendere und harmonischere Zukunft zu schaffen, als wir sie uns jemals vorstellen können. Im Namen der Menschheit verneige ich mich.

An Napoleon Hill, dessen angeborene Neugier nur noch durch sein ungeheures Schreibtalent übertroffen wird. Durch Bücher wie dieses, *Denke nach und werde reich, Das Gesetz des Erfolgs* und Dutzende weitere zeigen Sie stetig, dass es Hoffnung für uns alle gibt, indem Sie uns einen klaren Plan für die Freiheit, das Glück und den Erfolg an die Hand geben. Ich hoffe, dass meine Beiträge in diesem Buch den so außergewöhnlich hohen Standards, die Sie gesetzt haben, würdig sind.

An Sharon Lechter, die mir bereitwillig bei diesem Projekt assistiert und die Kampagne für finanzielle Allgemeinbildung angeführt hat. Abgesehen von der hervorragenden Arbeit, die du leistest, um die Welt zu einem besseren Ort zu machen, bist du eine großartige Mentorin für mich und viele andere Unternehmer, Sprecher und Philanthropen.

An Sterling Publishing, die sofort so begeistert waren von diesem Projekt und unermüdlich daran gearbeitet haben, dieses in so vieler Menschen Hände wie nur möglich kommen zu lassen. Vielen Dank für euer Vertrauen in meine kreative Vision und dafür, dass ihr die Verantwortung für die unzähligen wesentlichen Aufgaben hinter den Kulissen übernommen habt.

An meine Frau Jennifer – dafür, dass du mich kontinuierlich durch deine harte Arbeit, Liebe und Freundlichkeit inspirierst. Deine Unterstützung und dein Verständnis für lange Nächte, lange Reisen und dringende Abgabefristen schätze ich sehr. Vielen Dank auch unserer wundervollen Tochter Sophie, die du mich mit deinem Lächeln zum glücklichsten Mann der Welt machst. An meine Eltern Noel und Geraldine dafür, dass ihr eine Plattform bedingungsloser Liebe für unsere Familie geschaffen habt und ein Leben beständiger Integrität führt.

Abschließend an alle, die dieses Buch lesen und beharrlich und zweckmäßig handeln. Unterschätzen Sie niemals, wie kraftvoll Ihr Beispiel für die Menschen um Sie herum ist.